工业和信息化部"十二五"规划教材

智能故障诊断技术
——MATLAB应用

闻　新　张兴旺　朱亚萍　李　新　著

北京航空航天大学出版社

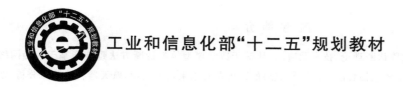

内容简介

本书系统地介绍了智能故障诊断理论、技术及应用，从基于数学模型故障诊断方法延伸到基于神经网络故障诊断方法。全书共9章，主要包括智能故障诊断成果的综述及其未来发展展望，航天器在轨故障分析，系统故障的模型化，故障可检测性，故障的统计检测原理，基于数学模型的故障诊断原理，基于神经网络的故障诊断方法，基于模糊神经网络的故障检测阈值设计和故障诊断方法，基于小波神经网络的故障诊断方法等。此外，本书附有MATLAB程序代码，方便读者进行学习和研究扩展。本书各部分内容相互渗透、自成体系，有助于读者掌握智能故障诊断技术的本质。

本书可以作为高等院校控制工程、信息工程及相关专业的本科生和研究生教材，也可作为从事故障诊断理论及工程应用研究的相关技术人员和高校师生学习的参考用书。

图书在版编目(CIP)数据

智能故障诊断技术：MATLAB应用 / 闻新等著. --
北京 ：北京航空航天大学出版社，2015.6
ISBN 978-7-5124-1796-0

Ⅰ. ①智… Ⅱ. ①闻… Ⅲ. ①Matlab软件-应用-智能控制-故障诊断 Ⅳ. ①TP273

中国版本图书馆CIP数据核字(2015)第113158号

智能故障诊断技术——MATLAB应用
闻 新 张兴旺 朱亚萍 李 新 著
责任编辑 赵延永
*
北京航空航天大学出版社出版发行
北京市海淀区学院路37号(邮编100191) http://www.buaapress.com.cn
发行部电话：(010)82317024 传真：(010)82328026
读者信箱：goodtextbook@126.com 邮购电话：(010)82316936
北京建宏印刷有限公司印装 各地书店经销
*
开本：787×1 092 1/16 印张：10 字数：256千字
2015年9月第1版 2024年1月第3次印刷 印数：3 501～3 800册
ISBN 978-7-5124-1796-0 定价：28.00元

若本书有倒页、脱页、缺页等印装质量问题，请与本社发行部联系调换。联系电话：(010)82317024

前　言

现代科学与技术飞速发展的一个重要表现形式就是服务于国民经济发展各部门的应用系统日益大型化和复杂化。一方面，这些系统促进生产发展，带来了巨大的经济效益；另一方面应用系统中任何一个部件发生故障都可能带来机毁人亡的灾难。因此，在应用系统日益发展的今天，仅仅采用有效的维修措施不能满足安全要求，智能故障诊断技术已经成为可靠性设计的重要手段。在最近几十年中，故障诊断和容错控制已成为当前国际信息技术领域研究的热点之一，发展速度很快且日渐成熟，各式各样的智能故障诊断方法不断涌现，例如基于数学模型、神经网络、专家系统和模糊推理的故障诊断方法等。作为新兴的综合性边缘科学，故障诊断技术已经初步形成了比较完整的科学体系。

本书是在作者多年研究工作和教学工作基础上总结而成的，并广泛吸收了国内外这一领域的最新成果。本书将理论与实际并重，以大型复杂航天系统为背景，以现代控制理论、统计假设理论和人工智能理论为工具，系统地介绍神经网络故障诊断方法和应用实例。本书不仅对系统归纳神经故障诊断方法有着重要的学术价值，而且对促进复杂系统可靠性设计也有着重要的工程应用价值。

本书编写的另一个目的是结合我国航天工业部门发展的需要，系统地总结归纳和循序渐进地论述智能故障诊断的基础和应用技术，为即将工作的学生掌握先进的故障诊断技术提供学习材料，使他们成为具有很强的安全和故障防范意识的工程技术人才。

近20年里，国内外关于故障诊断的专著已经出版了十几部，本书与其比较，具有如下特色：

1）现有的著作大部分是理论方面的书籍。本书的最大特点就是结合工程实际讲述理论，实用性强。

2）本书是在南京航空航天大学的“航天器智能故障诊断技术”课程讲义基础上编著而成，所涉及的理论基础简明扼要，通俗易懂，本科生就可阅读和参考。

3）为方便自学和理解，本书自成体系，层次分明、内容翔实、理论推导和MATLAB可视化仿真技术分析相结合。

4）本书论述内容范围广泛，包括三部分：解析冗余方法、统计方法和神经网络方法。

5)本书在论述应用方面侧重两类，一类是嵌入式的故障诊断应用，另一类是分离式的应用。嵌入式的应用，就是指故障诊断技术直接包含在系统设计中，例如对控制系统的设计，在设计时就考虑故障检测、隔离和补偿问题，从而保证故障一旦发生，就把故障消灭在萌芽状态。分离式故障诊断技术，是指故障诊断系统与被诊断对象处于分离状态，也即故障诊断推理系统和被诊断对象各自独立存在，没有任何耦合关系。

鉴于目前结合航天系统的故障诊断方面教材紧缺，各航天高校教师不得不花费时间从散见的刊物和相关专著整理教案，本书的目的是为广大学生和教师提供一部有参考价值的教材。

编著者

2015年6月于南京

目　录

第1章　绪　论

故障诊断技术作为提高系统安全性和可靠性的重要手段，日益引起人们的重视，并已经成为航天器系统工程研制过程中的重要技术，而且在系统设计/综合过程中要求必须考虑故障诊断和容错技术问题。

1.1　故障诊断技术的产生与历史

1. 故障诊断技术概念的产生

美国自1961年开始执行阿波罗计划后，出现很多由于设备故障引起的事故。1967年在NASA（美国航空航天局）倡导下，由美国海军研究室主持成立了美国故障预防小组，并积极从事故障诊断的研发。

20世纪六七十年代，英国机器保健和状态监测协会开始研究故障诊断技术，并在汽车和飞机发电机监测和诊断方面处于领先地位。

日本的新日铁从1971年开始研发故障诊断系统，1976年实用化。日本的故障诊断技术在化工、铁路和钢铁行业领先世界。

我国是从1979年初开始研究故障诊断技术，由几所高校的专家带领研究生起步。

2. 故障诊断技术的发展历程

（1）早期的故障诊断概念

故障诊断始于设备故障诊断，包含两方面内容：

① 对设备的运行状态进行监测。

② 在发现异常情况后对设备的故障进行分析。

（2）现代故障诊断技术的产生

① 以解析冗余为主导的故障诊断技术是20世纪70年代初首先在美国发展起来的，麻省理工学院Beard的博士论文首先提出了用解析冗余代替硬件冗余，标志着这门技术的诞生。

② 建立在计算机、人工智能基础上的故障诊断技术（智能故障诊断技术）是20世纪80年代初兴起的。

3. 故障诊断技术发展的推动力

20世纪末，几个大的事件推动了这一技术的发展：

- 20世纪80年代前苏联的“切尔诺贝利”核电站事故、印度化工厂毒气泄漏；2011年3月，日本大地震引起的“核电站泄露”事件。
- 1986年，美国的“挑战者”号航天飞机失事、美国的“德尔塔”火箭的星箭俱毁、欧洲的“阿里亚娜”火箭的飞行失败。
- 我国2000年左右卫星发射的多次失利。
- 在武器系统中，每一次的误炸、临危失效都将造成巨大的社会效应和人身危害。

1.2 故障诊断技术发展现状与展望

1.2.1 故障诊断技术的现状

在过去的几十年中，故障诊断问题得到了国内外学者的广泛关注。作为新兴的综合性边缘科学，故障诊断技术已经初步形成了比较完整的科学体系，涉及计算机、系统科学、人工智能和信息科学等许多学科。

由于当代前沿科学中的理论和方法必然渗透到故障诊断技术中，如神经网络理论、粒子滤波和控制论等，所以故障诊断技术几乎能够与这些前沿学科同步发展。在最近几年中，各式各样的故障诊断方法已经发展起来了，例如基于神经网络、神经网络自适应观测器、专家系统和支持向量机等等。

故障诊断系统的核心是诊断软件，而软件的核心是算法，算法的核心则是故障诊断方法（故障诊断理论）。因此，故障诊断方法（故障诊断理论）的研究就成为设计与研制故障诊断系统的中心任务。

故障诊断技术主要的理论方法有：

- 基于数学模型的方法，包括一致空间法、观测器法、参数估计法；
- 基于信号处理的方法，包括频谱分析法、小波分析法等；
- 基于人工智能的方法，包括神经网络法、知识推理法、故障特征树搜寻法、模糊隶属度法等。

对故障诊断方法的性能评价有如下指标：

- 检测的及时性（速度）；
- 检测敏感性和鲁棒性；
- 误报率、漏报率、错报率和确诊率；
- 诊断全面性（针对所有类型故障）。

图1.1系统地概括出了故障诊断的任务和方法。

最近，我国学者从对最新研究成果分析的角度对现有的故障诊断方法进行了重新分类，将其整体上分为定性分析的方法和定量分析的方法两大类，如图1.2所示。

如果从故障诊断技术的应用划分，作者认为可分为两类，一类是嵌入式的故障诊断应用，另一类是分离式的应用。所谓嵌入式的应用，就是指故障诊断技术直接包含在系统设计中，例如对控制系统的设计，在设计时就考虑故障检测、隔离和补偿问题，从而保证故障一旦发生，就把故障消灭在萌芽状态。所谓分离式故障诊断技术，是指故障诊断系统与被诊断对象处于分离状态，也即故障诊断推理系统和被诊断对象各自独立存在，没有任何耦合关系，如我国神州飞船地面故障诊断系统、航天器地面综合诊断测试系统，都属于这类应用。从近几年故障诊断技术的应用方面看，分离式的故障诊断技术发展较快；但是，从未来发展看，实时嵌入式故障诊断技术将具有重要的应用前景。加拿大学者近年来结合卫星反作用飞轮的姿态控制系统，基于解析冗余故障诊断方法，对实时嵌入式故障检测估计器的设计进行了探索性的研究工作。

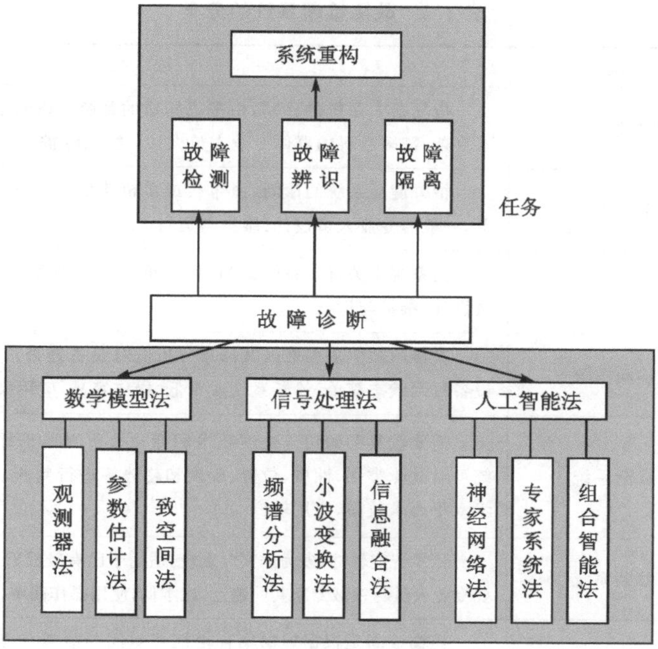

图 1.1　故障诊断的任务和方法

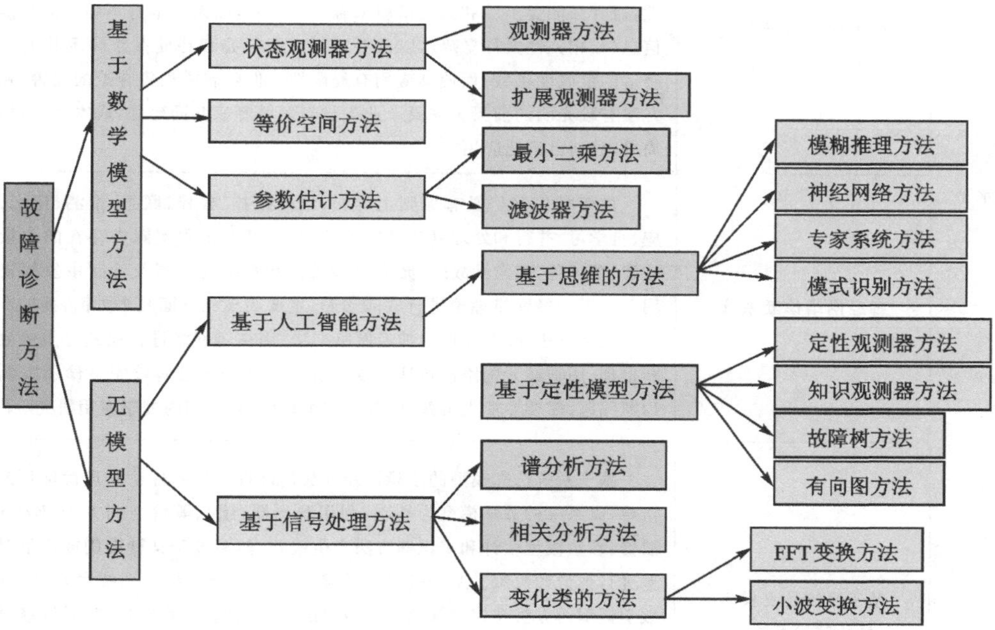

图 1.2　故障诊断方法分类

1.2.2　故障诊断技术应用模式

目前，一般按诊断系统的投资、开发及应用上的不同层次或模式进行分类，见表 1.1。

表1.1 故障诊断系统的分类

	系统	说明
诊断范围	系统级	指复杂大系统的诊断，由多机构成的系统。诊断结论定位在分系统上，技术复杂，需多学科的群体专业人员设计、建立、维护与运行
	分系统级	指关键分系统的诊断，由单机或多机构成的系统。诊断结论定位在设备上，一般需专业人员设计、维护与运行
	设备级	指系统中关键设备的诊断，仅由单机构成的独立系统。一般也需专业人员设计、维护与运行
智能水平	简易诊断系统	直接用被监测参数或其简单分析值对设备是否正常、有无故障作出判断，设备技术状态简单，诊断系统成本低，操作容易，应用极广
	精密诊断系统	需要较复杂的信号处理技术和专业人员对非正常设备进行诊断，诊断系统可对故障类别、性质、位置、程度和趋势等进行判断。诊断系统成本适中，技术水平要求较高，应用较广
	专家诊断系统	依靠智能软件，多为非实时系统，适用于已有较成熟诊断经验的专门系统，需要专业人员与领域专家共同建立，成本低，使用操作简单，目前已广泛应用
	模糊推理诊断系统	模糊诊断是根据模糊集合论征兆空间与故障状态空间的某种映射关系，由征兆来诊断故障。由于模糊集合论尚未成熟，诸如模糊集合论中元素隶属度的确定和两模糊集合之间的映射关系规律的确定都还没有统一的方法可循，通常只能凭经验和大量试验来确定。另外，因系统本身不确定的和模糊的信息(如相关性大且复杂)，以及要对每一个征兆和特征参数确定其上下限和合适的隶属度函数，而使其应用有局限性。但随着模糊集合论的完善，相信该方法有较光明的前景。需要专业人员与领域专家共同建立，成本低，使用操作简单，目前已广泛应用
	神经网络诊断系统	由于神经网络具有原则上容错、结构拓扑、鲁棒、联想、推测、记忆、自适应、自学习、并行和处理复杂模式的功能，使其对工程实际中存在的大量的多故障、多过程、突发性故障、庞大复杂机器和系统的监测及诊断中发挥较大作用。应用神经网络理论进行故障诊断，主要表现在下面几个方面：残差产生的神经网络方法、残差评估的神经网络方法、用神经网络进行模式分类的故障诊断推理、用神经元网络作自适应误差补偿。适用于已有较完整诊断案例库的诊断问题，需要专业人员建立，开发成本较低，目前国内处于应用研究阶段
	基于系统仿真模型的故障诊断系统	基于系统仿真模型的故障诊断方法是以现代控制理论和现代优化方法为指导，以系统的数学模型为基础，利用观测器(组)、等价空间方程、Kalman滤波器、参数模型估计和辨识等方法产生残差，然后基于某种准则或阈值对该残差进行评价和决策。基于模型的故障诊断方法能与控制系统紧密结合(基于数学模型的方法在控制领域中发展较迅速)，是监控、容错控制、系统修复和重构的前提。目前该领域研究的重点是(线性和非线性)系统的故障诊断的鲁棒性，故障可检测和可分离性，利用非线性理论(突变、分叉、混沌分析方法)进行非线性系统的故障诊断。适用于已有较精确的数学模型的诊断系统，需要专业人员建立，目前国内外处于应用研究阶段

续表 1.1

	系　统	说　明
智能水平	组合型智能诊断系统	专家系统的知识处理模拟的是人的逻辑思维机制，人工神经网络的知识处理所模拟的则是人的经验思维（即模式类比，也叫形象思维）机制；在人类自身的思维过程中，逻辑思维、经验思维、创造性思维是缺一不可并且是非常巧妙地互相结合而形成的有机整体。 在人类日常的智能活动中，最常发生的思维形式是经验思维。这是一种浅层次的思维形式：人们根据以往成功的实践经验，把已经成功处理过的问题划分为几种典型的模式，一旦遇到与这些模式相同或相近的实际问题，就照以往的经验来处理，故障诊断也不例外，因此，这类思维的实质就是模式识别。 当遇到经验思维解决不了的实际问题时，通常就要转向更深一层次的逻辑思维；如果遇到逻辑思维也解决不了的新的复杂问题，又需要转向创造性思维，通过提出新的假设，然后经过检验来发现新的理论和新的解决实际问题的方法。所谓组合型智能诊断系统就是将上述三种思维推理集成在一个诊断系统中。这类系统需要专业人员建立，目前国内外处于应用研究阶段
工作方式	在线系统	适用于重要系统的实时或自动巡检诊断，依靠内装传感器。成本较离线式高，系统可以是单机或多机的，应用较广
	离线系统	依靠数采器，手持式传感器人工巡检方式工作；非实时工作，诊断系统的硬件成本低，推理速度不必很快，便于扩充范围与测点；可以不直接与设备相联系，应用范围广且灵活性大，适用于各种场合
	离-在线系统	兼顾上述两种优点，应用范围广
系统构成	单机系统	由一台计算机构成的诊断推理系统，系统规模较小，数据通道较少，适用于重要设备或子系统的故障诊断，硬件成本不高，操作水平要求适中，应用较广
	多机系统	由多台计算机构成的诊断推理系统；适用于复杂的大系统，用网络或工业总线通讯，硬件成本高，可用于重要的大系统，如飞船、航天飞机等，系统的设计、建立、维护、运行需专业技术人员。其特点是在地域上与处理上是分布或分散、分级的，抗单点故障能力强，易扩展，便于集中管理，软件、硬件及信息资源共享

1.2.3　故障诊断未来面临的问题

近些年来，由于计算机技术、信号处理、人工智能、模式识别技术的发展，促进了故障诊断技术的不断发展，特别是智能故障诊断方法得到广泛的研究。目前，故障诊断研究主要集中在以下几个方面：

1）将一些新的理论引入故障诊断之中，如信息融合故障诊断、基于进化算法的故障诊断、基于 Agent 的故障诊断、基于图论的模型推理方法、基于核方法的故障诊断等。随着新理论的不断发展，这方面的工作仍是故障诊断的重要内容之一。

2）诊断系统集成化，将几种诊断方法融合到一起的集成故障诊断研究，实现多种诊断方法的融合。如将小波变换、模糊数学、神经网络综合到一起的故障诊断方法。由于每种方法都有其优点和不足，这种集成故障诊断方法必然有其独特的优点，也是有待深入研究的内容之一。

3）诊断系统综合化，由过去单纯的监测和诊断，向今后集监控、测试、诊断、管理、预测和训练于一体的综合系统化方向发展。

4）随着人工智能的发展，人们越来越意识到操作人员的常识及人的自然智能的优越性，在故障诊断系统中适当考虑人的作用会降低故障误报率和漏报率。

总之，故障诊断是一门实用性很强的技术，只有在实际应用中才能体现它的价值。目前在理论研究方面虽有不少进展，但真正在工程实践中成功应用的实例还较少。因此，如何将先进的故障诊断理论与方法应用到实际中去还有待深入的研究。

结合故障诊断的理论成果，如下几个研究方向已经或正在成为故障诊断理论渗入实际系统的研究热点或示范工程。

1）基于混合神经网络结构的故障诊断

- 考虑到大系统的分布式、层次性等特征，运用多种神经网络在推理系统中发挥各自的优势，解决数据不足的问题。将传感器数据到故障的映射分解为三个部映射，解决训练数据不足的问题，并逐一训练神经网络实现这些映射，分别完成数据压缩、假设产生及传感器融合的功能。
- 在研究过程中，要使这种混合神经网络结构不但可以检测到训练样本中已有的故障类型，而且可以检测到训练样本中没有的故障类型。
- 在混合神经网络结构的诊断系统中，设为三层结构，每层分别采用不同的神经网络模型，如：第一层为自适应共振（ART）神经网络结构，第二层为内容可寻址记忆（CAM）网络，第三层为 BP 网络，将故障诊断看作是一种特殊的模式识别问题。
- 在测点数据进行预处理时，运用模糊理论进行处理，即用模糊隶属度对观测点数据进行定性化处理。对混合网络推理的结论也进行模糊化处理，提高诊断系统的可信度。实质上，混合神经网络故障诊断系统是一个将数值计算与符号处理有机的融合。

2）建立在智能仿真基础上的故障诊断技术

- 运用统计理论和模糊信息处理技术，研究故障检测阈值的选取方法，并在此基础上，给出阈值选取的自适应调节方法，使阈值的选取既可有效地克服干扰噪声，又能有效地检测故障。
- 对不能由一般解析方法求取残差的，可用神经网络动态模型，辅助进行不可模型化系统的残差产生。另外，当系统模型存在建模误差时，利用神经网络进行误差估计，进而产生对诊断有意义的残差信号。
- 为克服传统解析方法的缺点，在进行故障隔离时，运用人工智能理论，引入故障模型的匹配、联想和类比等思维方式，实现求解征兆到故障之间非线性映射。
- 将经典的系统辨识理论和现代的人工智能建模方法（如模糊和神经网络方法）结合，估计系统发生故障的大小和方向矢量。

1.4 故障诊断的术语定义

国际自控联合会（IFAC）故障检测、安全性与监控专业技术委员会，在基于模型故障诊断领域内所定义的公用术语主要如下。

- 故障(fault):系统至少一个特征参数由可接受的/通常的/标准的状态发生不允许的偏移。
- 失灵(malfunction):在完成系统所期望的功能中发生间歇式的不规则性。
- 误差(error):在(输出变量的)测量值或计算值与真实值或理论上的正确值之间的偏差。
- 干扰(disturbance):作用在系统上的未知(与未控)输入。
- 扰动(perturbation):作用在系统上的输入,其导致系统由当前状态暂时性偏离。
- 残差(residual):基于测量值与基于模型方程计算值之间偏差的故障指示(器)。
- 征兆(symptom):从正常行为发生了能观测到的量的变化。
- 故障检测(fault detection):故障种类、位置及检测时间的确定。
- 故障隔离(fault isolation):故障种类、位置及检测时间的确定,在故障检测后进行。
- 故障辨识(fault identification):故障大小及其时变行为的确定,包括故障检测、故障隔离与辨识。
- 监控(monitoring):通过纪录信息、识别及指明行为的异常性,确定物理系统状态的一项连续实时任务。
- 监督管理(supervision):监控物理系统并且采取适当方式以维持在故障情况下的运转。
- 定量模型(quantitative model):利用系统变量与参数间的静态与动态关系的定量数学术语来描述系统行为。
- 定性模型(qualitative model):利用系统变量与参数间的静态与动态系统的定性数学术语(如因果性或 if - then)来描述系统行为。
- 诊断模型(diagnostic model):连接具体输入变量-征兆与具体输出变量-故障之间的一组静态与动态关系。
- 解析冗余(analytical redundancy):利用两种或者两种以上(但不必相同)的方式确定变量,其中一种方式采用了解析形式的过程数学模型。
- 可靠性(reliability):在给定的范围内,在给定的时间周期内,在规定的条件下,系统完成所要求的功能的能力。
- 可用性(availability):系统或设备在任何时间可令人满意地、有效地运转的概率。
- 安全性(safety):系统没有引起对人、设备或环境危害的能力。
- 可信性(dependability):可用性的一种形式,在其需要时总是可利用的特性。它也指系统在规定的工作期间内任何随机选定的时刻,其可运转与有能力完成所要求的功能的程度。

第2章　航天器在轨故障分析

2.1　引　言

航天器发射成功入轨后，能否顺利完成任务主要取决于两方面因素：一是航天器是否正常工作；二是航天器是否运行在预期的轨道上。而这两方面又取决于各分系统的在轨运行情况。在轨航天器一旦发生故障，其损失是不可低估的。所以，对航天器各分系统在轨故障的分析与研究也越来越为航天器总体设计人员所重视。

通过统计分析航天器的在轨故障，可进一步了解故障的发生原因及规律，从而采取一定措施，以减少或避免航天器出现重大损失。本章主要对航天器在轨运行时的结构机构分系统、控制分系统、电源分系统以及推进分系统的故障进行统计和归纳，并具体分析各个分系统中相应部件所发生的故障及其原因，为航天器总体设计提供一定的参考，以减少航天器在轨运行故障，增强航天器的在轨运行可靠性。

本章将对1993—2012年底国外公开的在轨航天器故障进行调研，并对其各个分系统所出现的故障进行具体统计与分析，归纳出了各分系统发生故障的比例，结果如图2.1所示。由图可知，结构机构分系统故障、控制分系统故障、电源分系统故障以及推进器分系统故障占航天器在轨故障的绝大部分。所以，本章主要针对这4个分系统进行故障分析。

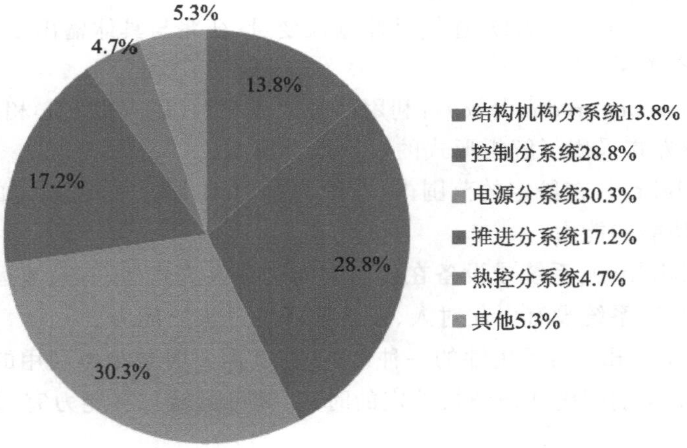

图2.1　航天器各分系统故障所占比例

2.2　结构机构分系统故障统计分析

在航天器系统工程中，结构机构分系统与任何其他分系统都有关，因此，对航天器总体设计而言，结构机构分系统设计应该放在第一步。结构机构分系统正常与否直接关系到航天器能否安全在轨运行以及能否完成任务。例如，太阳翼的在轨展开、航天器舱段的在轨分离、航天器间的空间对接与分离等任务都需要航天器机构来支撑。

结构机构分系统故障一般是由加工缺陷、机械磨损以及空间环境变化，如温度、受力、摩擦变化以及材料的放气导致的。其中，与地球环境截然不同的空间环境给航天器的机械设计和在轨安全带来了很大的挑战。

为便于分析，在统计计算中，将其他分系统中涉及的机械故障也纳入结构机构分系统中。航天器上的机械故障主要发生在可伸展机构、高速运动或旋转的构件、天线结构以及锁定装置和装配接头连接装置上，如太阳能电池阵、悬臂、动量轮、陀螺装置以及启动锁等。这里发生故障的主要原因有 4 种：

- 活动部件较多；
- 使用时间相对较长；
- 高速旋转过程中产生热和磨损；
- 受瞬时高温和高压影响，发生故障的可能性相对较大。

通过统计分析航天器的机构故障发现，可伸展机构和驱动机构的在轨故障最为常见，其统计结果如图 2.2 所示。

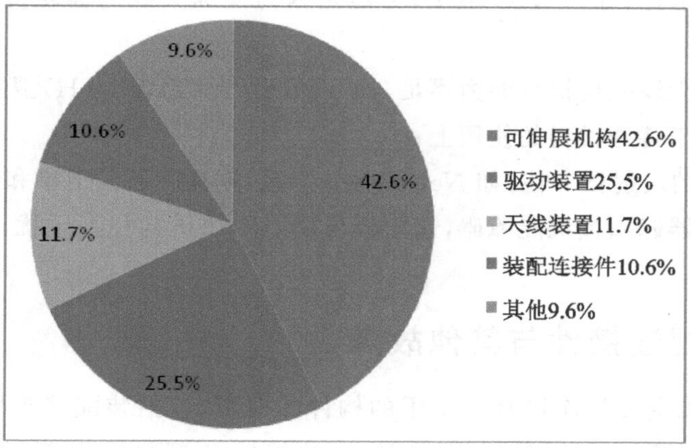

图 2.2　航天器各分机构故障所占百分比

2.2.1　可伸展机构故障

可伸展机构也称为展开机构，主要包括太阳能电池阵列板的展开机构和各种机械臂的伸缩机构等等。由图 2.2 可知，该类故障发生概率较高，而其中太阳能电池阵展开机构的故障又占此类故障的 90%以上。据统计发现，太阳能帆板由展开机构引起的故障模式有 2 种。

- 太阳能电池帆板未展开或部分展开故障，如 Sinosat－2(完全失效)以及 Telstar－14 卫星等；
- 太阳能帆板驱动机构故障，这类故障使电池帆板无法旋转，不能指向太阳，如 EchoStar－Ⅱ卫星。

2.2.2 驱动装置故障

航天器上的驱动装置主要用于实现航天器的各种动作以及调整，如太阳能电池驱动机构、用于探测及实验的舱外机械臂、卫星天线摆动机构以及为其提供动力的电机等，这些机构都需要长期在轨进行连续或间歇性运动。据统计，2000年的AO-40（Phase 3D）卫星因电机内部结构故障导致其未能进入预定的高椭圆轨道（“Molniya”轨道），并且对星上的部分通信有效载荷造成了一定程度的破坏；另外，电机内部机能故障使Eutelsat-W5卫星的一个太阳能电池阵丢失，Landsat-5卫星3次因（辅助）电池阵驱动故障进入安全模式使任务暂停。

2.2.3 天线装置故障

天线是航天器数据传输必须的装置，是与地面联系的关键部件。据统计，其故障类型大致有4种：

- 天线未能展开；
- 高增益天线卡住，如SOHO卫星，可能是因为操纵天线的齿轮传动装置出现了机构故障；
- 多址相控阵天线机构执行能力不足，如TDRS-8（TDRS-H）卫星，波音公司认为其原因可能在于特殊材料的使用上；
- C波段天线的反射器卡住，如New Dawn卫星，据国际通信卫星和轨道科学公司分析，原因是反射器遮阳板机能障碍，遮阳板与喷射释放机构相互干扰，从而阻止了C波段天线的展开。

2.2.4 装配连接件与其他故障

装配连接件故障主要是连接及固定用的构件的故障，包括装配接头故障、点火系统构件（法兰固定螺栓、密封圈、限制圈垫片等）的故障、连接处O型圈的故障、连接解锁机构的故障（如整流罩为分离）等。其中，1998年的Kosmos 2350卫星因仪器舱的密封故障导致其完全失效。

其他故障主要包括结构设计及制造缺陷，如STRV 1c、STRV 1d，以及SSETI Express卫星就曾发生过这类故障。

2.3 控制分系统故障统计分析

控制分系统功能比较复杂，组成零部件较多，具有非线性、强耦合等特点，由于在轨运行环境恶劣，所以容易发生故障。

图2.1显示该分系统发生故障的概率高达28.8%，是继电源分系统后较易发生故障的分系统，若将推进分系统也考虑在内，则该分系统发生故障占整个航天器故障的46%。因此，在研究航天器在轨故障时，需要重点考虑该分系统的故障问题。

由统计分析可知，航天器姿控分系统故障主要有外界原因、内部原因和原因不明三个方面，而内部原因造成的故障占有相当高的比例，其统计结果如图 2.3 所示。

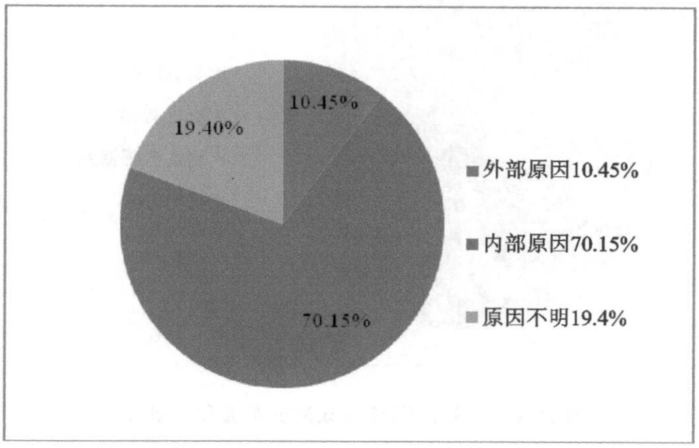

图 2.3 航天器姿控分系统发生故障原因的比例图

2.3.1 外部原因造成的姿控回路故障

航天器在太空中，当日光或月光进入地球敏感器视场或日光直接照射地球红外敏感器时，可能对航天器姿控分系统造成干扰。由于外空间环境温度较低，容易引发材料形变以及润滑装置失效等现象，使得摩擦力矩不断增大，进而导致电机停转、卡死等故障使敏感器失效。

另外，航天器遭受到宇宙空间中的微流星和空间碎片撞击也是航天器姿控分系统发生故障的主要原因之一，如 Aura 卫星在 2010 年 3 月 12 日可能受到一块太空碎片(或微流星体)的撞击，导致其发生姿态扰动以及电源失效现象。目前对微流星和空间碎片的防护还很困难。减少航天器与空间碎片碰撞危险的最有效办法是减少空间碎片的产生，其中包括最大限度地减少操作过程中产生的碎片数量、防止爆炸事故和禁止蓄意爆炸事件等。此外，还需要主动进行碎片的清理工作。

2.3.2 内部构造缺陷引起的姿控回路故障

航天器姿控回路主要是由姿轨控制器、执行器以及姿态测量装置组成的一个闭环控制回路。在整个回路中，各个装置均有可能发生故障。根据资料统计分析，回路各组成部分故障比例如图 2.4 所示。

1. 姿态控制器故障

按照控制力矩装置和姿态测量装置，可以把航天器的姿态控制分为被动姿态控制和主动姿态控制。被动姿态控制利用航天器本身的动力特性和环境力矩来实现姿态指向。主动姿态控制是利用姿态误差形成控制指令，产生控制力矩来实现姿态指向。所以，主动控制具有精度高、反应快等特点，并且能够实现复杂的控制任务。但主动姿态控制较被动姿态控制容易发生故障，例如 ERS－1 号卫星在 2000 年 3 月 10 日发生了姿态控制故障导致任务失败，服役结束。

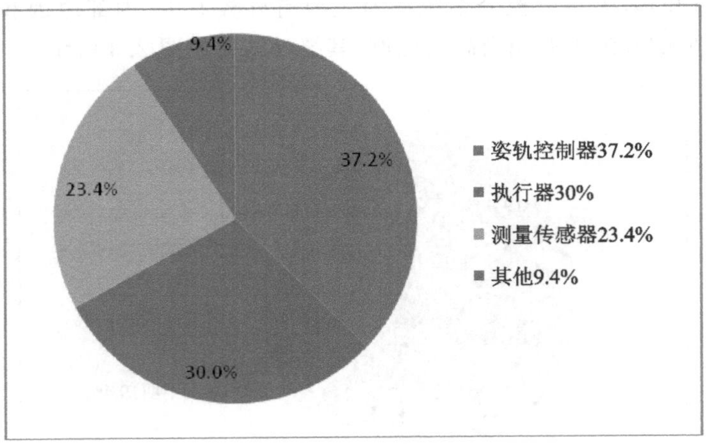

图 2.4 姿轨控回路组成部分故障所占比例

2. 执行器故障

用于姿态控制的执行器由飞轮(动量轮与反作用飞轮)、磁力矩器、推力器等构成。而飞轮是航天器重要的执行机构,并带有转动部件,在航天器长时间稳定运行期间,其连续不断地做机械运动,因此出现故障的可能性极大,是航天器姿控回路的主要故障源。因推力器故障在推进分系统中论述,所以这里主要对飞轮进行故障分析,其主要故障有2种:

(1) 突变故障

飞轮猛然停转,称为"卡死"故障,此时输出力矩产生一个巨大扰动后快速变为零;或飞轮空转,称为"零力矩"故障,不能响应正常的控制力矩指令,从而影响姿控回路的性能,维持恒速,输出力矩为零。此类故障需要快速检测诊断并采取措施。例如EchostarV号卫星的动量轮在2007年6月30日出现异常,当卫星重定位时,引发轨道位置变化,导致燃料消耗增加,但由于诊断及时,并没有影响该卫星的正常运行,只是缩短了两年的寿命。

(2) 渐变故障

当马达力矩变小,摩擦力矩增大,导致飞轮输出力矩变小;或由于某种原因导致飞轮转速持续下降,输出力矩叠加一个定向偏差。此类故障在故障初期很难被检测到,但随着时间的推移,该故障逐渐明显,从而影响卫星平台的正常姿态。例如Radarsat-1号卫星自1999年9月起,主矩动量轮摩擦过度且温度上升,最终于2002年11月27日因不断恶化的姿控系统影响了卫星执行任务的能力。而地球静止环境卫星9(GOES-9)也因动量轮缺乏润滑,严重干扰了姿态指向系统,导致姿态控制失灵,使卫星失效。

3. 姿态传感器故障

姿态传感器包括用于测量姿态角的陀螺仪和用来测量姿态角速度的星敏感器(如太阳敏感器)等传感器。

(1) 陀螺仪故障

陀螺仪一般是以捷联方式固连于航天器本体上的,其故障可导致航天器失效或进入安全模式。例如在2001年9月,BeppoSAX号卫星的陀螺仪故障使得卫星进入无陀螺仪模式,后由于该卫星的轨道衰减太快，其他元器件开始失灵，最终于 2003 年脱离轨道，坠入太平洋。

(2) 星敏感器故障

航天器在发射过程中，其各部件在过载状态下都经受着巨大的冲击与振动。由于这种情况无法避免，作为敏感器的机械构件可能会受到不同程度的破损而无法正常工作；亦可由于工艺问题，常使得敏感器输出的误差偏离系统设计时规定的误差范围，导致系统无法正常工作。例如 GOES-8 号卫星于 1998 年 10 月 27 日由于星敏感器异常造成临时的姿态控制失效。

4. 其他故障

其他故障包括系统软件造成的分系统故障以及其他分系统额外引起的姿态故障等。如 Eutelsat W-1 号卫星于 2000 年 8 月 10 日在 9 h 的停电之后，造成两个操作变换器服务无响应。

2.4 电源分系统故障的统计分析

如图 2.1 所示，电源分系统故障在航天器在轨故障中所占比例最高，且其对航天器的危害面广、危害性大，可造成功能下降，最终导致航天器寿命减少。据统计，其故障模式主要有太阳能电池阵列故障、蓄电池组故障、静电放电故障、电磁辐射故障等，各自所占比例如图 2.5 所示，其中太阳能电池阵列和蓄电池组发生故障频率较高。

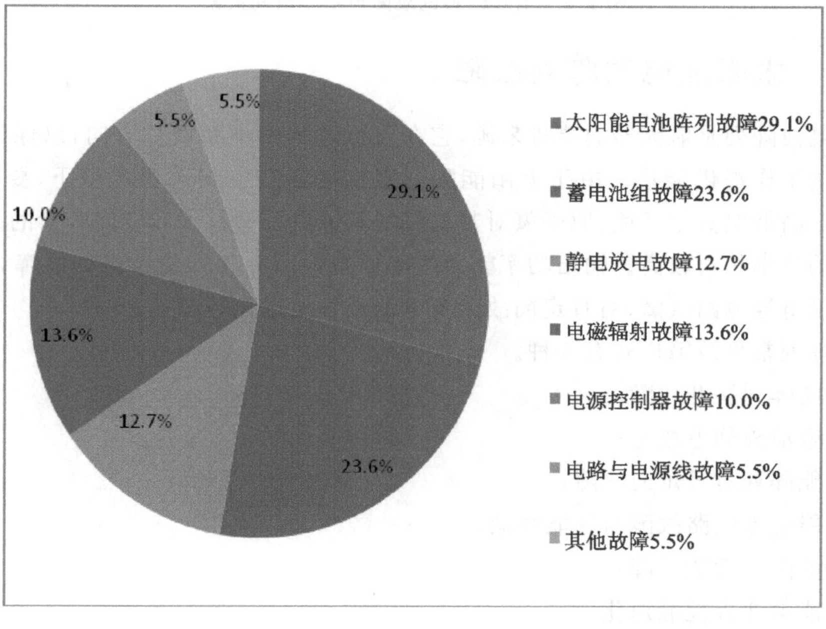

图 2.5　航天器电源分系统各部件在轨故障所占比例

电源分系统主要故障模式及原因有 5 种：

- 太阳电池阵列的展开故障，主要由机械故障引发的；

- 蓄电池故障，多数由充放电引起；
- 静电放电故障，由日冕喷射和地磁风暴引起，静电放电常会引起电源系统的短路；
- 电磁辐射故障，由非正常的太阳耀斑或日冕喷射造成的；
- 电源控制器故障，此类故障主要集中在元器件和功率器件的失效上。

此外，由于对航天器的测试和实验验证不够充分，以及对航天器及其运行环境分析和试验不够深入等原因，电源分系统在轨一年内发生故障的概率较大。航天器电源分系统故障与在轨时间之间关系如图2.6所示。

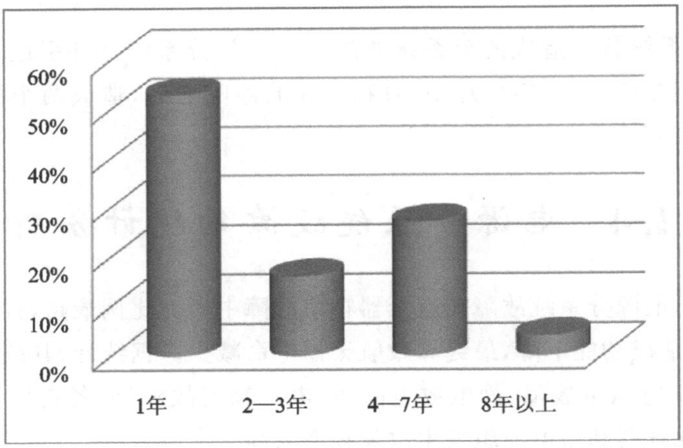

图2.6　电源分系统故障与在轨时间关系

2.4.1　太阳能电池阵列故障

太阳能电池阵列是航天器的能量来源，它在飞行过程中不断调整方向，以保证对准太阳，从而为航天器工作提供能量。由于太阳能阵列直接暴露在空间恶劣环境下，要时刻经受约－80℃～80℃高低温真空环境、原子氧对其材料的剥蚀以及微粒子和空间碎片的撞击等，所以其发生故障的概率相对较高。输出功率能力的降低是太阳能阵列最常见的故障，包括单片太阳能电池板或电池电路故障、对日定向故障及电池板性能退化等。

太阳能阵列常见故障模式有6种。

- 太阳能阵列展开故障；
- 太阳电池阵静电放电；
- 太阳能阵列对日定向故障；
- 太阳能电池电路故障与性能衰减；
- 太阳能阵列性能下降；
- 太阳能电池板性能退化。

相应的故障模式、机理及对策见表2.1。

表 2.1　太阳翼故障模式、机理及对策

故　障	机　理	故障案例	对　策
太阳翼展开故障	机械断裂，太阳电池阵未展开	1999 年，FLTSACOM－5 太阳阵未展开。太阳阵中有一块板被卡住未展开，处于折叠状态。两块太阳电池板因受整流罩内皮脱落时撞击被损坏	加强强度
静电放电故障	静电放电	1997 年 4 月，Temp－2 航天器突然损失了总功率的 15%。调查显示是由于在太阳电池片表面的一个电弧引发了太阳电池电路的短路，导致基板表面的卡普顿板绝缘层被热击穿，这导致电池阵正线和卫星地线之间的短路造成输出功率损失	加强绝缘性
太阳能电池故障	微流星体损伤	2008 年 6 月 Galaxy－26 航天器电源系统出现故障，损失了一半以上的功率，原因可能是被来自流星体或空间的高速碎片撞击	应使太阳能电池阵输出功率留有余量
太阳翼定向故障	太阳阵驱动机构卡死	2000 年初，欧洲航天局的 Olympus－1 电源系统供电能力下降。由于太阳阵驱动机构出现故障，致使两个太阳阵中的一个无法指向太阳	调整太阳能电池阵驱动机构

2.4.2　蓄电池组故障

蓄电池的故障大多与充放电电路有关，常见故障模式主要有 4 种：

- 蓄电池组放电回路出现短路或异常大电流放电，且不能及时隔离。造成这种故障的原因一般为电池容器破裂或电缆故障。如 2002 年 2 月，MAP 航天器发生蓄电池异常，其电压差开始升高，每天增大 0.1V，最后遥测显示其损失了一节单体电池，原因可能是压力容器内的氢镍蓄电池模块发生了短路。
- 充电回路断路，不能充放电。这种故障可能是由于电解液泄漏或流失而引起的。
- 蓄电池组性能衰退，内阻增加。
- 蓄电池过充且无法断开充电。

蓄电池故障模式、机理及对策见表 2.2。

表 2.2　蓄电池故障模式、机理及对策

故　障	机　理	故障案例	对　策
蓄电池组放电回路出现短路或异常大电流放电，且又不能及时隔离故障	电池容器破裂，电缆故障	2002 年 2 月，MAP 航天器发生蓄电池异常，2 月 24 日蓄电池电压差开始升高，每天电压差增大 0.1V，最后遥测显示损失了一节单体电池，可能在压力容器内的氢镍蓄电池模块发生了短路	优化蓄电池电池组设计
充电回路开路或接不通，造成不能放电、不能充电的故障	电解液泄漏、流失	2003 年 9 月，回声－Ⅶ航天器的一组蓄电池出现容量降低，蓄电池故障，但没有影响到卫星的正常运营	使用蓄电池组电池冗余设计

续表 2.2

故　障	机　理	故障案例	对　策
蓄电池组性能衰退	电化学性能退化，内阻增加	2002年1月，意大利X射线天文航天器（BeppoSAX）一组蓄电池的32个电池单体中有4个出现故障，严重影响了蓄电池组性能。此外，另一个蓄电池组也开始呈现内阻变大的迹象	优化蓄电池设计
蓄电池充电过量仍无法断开充电的故障	电池组过充电，过放电	1997年12月，TRMM航天器蓄电池组出现异常现象，蓄电池组中的一个单体电池在充电中电压达到1.53V，电压－温度曲线达到上限（最高达到1.62V，而其他单体只有1.44V），怀疑单体中有氢气释放，造成电池单体内阻增加，性能衰降。最终采用恒流模式为蓄电池组充电	采用多种充电冗余备份

2.4.3　电源控制器故障

电源控制器主要由分流器、充电调节器、放电调节器构成，其故障主要集中在元器件和功率器件的失效上，一般只能采取冗余的方式来减少此类故障的危害。

电源控制器故障有：

- 蓄电池组充放电调节器故障；
- 太阳电池阵分流调节器故障。

航天器电源控制器故障模式、机理及对策见表2.3。

表2.3　源控制器机理及对策

故　障	机　理	故障案例	对　策
蓄电池组充放电调节器故障	内部功率电子器件损坏	2005年10月，某航天器因为热设计不合理导致电源充电调节器中的两个场效应管出现过热。过热导致一个场效应管出现短路故障，引起太阳电池电路短路，使得太阳阵无法向平台供电，也无法给蓄电池组充电	在电路设计上做防静电设计
太阳电池阵列分流调节器故障	内部功率电子器件损坏	2000年9月，TERRA航天器发生太阳电池阵分流模块短路异常，造成太阳电池阵列的一个电路失效，损失了1/24的输出功率	设计中考虑电路的裕度设计

2.5　推进分系统故障统计分析

航天器推进分系统是一个复杂的管网、流体、热动力系统，任何一个部件的异常或故障都可能导致推进分系统的故障，进而影响空间任务的完成。尤其是对载人航天器而言，空间推进系统要完成轨道改变、姿态控制、紧急逃生、应急返回等功能，推进分系统工作性能的好坏是保证宇航员安全着陆和完成飞行任务的关键。

根据统计分析可知，推进分系统发生故障的部位主要有发动机、贮箱和管路等，部分航天器在轨期间可能会出现多个部位的故障。推进分系统常见故障有 5 类：

- 推进剂、燃料泄漏；
- 喷注器堵塞；
- 元器件失效；
- 喷气羽流产生扰动力矩；
- 其他故障。

其各自所占比例如图 2.7 所示。故障原因包括设计、材料、工艺、装调及空间环境（如空间碎片）等多方面因素。

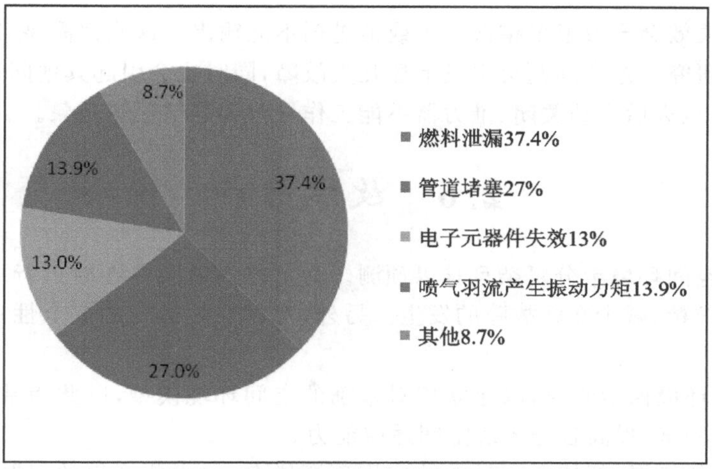

图 2.7 推进分系统常见故障所占比例

2.5.1 泄漏故障

推进剂泄漏会导致卫星的姿态控制能力下降，缩短卫星的使用寿命。而对载人航天器而言，推进剂泄漏对航天员的生命安全有巨大的威胁。综合分析，导致推进剂严重消耗的原因主要有 4 个：

- 电机等设备损坏，产生电弧放电现象，导致贮仓泄漏起火；
- 阀门焊接处有缝隙或失效，导致推进剂泄漏或氧化剂等不能进入；
- 俯仰发动机推进剂泄漏；
- 由于计算错误导致推进剂耗尽。

2.5.2 喷注器及尾喷管故障

喷注器起着疏导推进剂的重要作用，所以它的通畅是航天器动力系统正常工作的重要保证。由于燃料中不可避免地含有杂质以及推进系统环境不清洁等很容易造成喷注器故障。故障原因主要有 4 种：

- 由于温度下降导致一些燃料固化堵塞喷注器，例如铯；
- 贮箱内的过氧化氢受到污染；

- 燃料经推进器缝隙渗透到喷注器内，堵塞喷注器；
- 喷注器和阀门材料相互作用产生气泡，产生推力误差。

尾喷管的故障主要集中在喷气羽流的扰动力矩上。当推进器喷气时，产生的羽流对太阳阵列产生扰动力矩，它会使卫星处于失控翻滚状态并污染太阳能电池。这种故障可能是由于尾喷管和太阳阵列的位置不合理，也可能是空间环境下的羽流作用没有在实验模拟阶段考虑全面。这类故障一旦发生就会导致航天器任务的终止，对其寿命产生巨大影响，所以要在设计初期进行全面的实验模拟，以防止此类故障发生。

2.5.3 其他电子元器件故障

电子元器件失效会导致卫星错误喷火或推进剂不能输出。这些都需要对电子元器件的质量和可行性进行研究。这类问题会引发上述几类故障，同时也会引起其他问题，如点火时间提前或推迟、发动机点火后自动关闭、推力器不能工作导致姿态错误等现象。

2.6 故障防护

航天器所处空间环境十分复杂且难以预测。为了提高航天器在轨运行可靠性，就必须对每个环节都精益求精，减少在轨故障的发生。另外，考虑在轨运行的安全性，还应加强其防护措施：

- 加强空间环境探索研究，以建立相对精确的空间环境模型，以此为基础建立相应的仿真与地面测试，提高各分系统空间适应能力。
- 随着科技的发展，新技术新材料的使用逐渐增多，但由此产生的问题也逐渐凸显。因此在使用时一定要结合空间任务环境对其进行充分的测试和验证，尤其是要充分熟悉新材料在空间环境下的特性。
- 提高设计及制造水平，尽量避免或减少因设计和制造缺陷引起的航天器在轨故障。
- 开展运动机构等有限寿命部件的长寿命研究，在考虑空间环境的前提下，尽量提高各机构的在轨运行寿命。
- 提高航天器在轨故障诊断水平，如采用航天器智能诊断技术，增强航天器在轨故障诊断与处理能力。
- 开展多学科综合优化研究，对各分系统的关键部件进行优化，以提高其鲁棒性。
- 积极推进各系统的模块化、标准化以及系列化设计，在先进技术基础下进一步提高系统可靠性和灵活性。
- 进一步提高电磁、射频干扰和空间辐照剂量预测精度，严格进行电磁相容性和抗辐照加固设计。
- 提高地面测控网的科技和自动化水平，进一步提升地面测控能力和排除故障能力。
- 大力开展航天器在轨故障情况及其对策研究，熟悉故障现象、原因、对策及其效果，进一步完善航天器系统数据库。

2.7 小　结

本章统计分析了近 20 年来的 300 多次航天器在轨故障，在此基础上对航天器的结构与机构分系统、姿态与轨道控制分系统、电源分系统以及推进分系统的在轨故障进行了总结概括，并具体分析了各分系统发生故障的原因。

通过综合分析可知，结构机构故障贯穿于航天器各个分系统中，电源分系统故障是航天器失效的主要原因，而控制分系统及推进分系统故障很大程度上会导致航天器任务失败。对此，结合航天器的在轨故障，本章最后简要提出了一些故障的防护措施与建议，如加强空间环境探索，提高航天器故障诊断技术等，以提高航天器在轨运行的安全性与可靠性。

第3章　动态系统故障诊断的基本原理

1970年以来，在控制工程领域中，基于数学模型的故障诊断方法一直受到学术界与工程应用领域的高度重视。目前，利用现代控制理论、滤波理论和基础数学理论，基于系统模型的故障诊断方法层出不穷。

本章首先讨论控制系统故障的数学表示，然后介绍基于观测器的故障诊断原理和带干扰系统的故障诊断原理，最后给出基于奇偶向量的故障诊断方法。

3.1　系统故障的数学表示

考虑线性定常控制系统

$$\dot{\boldsymbol{x}}(t) = \boldsymbol{A}\boldsymbol{x}(t) + \boldsymbol{B}\boldsymbol{u}(t) \tag{3.1a}$$

$$\boldsymbol{y}(t) = \boldsymbol{C}\boldsymbol{x}(t) + \boldsymbol{D}\boldsymbol{u}(t) \tag{3.1b}$$

式中，$\boldsymbol{x}(t)$为状态矢量，$\boldsymbol{x}(t) \in R^n$；$\boldsymbol{u}(t)$为控制矢量，$\boldsymbol{u}(t) \in R^p$；$\boldsymbol{y}(t)$为观测量矢量（或传感器的输出矢量），$\boldsymbol{y}(t) \in R^m$，$\boldsymbol{A}$，$\boldsymbol{B}$，$\boldsymbol{C}$，$\boldsymbol{D}$为相应维数的常数矩阵。

不失一般性，仅考虑一个传感器或一个执行器故障的情况。常见的传感器或执行器的故障行为主要表现为卡死、增益变化和恒偏差失效。

3.1.1　传感器故障模型

一般说来，系统的实际输出$\boldsymbol{y}_R(t)$不可能直接获得，因此必须用传感器测量，如图3.1所示。对传感器的输出，数学上可以描述为

$$\boldsymbol{y}_R(t) = \boldsymbol{y}(t) + \boldsymbol{f}_s(t) \tag{3.2}$$

式中，$\boldsymbol{f}_s(t) \in R^m$是传感器故障矢量。

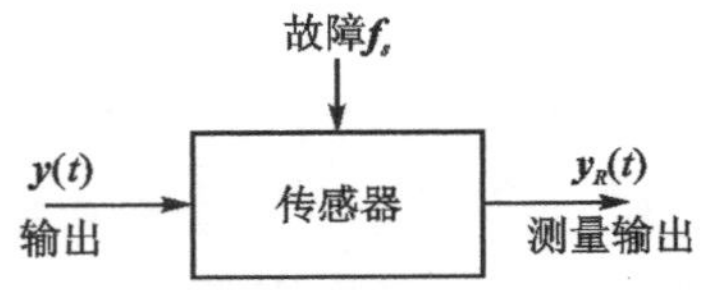

图3.1　传感器，输出与测量输出

(1) 如果传感器处于卡死状态（例如卡在零值）

$$\boldsymbol{y}_R(t) = 0$$

进一步由式(3.2)得

$$\boldsymbol{f}_s(t) = -\boldsymbol{y}(t)$$

(2) 如果传感器处于恒增益故障（乘性故障），则

$$\boldsymbol{y}_R(t) = \Delta \cdot \boldsymbol{y}(t)$$

由式(3.2)得

$$\boldsymbol{f}_s(t) = (\Delta - 1) \cdot \boldsymbol{y}(t)$$

(3) 如果传感器处于恒偏差故障，则

$$\boldsymbol{y}_R(t) = \Delta + \boldsymbol{y}(t)$$

由式(3.2)得

$$\boldsymbol{f}_s(t) = \Delta$$

3.1.2　执行器故障模型

系统的实际输入 $\boldsymbol{u}_R(t)$是执行器输出的指令，如图 3.2 所示。执行器的输出，数学上可以表示为

$$\boldsymbol{u}_R(t) = \boldsymbol{u}(t) + \boldsymbol{f}_a(t) \tag{3.3}$$

式中，$\boldsymbol{f}_a(t) \in R^r$ 是执行器的故障矢量；$\boldsymbol{u}(t)$是控制器输出的控制指令。

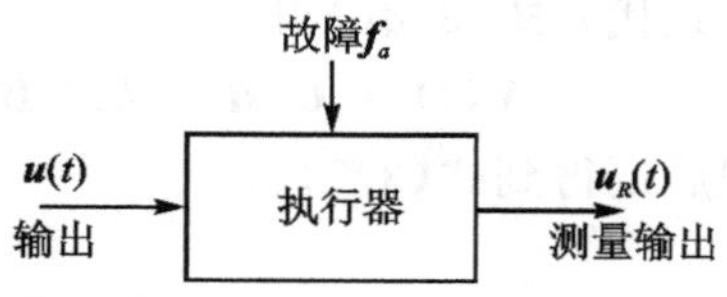

图 3.2　执行器，输出与故障

通过合适地选择故障函数 $\boldsymbol{f}_a(t)$，就可以描述不同情况下的执行器故障。

3.1.3　系统故障模型

如果系统元件、参数发生了故障，如图 3.3 所示，那么系统的动态模型可以描述为

$$\dot{\boldsymbol{x}}(t) = \boldsymbol{A}\boldsymbol{x}(t) + \boldsymbol{B}\boldsymbol{u}(t) + \boldsymbol{f}_c(t) \tag{3.4}$$

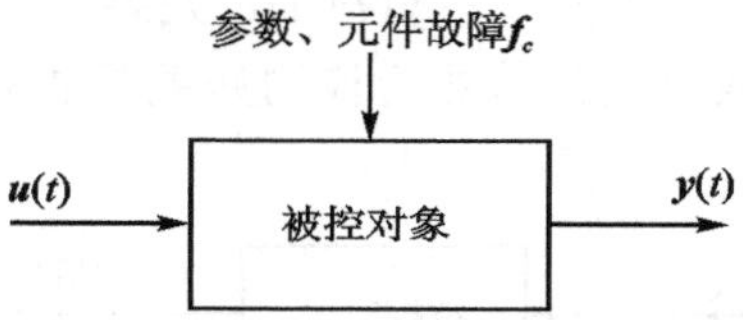

图 3.3　被控对象

3.1.4　控制系统故障的数学描述

考虑系统所有可能的传感器故障、系统元件、参数故障以及执行器故障，系统式(3.1)可以描述为

$$\dot{\boldsymbol{x}}(t) = \boldsymbol{A}\boldsymbol{x}(t) + \boldsymbol{B}\boldsymbol{u}(t) + \boldsymbol{B}\boldsymbol{f}_a(t) + \boldsymbol{f}_c(t) \tag{3.5a}$$

$$\boldsymbol{y}(t) = \boldsymbol{C}\boldsymbol{x}(t) + \boldsymbol{D}\boldsymbol{u}(t) + \boldsymbol{D}\boldsymbol{f}_a(t) + \boldsymbol{f}_c(t) \tag{3.5b}$$

一般情况下，具有所有可能故障的系统可以用下列状态空间模型描述

$$\dot{\boldsymbol{x}}(t) = \boldsymbol{A}\boldsymbol{x}(t) + \boldsymbol{B}\boldsymbol{u}(t) + \boldsymbol{R}_1\boldsymbol{f}(t) \tag{3.6a}$$

$$\boldsymbol{y}(t) = \boldsymbol{C}\boldsymbol{x}(t) + \boldsymbol{D}\boldsymbol{u}(t) + \boldsymbol{R}_2\boldsymbol{f}(t) \tag{3.6b}$$

式中，$\boldsymbol{f}(t) \in R^g$ 是故障矢量，它的每一个元素 $f_i(t)(i=1,2,\cdots,g)$对应于某具体的故障形式。在故障诊断时，$\boldsymbol{f}(t)$看作未知的时间函数。$\boldsymbol{R}_1$ 和 $\boldsymbol{R}_2$ 作为引入故障矩阵是已知的，它们表示了系统的故障效应。对于故障诊断而言，$\boldsymbol{u}(t)$与 $\boldsymbol{y}(t)$是已知的。

考虑系统所有可能的故障，其输入输出传递矩阵函数表示又描述为

$$\boldsymbol{Y}(s) = \boldsymbol{G}_u(s)\boldsymbol{U}(s) + \boldsymbol{G}_f(s)\boldsymbol{f}(s) \tag{3.7}$$

其中

$$\boldsymbol{G}_u(s) = \boldsymbol{C}(s\boldsymbol{I} - \boldsymbol{A})^{-1}\boldsymbol{B} + \boldsymbol{D}$$

$$\boldsymbol{G}_f(s) = \boldsymbol{C}(s\boldsymbol{I} - \boldsymbol{A})^{-1}\boldsymbol{R}_1 + \boldsymbol{R}_2$$

下面证明式(3.7)。

对上面的式(3.6)进行拉氏变换，假设初始条件为零时，有

$$s\boldsymbol{X}(s) = \boldsymbol{A}\boldsymbol{X}(s) + \boldsymbol{B}\boldsymbol{U}(s) + \boldsymbol{R}_1\boldsymbol{f}(s) \tag{3.8a}$$

$$\boldsymbol{Y}(s)=\boldsymbol{CX}(s)+\boldsymbol{DU}(s)+\boldsymbol{R}_2\boldsymbol{f}(s) \tag{3.8b}$$

由式(3.8a)解出

$$\boldsymbol{X}(s)=(s\boldsymbol{I}-\boldsymbol{A})^{-1}(\boldsymbol{BU}(s)+\boldsymbol{R}_1\boldsymbol{f}(s))$$

将该式代入式(3.8b)得

$$\boldsymbol{Y}(s)=\boldsymbol{C}(s\boldsymbol{I}-\boldsymbol{A})^{-1}\boldsymbol{BU}(s)+\boldsymbol{C}(s\boldsymbol{I}-\boldsymbol{A})^{-1}\boldsymbol{R}_1\boldsymbol{f}(s)+\boldsymbol{DU}(s)+\boldsymbol{R}_2\boldsymbol{f}(s)$$

整理后便得到式(3.7)。

3.2 基于系统模型的故障诊断原理

基于系统模型的故障诊断可以定义为:通过比较系统可以获得测量信息与其相应的系统数学模型所计算出的信息,再对这个比较结果进行分析、处理,最后进行决策,进而指出系统是否发生故障。

基于系统测量值与系统数学模型产生的测量值的估计值之间的差定义为残差,即

$$|\boldsymbol{y}(t)-\hat{\boldsymbol{y}}(t)|=\text{残差}$$

通过分析,设定阈值(恒值或可变值),然后检测残差是否超过阈值,进而来判断故障的出现,如图3.4所示。

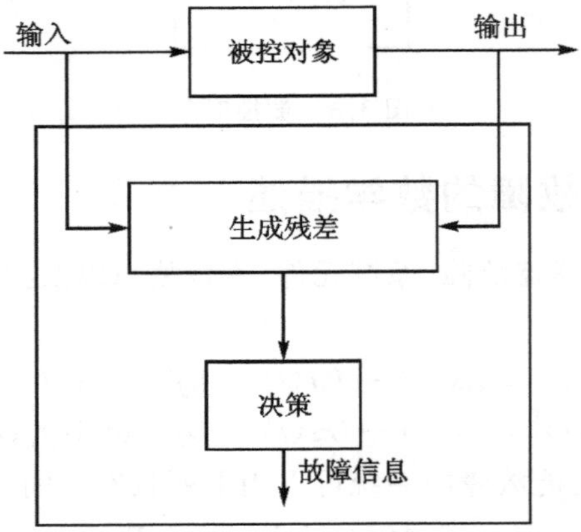

图3.4 基于模型的故障诊断

图3.4是基于模型的故障诊断的通用过程,也是基于模型故障诊断的基本思路,包括残差产生和决策两个重要步骤。

1. 残差产生

残差产生的主要目的是利用被监控系统可获取的输入输出信息,生成故障指示信号,即残差。残差用来反映被分析系统故障可能出现与否。一般而言,系统无故障时残差为零或者接近于零;当系统发生故障时,残差会明显偏离零,偏离零的程度越大,证明系统故障发生的程度越严重。

用于产生残差的算法和仪器称为残差发生器,因此,残差生成是提取系统故障特征的过程,残差信号则表示了故障征兆。理想的残差应该只包含故障信息。为了保证得到可靠的故障诊断,残差生成过程中故障信息的损失应当尽可能地小。

2. 决　策

残差用来测试故障出现的可能性，而确定故障是否发生则需要用决策规则。决策过程是针对残差瞬态值和平滑值的简单测试（依靠阈值），也可以是基于统计策略理论的各种方法，如广义似然比测试或序贯概率比测试。

3.3　线性系统的故障诊断原理

基于数学模型的故障诊断的基本思想是，设计其观测器，然后用观测器的输出与系统真实输出比较，生成残差，再对其残差进行分析，以实现其系统的故障诊断。下面给出其具体的设计原理。

控制系统及其观测器如图 3.5 所示。观测器是一个正常工作状态下的系统动态模型，观测器的输入与真实系统的输入相同。系统传感器输出与观测器输出之间的差值信号增益矩阵 **D** 反馈为观测器输入。

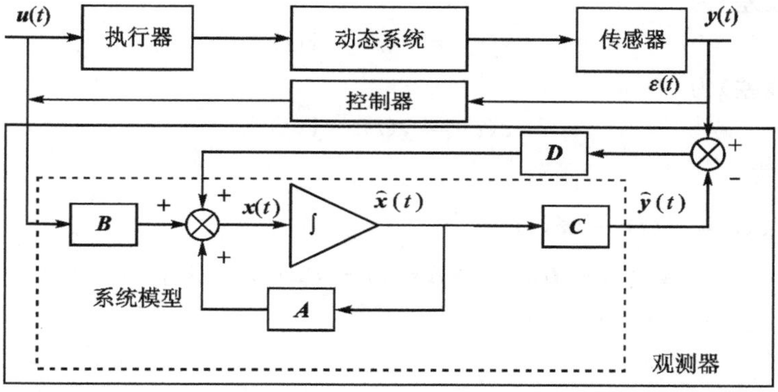

图 3.5　控制系统与观测器

故障检测观测器是一个全阶线性观测器，它与全阶状态观测器的构造相同，但设计要求不同。设计全阶观测器时，通过选择增益矩阵 **D**，使矩阵（**A**－**DC**）的特征值具有负实部部分，保证观测器是稳定的。而设计故障检测观测器，不仅要保证观测器的稳定性，而且要求通过残差信号能识别系统发生的故障。如果对于有噪声的系统，还要考虑对噪声具有鲁棒性。

图 3.5 所示的系统可表示为

$$\dot{\boldsymbol{x}}(t) = \boldsymbol{A}\boldsymbol{x}(t) + \boldsymbol{B}\boldsymbol{u}(t) \tag{3.9a}$$

$$\boldsymbol{y}(t) = \boldsymbol{C}\boldsymbol{x}(t) \tag{3.9b}$$

式中，$\boldsymbol{x}(t)$ 为 $n\times1$ 维状态向量，$\boldsymbol{x}(t)\in R^{n\times1}$；$\boldsymbol{u}(t)$ 为 $r\times1$ 维控制矢量，$\boldsymbol{u}(t)\in R^{r\times1}$；$\boldsymbol{y}(t)$ 为 $m\times1$ 维测量矢量，$\boldsymbol{y}(t)\in R^{m+1}$；$\boldsymbol{A}$，$\boldsymbol{B}$，$\boldsymbol{C}$ 为相应维数的常数矩阵。

设图 3.5 中的控制器采用增益反馈控制，即 $\boldsymbol{u}(t)=-\boldsymbol{k}\boldsymbol{y}(t)$，则式(3.9)可写成

$$\dot{\boldsymbol{x}}(t) = \boldsymbol{A}\boldsymbol{x}(t) - \boldsymbol{BKC}\boldsymbol{x}(t) = (\boldsymbol{A} - \boldsymbol{BKC})\boldsymbol{x}(t) \tag{3.10}$$

式(3.10)说明增益反馈控制的效应可包含在矩阵 **A** 内。将式(3.9)中的控制输入 $\boldsymbol{u}(t)$ 看作是独立输入，因而图 3.5 可表示为图 3.6。

故障检测观测方程为

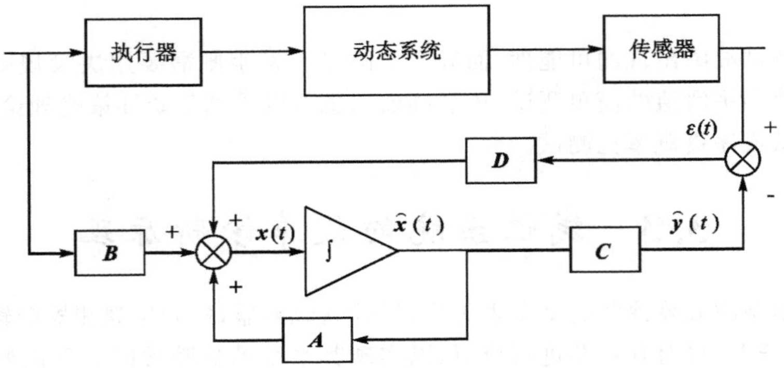

图 3.6 故障检测观测器

$$\dot{\hat{\boldsymbol{x}}}(t)=\boldsymbol{A}\hat{\boldsymbol{x}}(t)+\boldsymbol{B}\boldsymbol{u}(t)+\boldsymbol{D}[\boldsymbol{y}(t)-\hat{\boldsymbol{y}}(t)] \tag{3.11a}$$

$$\hat{\boldsymbol{y}}(t)=\boldsymbol{C}\hat{x}(x) \tag{3.11b}$$

定义状态误差(残差)为

$$\boldsymbol{e}(t)=\boldsymbol{x}(t)-\hat{\boldsymbol{x}}(t)$$

定义输出误差(残差)为

$$\boldsymbol{\varepsilon}(t)=\boldsymbol{y}(t)-\hat{\boldsymbol{y}}(t) \tag{3.12}$$

则状态误差方程为

$$\begin{aligned}\hat{\boldsymbol{e}}(t)&=\hat{\boldsymbol{x}}(t)-\boldsymbol{x}\dot{\hat{x}}(t)\\&=\boldsymbol{A}\boldsymbol{x}(t)+\boldsymbol{B}\boldsymbol{u}(t)-\boldsymbol{A}\tilde{\boldsymbol{x}}(t)-\boldsymbol{B}\boldsymbol{u}(t)-\boldsymbol{D}[\boldsymbol{y}(t)-\hat{\boldsymbol{y}}(t)]\\&=(\boldsymbol{A}-\boldsymbol{D}\boldsymbol{C})\boldsymbol{e}(t)\end{aligned} \tag{3.13}$$

输出误差方程为

$$\boldsymbol{\varepsilon}(t)=\boldsymbol{y}(t)-\hat{\boldsymbol{y}}(t)=\boldsymbol{C}\boldsymbol{e}(t) \tag{3.14}$$

下面分别考虑执行器、传感器和被控对象发生故障的检测问题。

1) 执行器的故障。由上节的分析知,假设第 j 个执行器发生故障,则故障模型可表示为

$$\boldsymbol{u}_R(t)=\boldsymbol{u}(t)+\boldsymbol{e}_{rj}\boldsymbol{f}_a(t) \tag{3.15}$$

式中,$\boldsymbol{e}_{rj}$ 为在第 j 个坐标方向上的单位 $r\times1$ 维矩阵,即

$$\boldsymbol{e}_{rj}\begin{bmatrix}0\\\vdots\\0\\1\\0\\\vdots\\0\end{bmatrix}_{r\times1}\longleftarrow \text{第 } j \text{ 个元素}$$

此时状态方程为

$$\begin{aligned}\hat{\boldsymbol{x}}(t)&=\boldsymbol{A}\boldsymbol{x}(t)+\boldsymbol{B}\boldsymbol{u}_R(t)+=\boldsymbol{A}\boldsymbol{x}(t)+\boldsymbol{B}[\boldsymbol{u}(t)+\boldsymbol{e}_{rj}\boldsymbol{f}_a(t)]\\&=\boldsymbol{A}\boldsymbol{x}(t)+\boldsymbol{B}\boldsymbol{u}(t)+\boldsymbol{b}_j\boldsymbol{f}_a(t)\end{aligned} \tag{3.16}$$

式中,$\boldsymbol{b}_j$ 为矩阵 $\boldsymbol{B}$ 的第 $\boldsymbol{j}$ 列矢量。

此时，状态误差和输出误差方程分别为

$$\hat{\boldsymbol{e}}(t) = (\boldsymbol{A} - \boldsymbol{DC})\boldsymbol{e}(t) + \boldsymbol{b}_j \boldsymbol{f}_a(t) \tag{3.17}$$

$$\boldsymbol{\varepsilon} = \boldsymbol{Ce}(t) \tag{3.18}$$

2）传感器故障。假设第 j 个传感器发生故障，则其故障的数学模型可表示为

$$\boldsymbol{y}_R(t) = \boldsymbol{y}(t) + \boldsymbol{e}_{mj} \boldsymbol{f}_s(t) \tag{3.19}$$

式中，$\boldsymbol{e}_{mj}$ 为在第 j 个坐标方向上的单位 $m \times 1$ 维矩阵，即

$$\boldsymbol{e}_{mj} = \begin{bmatrix} 0 \\ \vdots \\ 0 \\ 1 \\ 0 \\ \vdots \\ 0 \end{bmatrix}_{m\times 1} \quad \longleftarrow \text{第 } j \text{ 个元素}$$

此时，状态误差的方程为

$$\begin{aligned} \hat{\boldsymbol{e}}(t) &= \hat{\boldsymbol{x}}(t) + \hat{\boldsymbol{x}}(t) \\ &= \boldsymbol{Ax}(t) + \boldsymbol{Bu}(t) - [\boldsymbol{A}\hat{\boldsymbol{x}}(t) + \boldsymbol{Bu}(t) + \boldsymbol{D}(\boldsymbol{y}(t) - \hat{\boldsymbol{y}}(t))] \\ &= (\boldsymbol{A} - \boldsymbol{DC})\boldsymbol{e}(t) - \boldsymbol{De}_{mj} \boldsymbol{f}_s(t) \\ &= (\boldsymbol{A} - \boldsymbol{DC})\boldsymbol{e}(t) - \boldsymbol{d}_j \boldsymbol{f}_s(t) \end{aligned} \tag{3.20}$$

式中，$\boldsymbol{d}_j$ 为 $\boldsymbol{D}$ 阵的第 j 列矢量。

此时，输出误差方程为

$$\boldsymbol{\varepsilon}(t) = \boldsymbol{y}(t) - \hat{\boldsymbol{y}}(t) = \boldsymbol{Ce}(t) + \boldsymbol{e}_{mj}\boldsymbol{f}_s(t) - \boldsymbol{C}\hat{\boldsymbol{x}}(t) = \boldsymbol{Ce}(t) + \boldsymbol{e}_{mj}\boldsymbol{f}_s(t) \tag{3.21}$$

3）被控对象故障。设矩阵 $\boldsymbol{A}$ 中某元素 a_{ij} 发生变化 Δa_{ij}，则

$$\dot{\boldsymbol{x}}(t) = \boldsymbol{Ax}(t) + \boldsymbol{Bu}(t) + \Delta a_{ij} \boldsymbol{x}_j(t) \boldsymbol{e}_{nj} \tag{3.22}$$

式中，$\boldsymbol{e}_{nj} = [0 \quad \cdots \quad 0 \quad 1 \quad 0 \quad \cdots \quad 0]^{\mathrm{T}}$。

此时状态误差和输出误差方程为

$$\dot{\boldsymbol{e}}(t) = (\boldsymbol{A} - \boldsymbol{DC})\boldsymbol{e}(t) + \Delta a_{ij} \boldsymbol{x}_j(t) \boldsymbol{e}_{nj} \tag{3.23}$$

$$\boldsymbol{\varepsilon}(t) = \boldsymbol{Ce}(t) \tag{3.24}$$

综合上述三种故障情况的状态残差和输出残差方程，可以将故障模型划分为两类。一类可称为输入型故障模型，包括执行器和被控对象参数的变化，它们的状态残差方程式(3.17)和式(3.23)，输出误差方程式(3.18)和式(3.24)相同，可以写成

$$\dot{\boldsymbol{e}}(t) = (\boldsymbol{A} - \boldsymbol{DC})\boldsymbol{e}(t) + \boldsymbol{fn}(t) \tag{3.25a}$$

$$\boldsymbol{\varepsilon}(t) = \boldsymbol{Ce}(t) \tag{3.25b}$$

式中，$\boldsymbol{f}$ 为故障矢量，$\boldsymbol{n}(t)$为任意时间函数。

另一类为输出型故障模型，即传感器故障模型，其状态残差方程和输出残差方程为式(3.20)和式(3.21)。

输入型故障模型的解为

$$\boldsymbol{e}(t) = \boldsymbol{e}^{(\boldsymbol{A}-\boldsymbol{DC})t}\boldsymbol{e}(0) + \int_0^t \boldsymbol{e}^{(\boldsymbol{A}-\boldsymbol{DC})(t-\tau)} \boldsymbol{fn}(\tau)\mathrm{d}\tau \tag{3.26}$$

$$\boldsymbol{\varepsilon}(t) = \boldsymbol{Ce}^{(\boldsymbol{A}-\boldsymbol{DC})t}\boldsymbol{e}(0) + \int_0^t \boldsymbol{Ce}^{(\boldsymbol{A}-\boldsymbol{DC})(t-\tau)} \boldsymbol{fn}(\tau)\mathrm{d}\tau \tag{3.27}$$

式中，第一项为瞬态解，第二项为稳态解。若系统稳定，则稳态解为

$$\boldsymbol{e}_s(t)=\lim_{t\to\infty}\left[\int_0^t \boldsymbol{e}^{(\boldsymbol{A}-\boldsymbol{DC})(t-\tau)}\boldsymbol{fn}(\tau)\mathrm{d}\tau\right] \tag{3.28}$$

$$\boldsymbol{\varepsilon}_s(t)=\lim_{t\to\infty}\left[\int_0^t \boldsymbol{Ce}^{(\boldsymbol{A}-\boldsymbol{DC})(t-\tau)}\boldsymbol{fn}(\tau)\mathrm{d}\tau\right] \tag{3.29}$$

故障检测滤波器的设计通过选择增益矩阵 $\boldsymbol{D}$，使稳态输出误差矢量方向保持与 $\boldsymbol{Cf}$ 的方向一致。

输出型故障模型的解为

$$\boldsymbol{e}(t)=\boldsymbol{e}^{(\boldsymbol{A}-\boldsymbol{DC})t}\boldsymbol{e}(0)-\int_0^t \boldsymbol{e}^{(\boldsymbol{A}-\boldsymbol{DC})(t-\tau)}\boldsymbol{d}_j\boldsymbol{n}(\tau)\mathrm{d}\tau \tag{3.30}$$

$$\boldsymbol{\varepsilon}(t)=\boldsymbol{Ce}^{(\boldsymbol{A}-\boldsymbol{DC})t}\boldsymbol{e}(0)-\int_0^t \boldsymbol{Ce}^{(\boldsymbol{A}-\boldsymbol{DC})(t-\tau)}\boldsymbol{d}_j\boldsymbol{n}(\tau)\mathrm{d}\tau+\boldsymbol{e}_{mj}\boldsymbol{n}(t) \tag{3.31}$$

其稳态状态残差和稳态输出残差分别为

$$\boldsymbol{e}_s(t)=\lim_{t\to\infty}\left[\int_0^t \boldsymbol{e}^{(\boldsymbol{A}-\boldsymbol{DC})(t-\tau)}\boldsymbol{d}_j\boldsymbol{n}(\tau)\mathrm{d}\tau\right] \tag{3.32}$$

$$\boldsymbol{\varepsilon}_s(t)=\lim_{t\to\infty}\left[\int_0^t \boldsymbol{Ce}^{(\boldsymbol{A}-\boldsymbol{DC})(t-\tau)}\boldsymbol{d}_j\boldsymbol{n}(\tau)\mathrm{d}\tau\right]+\boldsymbol{e}_{mj}\boldsymbol{n}(t) \tag{3.33}$$

显然，传感器故障的稳态输出残差方向处在由($\boldsymbol{Cd}_j$，$\boldsymbol{e}_{mj}$)所构成的二维平面上，而不是某个固定的方向上。

从上面几种情况可以看出，输出残差方程都是类似的。假若出现故障(执行器、传感器和对象参数变化)是阶跃型故障，那么输出误差的变化曲线就可由图 3.7 描述。

从输出误差曲线的变化，就可以检测到故障是否发生，通过对曲线的分析，还可以知道故障发生的时间、故障的类型及故障的位置。

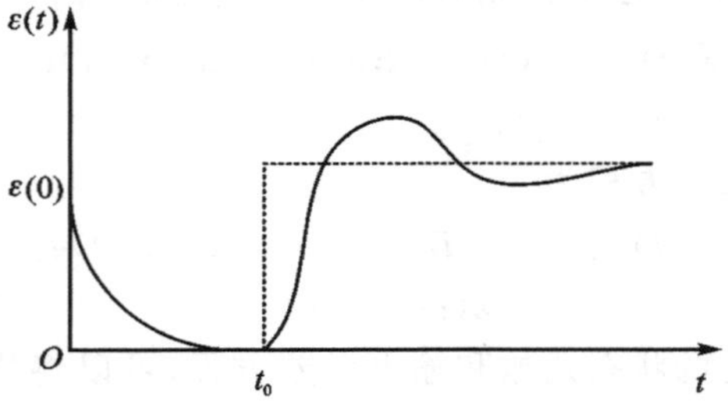

图 3.7　输出残差的变化曲线(t_0 时刻发生故障)

3.4　故障检测观测器的设计

采用故障矢量 $\boldsymbol{f}$ 分析状态误差方程，无论是输入型故障或者输出型故障，都具有相同的形式。

$$\dot{\boldsymbol{e}}(t)=(\boldsymbol{A}-\boldsymbol{DC})\boldsymbol{e}(t)+\boldsymbol{fn}(t) \tag{3.34}$$

式中，$\boldsymbol{f}=\boldsymbol{b}_j$(执行器故障)，$\boldsymbol{f}=\boldsymbol{d}_j$(传感器故障)，$\boldsymbol{f}=\boldsymbol{e}_{ni}$(对象参数变化 Δa_{ij})。故障矢量的维数为 $n\times1$。

上述状态误差方程包含故障矢量 $\boldsymbol{f}$，故障的可检测性可由观测器增益矩阵 $\boldsymbol{D}$ 满足下面两个条件来保证：

(1) $\boldsymbol{Ce}(t)$在输出空间保持固定方向；

(2) $(\boldsymbol{A}-\boldsymbol{DC})$的所有特征值能够任意配置。

若 $\boldsymbol{f}$ 是可检测的，则可通过检查输出误差的方向来确定发生故障的部件。对于传感器故障可检测性条件(1)应对应为输出误差处于固定的二维平面内。

当配置$(\boldsymbol{A}-\boldsymbol{DC})$的所有特征值都处于 S 平面的左半平面内时，式(3.34)表示的系统是稳定的；当时间 t 趋向无穷大时，式(3.34)的初始条件瞬态解将趋于零。$(\boldsymbol{A}-\boldsymbol{DC})$的配置，应使误差达到稳态值的时间和动态过程得到控制。

下面分完全可观测系统和部分可观测系统两种情况讨论故障检测观测器设计问题。

1. 完全可观测系统的故障观测器设计

完全可观测系统是指在任意时间上，系统状态矢量 $\boldsymbol{x}(t)$可由观测器矢量 $\boldsymbol{y}(t)$唯一的确定，由于

$$\boldsymbol{y}(t)=\boldsymbol{C}x(t)$$

式中，$\boldsymbol{x}(t)\in R^{n\times 1}$；$\boldsymbol{y}(t)\in R^{m\times 1}$，$\boldsymbol{C}\in R^{m\times n}$。当给定 $\boldsymbol{y}(t)$时，使 $\boldsymbol{x}(t)$有唯一解的充要条件是 $\mathrm{r}(\boldsymbol{C})=n$。

为了满足可检测条件(2)，选择$(\boldsymbol{A}-\boldsymbol{DC})=-\delta\boldsymbol{I}$，$\delta$ 为正的标量常值；$\boldsymbol{I}$ 为单位矩阵。m 代表系统的传感器数目，或矩阵 $\boldsymbol{C}$ 的行数。若 $m=n$，则 $\boldsymbol{C}$ 为 $n\times n$ 的方阵。若 $\mathrm{r}(\boldsymbol{C})=n$，则 $\boldsymbol{C}^{-1}$存在，$\boldsymbol{D}$ 的唯一解为

$$\boldsymbol{D}=(\boldsymbol{A}+\delta\boldsymbol{I})\boldsymbol{C}^{-1} \tag{3.35}$$

若 $m>n$，且 $\mathrm{r}(\boldsymbol{C})=n$，则 $\boldsymbol{D}$ 的解为

$$\boldsymbol{D}=(\boldsymbol{A}+\delta\boldsymbol{I})(\boldsymbol{C}^{\mathrm{T}}\boldsymbol{C})^{-1}\boldsymbol{C}^{\mathrm{T}} \tag{3.36}$$

(1) 对于执行器故障，$\boldsymbol{f}=\boldsymbol{b}_j$。式(3.34)的解为

$$\begin{aligned}\boldsymbol{e}(t)&=e^{-\boldsymbol{\delta}(t-t_0)}\boldsymbol{e}(t_0)+\int_{t0}^{t}e^{-\boldsymbol{\delta}(t-\tau)}\boldsymbol{b}_j\boldsymbol{n}(\tau)\mathrm{d}\tau\\&=e^{-\delta(t-t_0)}\boldsymbol{e}(t_0)+\boldsymbol{b}_j\int_{t_0}^{t}e^{-\boldsymbol{\delta}(t-\tau)}\boldsymbol{n}(\tau)\mathrm{d}\tau\end{aligned} \tag{3.37}$$

由于 $\delta>0$，所以初始条件 $\boldsymbol{e}(t_0)$引起的瞬态解逐渐趋于零，所以

$$\boldsymbol{e}_s(t)\approx\boldsymbol{b}_j\int_{t_0}^{t}e^{-\delta(t-\tau)}\boldsymbol{n}(\tau)\mathrm{d}\tau\qquad\left((t-t_0)\gg\frac{1}{\delta}\right)$$

式中，$\int_{t_0}^{0}e^{-\delta(t-\tau)}\boldsymbol{n}(\tau)\mathrm{d}\tau$ 是标量时间函数。因此，当时间 t 足够大时，$\boldsymbol{e}(t)$ 保持在状态空间的固定方向 —— 称为 $\boldsymbol{b}_j$ 方向；这说明状态误差信号保持在状态空间某个固定方向(对应 $\boldsymbol{b}_j$)，表示是第 j 个执行器故障。

事实上，由于状态变量 $\boldsymbol{x}(t)$ 不能直接获取，所以 $\boldsymbol{e}(t)$ 也不是可直接获取的。从这个意义上说，最好采用 $\boldsymbol{\varepsilon}(t)$ 来检测故障，即

$$\boldsymbol{\varepsilon}(t)=\boldsymbol{Ce}(t)=\boldsymbol{C}e^{-\delta(t-t_0)}\boldsymbol{e}(t_0)+\boldsymbol{Cb}_j\int_{t_0}^{t}e^{-\delta(t-\tau)}\boldsymbol{n}(\tau)\mathrm{d}\tau$$

$$\boldsymbol{\varepsilon}_s(t)=\boldsymbol{Cb}j\int_{t_0}^{t}e^{-\delta(t-\tau)}\boldsymbol{n}(\tau)\mathrm{d}\tau\qquad\left((t-t_0)\gg\frac{1}{\delta}\right)$$

所以，$\boldsymbol{\varepsilon}_s(t)$在 m 维的输出空间中保持一个固定方向 $\boldsymbol{Cb}_j$。

(2) 对于传感器故障，$\boldsymbol{f}=-\boldsymbol{d}_j$，式(3.34)的解为

$$e(t)=e^{-\delta(t-t_0)}e(t_0)-d_j\int_{t_0}^{t}e^{-\delta(t-\tau)}n(\tau)\mathrm{d}\tau$$

稳态时的状态误差为

$$e_s(t)=-d_j\int_{t_0}^{t}e^{-\delta(t-\tau)}n(\tau)\mathrm{d}\tau \qquad \left((t-t_0)\gg\frac{1}{\delta}\right)$$

同样，状态误差信号 $e(t)$ 不能直接获取，可采用输出误差信号 $\varepsilon(t)$ 来检测故障，即

$$\varepsilon(t)=Ce^{-\delta(t-t_0)}e(t)-Cd_j\int_{t_0}^{t}e^{-\delta(t-\tau)}n(\tau)\mathrm{d}\tau+e_{mj}n(t)$$

$$\varepsilon_s(t)=Cd_j\int_{t_0}^{t}e^{-\delta(t-\tau)}n(\tau)\mathrm{d}\tau+e_{mj}n(t) \qquad \left((t-t_0)\gg\frac{1}{\delta}\right)$$

式中，$\int_{t_0}^{t}e^{-\delta(t-\tau)}n(\tau)\mathrm{d}\tau$ 和 $n(t)$ 都是标量。所以输出误差 $\varepsilon_s(t)$ 处于输出空间中，由两个 m 维矢量 Cd_j 和 e_{mj} 构成的平面内。换句话说，若输出误差 $\varepsilon_s(t)$ 处于 Cd_j 和 e_{mj} 构成的平面内，说明系统的第 j 个传感器发生故障。

2. 部分可观测系统的故障观测器的设计

部分可观测系统意味着 $\mathrm{r}(C)<n$，则不能从 $y(t)=Cx(t)$ 中已知的 $y(t)$ 解出 $x(t)$。换言之，当某事件(如执行器故障)发生时，输出误差将不是唯一地与状态误差有关。此时，一个观测器将不能提供所有的故障信息，检测故障观测器的能力受到很大限制。但下面将证明，只有被控对象是可观测的，即 (A,C) 是可观测的时，上面所述的任何故障信息都可由观测器来获取。

由现代控制理论可知，对于线性时不变系统有

$$\dot{x}(t)=Ax(t)+Bu(t) \tag{3.38}$$

$$y(t)=Cx(t) \tag{3.39}$$

式中，$x(t)\in R^{n\times 2}$；$u(t)\in R^{n\times 1}$；$y(t)\in R^{m\times 1}$，A,B,C 为适当维数的常矩阵。

若矩阵

$$W=[B,AB,\cdots,A^{n-1}B] \tag{3.40}$$

的秩 $\mathrm{r}(W)=n$，则式(3.38)所描述的系统是可控的，而 (A,B) 称为可控对，矩阵 W 的维数为 $n\times(nr)$。

若将式(3.38)中控制矢量 u 中每个元素都看作对应于一个执行器的控制力，则 r 个执行器中的任何一个对系统的控制作用可写成

$$\dot{x}(t)=Ax(t)+b_1u_1(t)+\cdots+b_iu_r(t) \tag{3.41}$$

式中，u_i 为控制矢量 $u(t)$ 的第 i 个分量，b_i 为矩阵 B 的第 i 列。

$$u=\begin{bmatrix}u_1(t)\\ \vdots\\ u_r(t)\end{bmatrix} \tag{3.42}$$

$$B=[b_1\cdots b_r] \tag{3.43}$$

若系统仅受一个执行器控制(例如第 i 个执行器)，则状态方程为

$$\dot{x}(t)=Ax(t)+b_iu_t(t) \tag{3.44}$$

根据对式(3.38)系统的可控性说明，对于式(3.44)系统，其

$$W_i=[b_i,Ab_i,\cdots,A^{n-1}b_1]$$

W_i 对应的范围空间是状态空间的一部分，它对第 i 个执行器是可控的。也就是说，第 i 个

执行器可以使 $\boldsymbol{W}_i$ 范围空间的任何状态驱动到原处，或从原处驱动至该空间的任何状态，即 $\boldsymbol{W}_i$ 的范围空间是 $\boldsymbol{b}_i$ 的可控空间。

矩阵 $\boldsymbol{W}_i$ 有若干重要特性，若 $\mathrm{r}(\boldsymbol{W})_i=k$，则 $\boldsymbol{W}_i$ 从左起的开始 k 列是独立的，它形成了 $\boldsymbol{W}_i$ 范围空间的基础。$\boldsymbol{W}_i$ 的其他列与前 k 列线性相关，即

$$\boldsymbol{A}^k\boldsymbol{b}_i = \sum_{f=i}^{k}\alpha_{b_{ij}}\boldsymbol{A}^{j-1}\boldsymbol{b}i \tag{3.45}$$

式中，$\alpha_{b_{ij}}$ 为标量系数。这表明，$\boldsymbol{A}^j\boldsymbol{b}_i$ 在 $j\geqslant k$ 时与开始的 k 列 $\{\boldsymbol{b}_i,\boldsymbol{A}\boldsymbol{b}_i,\cdots,\boldsymbol{A}^{k-1}\boldsymbol{b}_i\}$ 线性相关。

$$\mathrm{r}(\boldsymbol{W})_i = \mathrm{r}[\boldsymbol{b}_i,\boldsymbol{A}\boldsymbol{b}_i,\cdots,\boldsymbol{A}^{k-1}\boldsymbol{b}_i] = k \tag{3.46}$$

式(3.45)同时表明，$\boldsymbol{W}_i$ 范围空间相对 $\boldsymbol{A}$ 而言有一个不变的子空间，即可控子空间，记为 $R(\boldsymbol{W}_i)$，那么所有正交于 $\boldsymbol{W}_i$ 范围空间(即 $R(\boldsymbol{W}_i)$)的矢量也构成一个子空间，称为 $\boldsymbol{W}_i$ 的零空间，记为 $N(\boldsymbol{W}_i)$，这是 $\boldsymbol{b}_i$ 的不可控子空间。对于第 i 个执行器的整个状态空间为

$$S_i = R(\boldsymbol{W}_i) \cup N(\boldsymbol{W}_i) \tag{3.47}$$

对于 r 个控制输入，系统的整个状态空间为

$$\begin{aligned}S&=[R(\boldsymbol{W}_1)\cap R(\boldsymbol{W}_2)\cap\cdots\cap R(\boldsymbol{W}_r)]\cup[N(\boldsymbol{W}_1)\cap N(\boldsymbol{W}_2)\cap\cdots\cap N(\boldsymbol{W}_r)]\\&=R_r(\boldsymbol{W})\cup N_r(\boldsymbol{W})\end{aligned} \tag{3.48}$$

式中，$R_r(\boldsymbol{W})$ 为系统的可控空间，$N_r(\boldsymbol{W})$ 为系统的不可控空间。

式(3.44)的解为

$$\boldsymbol{x}(t) = \boldsymbol{\phi}(t,t_0)\boldsymbol{x}(t_0) + \int_{t_0}^{t}\boldsymbol{\phi}(t,\tau)\boldsymbol{b}_i\boldsymbol{u}_i(\tau)\mathrm{d}\tau \tag{3.49}$$

式中

$$\boldsymbol{\phi}(t,t_0) = \boldsymbol{e}^{\boldsymbol{A}(t-t_0)} = \sum_{j=0}^{\infty}\frac{\boldsymbol{A}^j(t-t_0)^j}{jl}$$

所以式(3.49)的右端积分可改写为

$$\int_{t_0}^{t}\boldsymbol{\phi}(t,\tau)\boldsymbol{b}_j\boldsymbol{u}_i(\tau)\mathrm{d}\tau = \sum_{j=0}^{\infty}\boldsymbol{A}^j\boldsymbol{b}_i\int_{t_0}^{t}\frac{(t-\tau)^j}{jl}\boldsymbol{u}_i(\tau)\mathrm{d}\tau \tag{3.50}$$

式中，$\int_{t_0}^{t}\frac{(t-\tau)^j}{jl}u_i(\tau)\mathrm{d}\tau$ 是时间 t 的标量函数，取决于 $\boldsymbol{u}_i$ 和 j，可记为 $\alpha(t,j)$。因此

$$\int_{t_0}^{t}\boldsymbol{\phi}(t,\tau)\boldsymbol{b}_i\boldsymbol{u}_i(\tau)\mathrm{d}\tau = \sum_{j=0}^{\infty}\boldsymbol{A}^j\boldsymbol{b}_i\alpha(t,j) \tag{3.51}$$

由式(3.45)和式(3.46)可知，$\boldsymbol{A}^j\boldsymbol{b}_i(j\geqslant k)$ 均可由 $\{\boldsymbol{b}_i,\boldsymbol{A}\boldsymbol{b}_i,\cdots,\boldsymbol{A}^{k-1}\boldsymbol{b}_i\}$ 线性表查出，所以

$$\int_{t_0}^{t}\boldsymbol{\phi}(t,\tau)\boldsymbol{b}_i\boldsymbol{u}_i(\tau)\mathrm{d}\tau = \sum_{j=0}^{k}\boldsymbol{A}^j\boldsymbol{b}_i\alpha(t,j) = \boldsymbol{W}_i\boldsymbol{g}(t) \tag{3.52}$$

式中，$\boldsymbol{g}(t)$ 是个 n 维矢量

$$\boldsymbol{g}(t) = [\alpha(t,0),\alpha(t,1)\cdots,\alpha(t,k-1)]^{\mathrm{T}} \tag{3.53}$$

考虑以上的关系，式(3.49)变为

$$\boldsymbol{x}(t) = \boldsymbol{\phi}(t,t_0)\boldsymbol{x}(t_0) + \boldsymbol{W}_j\boldsymbol{g}(t) \tag{3.54}$$

设某个状态变量 $\boldsymbol{V}_h(t)$ 的线性标量函数为

$$\boldsymbol{V}_h(t) = \boldsymbol{h}^{\mathrm{T}}\boldsymbol{x}(t) \tag{3.55}$$

式中，$\boldsymbol{h}^{\mathrm{T}}$ 属于 $\boldsymbol{W}_i$ 的零空间(即 $\boldsymbol{b}_i$ 的不可控子空间)，则

$$V_h(t) = \boldsymbol{h}^{\mathrm{T}}\boldsymbol{\phi}(t,t_0)\boldsymbol{x}(t_0) + \boldsymbol{h}^{\mathrm{T}}\boldsymbol{W}_i\boldsymbol{g}(t) \tag{3.56}$$

由于 $\boldsymbol{W}_i^{\mathrm{T}}\boldsymbol{h}=0$ 或 $\boldsymbol{h}^{\mathrm{T}}\boldsymbol{W}_i=0$,所以

$$V_h(t) = \boldsymbol{h}^{\mathrm{T}}\boldsymbol{\phi}(t,t_0)\boldsymbol{x}(t_0) \tag{3.57}$$

上式说明,控制输入 $\boldsymbol{u}_i(t)$对状态变量 $\boldsymbol{V}_h(t)$没有控制作用,亦即第 i 个执行器对 $\boldsymbol{V}_h(t)$是不可控的。

以上分析了 $\boldsymbol{b}_i$的可控子空间与不可控子空间,说明单个执行器作用的能力和局限性,了解这一点就可确定某个执行器发生故障时对系统控制能力和系统性能的影响。

由式(3.25)可知,无论是输入型故障模型,还是输出型故障模型,其状态误差方程是相同的,即

$$\dot{\boldsymbol{e}}(t) = (\boldsymbol{A}-\boldsymbol{DC})\boldsymbol{e}(t) + \boldsymbol{f}\boldsymbol{n}(t) \tag{3.58}$$

式(3.58)也是一个状态方程式的形式,故障矢量 $\boldsymbol{f}$ 可以看作是类似被控对象状态方程的控制量 $\boldsymbol{b}_i$(与式(3.44)比较),故障矢量 $\boldsymbol{f}$ 在状态误差 $\boldsymbol{e}(t)$空间有可控子空间(这个子空间能反映出故障效应),状态误差空间的可控子空间由 $\boldsymbol{W}_f$范围空间确定

$$\boldsymbol{W}_f = [\boldsymbol{f},(\boldsymbol{A}-\boldsymbol{DC})\boldsymbol{f},\cdots,(\boldsymbol{A}-\boldsymbol{DC})^{N-1}\boldsymbol{f}] \tag{3.59}$$

要满足故障矢量 $\boldsymbol{f}$ 的可检测条件的第一条,即输入误差 $\boldsymbol{\varepsilon}(t)=\boldsymbol{Ce}(t)$在输出空间具有固定的方向,其充要条件是

$$\mathrm{r}\{\boldsymbol{C}[\boldsymbol{f},(\boldsymbol{A}-\boldsymbol{DC})\boldsymbol{f},\cdots,(\boldsymbol{A}-\boldsymbol{DC})^{n-1}\boldsymbol{f}]\} = 1 \tag{3.60}$$

证明 式(3.58)的稳态解为

$$\boldsymbol{e}_s(t) = \int_{t_0}^{t} \mathrm{e}^{(\boldsymbol{A}-\boldsymbol{DC})(t-\tau)}\boldsymbol{f}\boldsymbol{n}(\tau)\mathrm{d}\tau \tag{3.61}$$

根据式(3.52)~式(3.54),可得

$$\boldsymbol{e}_s(t) = \boldsymbol{W}_f\boldsymbol{g}(t) \tag{3.62}$$

式中,$\boldsymbol{W}_f=[\boldsymbol{f},(\boldsymbol{A}-\boldsymbol{DC})\boldsymbol{f},\cdots,(\boldsymbol{A}-\boldsymbol{DC})^{n-1}\boldsymbol{f}]$;$\boldsymbol{g}(t)$为 n 维矢量,取决于 $\boldsymbol{n}(t)$。同时,输出误差的稳态值可写为

$$\boldsymbol{Ce}_s(t) = \boldsymbol{CW}_f\boldsymbol{g}(t) \tag{3.63}$$

若 $\mathrm{r}(\boldsymbol{CW})_f=1$,则 $\boldsymbol{CW}_f$的范围空间是一维的。因此,对于任何 $\boldsymbol{g}(t)$,输出误差稳态值 $\boldsymbol{Ce}_s(t)$具有固定方向,根据式(2.60)确定 $\boldsymbol{D}$。

为进一步分析,需研究以下定理。

【定理 3.1】 若:①$(\boldsymbol{A},\boldsymbol{C})$是观测对;② $\mathrm{r}(\boldsymbol{W}_f)=k$;③ $\mathrm{r}(\boldsymbol{CW}_f)=1$;则在 $\boldsymbol{f}$ 的可控空间 $\boldsymbol{W}_f$存在一个 n 维矢量 $\boldsymbol{g}$,满足

$$\begin{bmatrix} \boldsymbol{C} \\ \boldsymbol{CA} \\ \vdots \\ \boldsymbol{CA}^{k-2} \end{bmatrix}\boldsymbol{g} = 0 \tag{3.64}$$

$$\boldsymbol{CA}^{k-1}\boldsymbol{g} \neq 0 \tag{3.65}$$

证明

$$\boldsymbol{C}(\boldsymbol{A}-\boldsymbol{DC}) = \boldsymbol{CA}-\boldsymbol{CDC}$$

$$\boldsymbol{C}(\boldsymbol{A}-\boldsymbol{DC})^2 = \boldsymbol{CA}(\boldsymbol{A}-\boldsymbol{DC}) - \boldsymbol{CDC}(\boldsymbol{A}-\boldsymbol{DC})$$

$$\vdots$$

$$\boldsymbol{C}(\boldsymbol{A}-\boldsymbol{DC})^j = \boldsymbol{CA}^j - \boldsymbol{CA}^{j-1}\boldsymbol{DC} - \boldsymbol{CA}^{j-2}\boldsymbol{DC}(\boldsymbol{A}-\boldsymbol{DC}) - \cdots - \boldsymbol{CDC}(\boldsymbol{A}-\boldsymbol{DC})^{j-1}$$

上述方程组可用矩阵表示如下

$$\begin{bmatrix} \boldsymbol{C} \\ \boldsymbol{C}(\boldsymbol{A}-\boldsymbol{D}\boldsymbol{C}) \\ \boldsymbol{C}(\boldsymbol{A}-\boldsymbol{D}\boldsymbol{C})^{j} \end{bmatrix} = \begin{bmatrix} \boldsymbol{C} \\ \boldsymbol{C}\boldsymbol{A} \\ \vdots \\ \boldsymbol{C}\boldsymbol{A}^{j} \end{bmatrix} - \hat{\boldsymbol{T}}_j \begin{bmatrix} \boldsymbol{C} \\ \boldsymbol{C}(\boldsymbol{A}-\boldsymbol{D}\boldsymbol{C}) \\ \vdots \\ \boldsymbol{C}(\boldsymbol{A}-\boldsymbol{D}\boldsymbol{C})^{j} \end{bmatrix} \tag{3.66}$$

式中

$$\hat{\boldsymbol{T}}_j = \begin{bmatrix} 0 & \cdots & 0 \\ \boldsymbol{C}\boldsymbol{D} & \cdots & 0 \\ \vdots & & \vdots \\ \boldsymbol{C}\boldsymbol{A}^{j-1}\boldsymbol{D} & \cdots & 0 \end{bmatrix}_{m(j+1)\times m(j+1)} \tag{3.67}$$

由式(3.66)可得

$$[\boldsymbol{I}+\hat{\boldsymbol{T}}_j] \begin{bmatrix} \boldsymbol{C} \\ \boldsymbol{C}(\boldsymbol{A}-\boldsymbol{D}\boldsymbol{C}) \\ \vdots \\ \boldsymbol{C}(\boldsymbol{A}-\boldsymbol{D}\boldsymbol{C})^{j} \end{bmatrix} = \begin{bmatrix} \boldsymbol{C} \\ \boldsymbol{C}\boldsymbol{A} \\ \vdots \\ \boldsymbol{C}\boldsymbol{A}^{j} \end{bmatrix} \tag{3.68}$$

由式(3.67)$\hat{\boldsymbol{T}}_j$ 的结构可看出，$[\boldsymbol{I}+\hat{\boldsymbol{T}}_j]$是非奇异矩阵。取 $j=k-2$，当且仅当

$$\begin{bmatrix} \boldsymbol{C} \\ \boldsymbol{C}(\boldsymbol{A}-\boldsymbol{D}\boldsymbol{C}) \\ \vdots \\ \boldsymbol{C}(\boldsymbol{A}-\boldsymbol{D}\boldsymbol{C})^{k-2} \end{bmatrix} \boldsymbol{g} = 0 \tag{3.69}$$

才能由式(3.68)得出式(3.64)成立。

由第二个假设条件知，$\mathrm{r}(\boldsymbol{W}_f)=k$。这意味着矩阵

$$\boldsymbol{W}_{fT} = [\boldsymbol{f}, (\boldsymbol{A}-\boldsymbol{D}\boldsymbol{C})\boldsymbol{f}, \cdots, (\boldsymbol{A}-\boldsymbol{D}\boldsymbol{C})^{k-1}\boldsymbol{f}] \tag{3.70}$$

的范围空间与 $\boldsymbol{f}$ 的可控空间一致。$\boldsymbol{W}_{fT}$ 的维数是 $n\times k$。在此空间的任意矢量可表示为

$$\boldsymbol{g} = \boldsymbol{W}_{fT}\boldsymbol{\beta} \tag{3.71}$$

式中，$\boldsymbol{\beta}$ 为 k 维向量。将式(3.71)代入(3.69)得

$$\begin{bmatrix} \boldsymbol{C} \\ \boldsymbol{C}(\boldsymbol{A}-\boldsymbol{D}\boldsymbol{C}) \\ \vdots \\ \boldsymbol{C}(\boldsymbol{A}-\boldsymbol{D}\boldsymbol{C})^{k-2} \end{bmatrix} \boldsymbol{W}_{fT}\boldsymbol{\beta} = \begin{bmatrix} \boldsymbol{C}\boldsymbol{W}_{fT} \\ \vdots \\ \boldsymbol{C}(\boldsymbol{A}-\boldsymbol{D}\boldsymbol{C})\boldsymbol{W}_{fT} \\ \vdots\ \boldsymbol{C}(\boldsymbol{A}-\boldsymbol{D}\boldsymbol{C})^{k-2}\boldsymbol{W}_{fT} \end{bmatrix} \boldsymbol{\beta} = 0 \tag{3.72}$$

因为 $\boldsymbol{\beta}$ 是 k 维矢量，当且仅当

$$\mathrm{r}\begin{bmatrix} \boldsymbol{C}\boldsymbol{W}_{fT} \\ \boldsymbol{C}(\boldsymbol{A}-\boldsymbol{D}\boldsymbol{C})\boldsymbol{W}_{fT} \\ \vdots \\ \boldsymbol{C}(\boldsymbol{A}-\boldsymbol{D}\boldsymbol{C})^{k-2}\boldsymbol{W}_{fT} \end{bmatrix} \leqslant k-1$$

时，式(3.72)，$\boldsymbol{\beta}$ 有非零解，而

$$\mathrm{r}\begin{bmatrix} \boldsymbol{C}\boldsymbol{W}_{fT} \\ \boldsymbol{C}(\boldsymbol{A}-\boldsymbol{D}\boldsymbol{C})\boldsymbol{W}_{fT} \\ \vdots \\ \boldsymbol{C}(\boldsymbol{A}-\boldsymbol{D}\boldsymbol{C})^{k-2}\boldsymbol{W}_{fT} \end{bmatrix} \leqslant \sum_{j=1}^{k-1}\mathrm{r}[\boldsymbol{C}(\boldsymbol{A}-\boldsymbol{D}\boldsymbol{C})^{j-1}\boldsymbol{W}_{fT}] \tag{3.73}$$

因为 $\boldsymbol{f}$ 的可控空间 $\boldsymbol{W}_{fT}$ 是一个不变子空间，所以

$$(\boldsymbol{A}-\boldsymbol{D}\boldsymbol{C})\boldsymbol{W}_{fT} = \boldsymbol{W}_{fT}\boldsymbol{P} \tag{3.74}$$

式中，$\boldsymbol{P}$ 为 $k\times k$ 维矩阵。于是，对于任意 $j\geqslant 0$，有

$$(\boldsymbol{A}-\boldsymbol{D}\boldsymbol{C})^{j}\boldsymbol{W}_{fT} = \boldsymbol{W}_{fT}\boldsymbol{P}^{j} \tag{3.75}$$

根据假设条件③知，$\mathrm{r}(\boldsymbol{C}\boldsymbol{W}_{fT})=\mathrm{r}(\boldsymbol{C}\boldsymbol{W}_{T})=1$，则

$$\mathrm{r}[\boldsymbol{C}(\boldsymbol{A}-\boldsymbol{D}\boldsymbol{C})^{j}\boldsymbol{W}_{fT}] = \mathrm{r}(\boldsymbol{C}\boldsymbol{W}_{fT}\boldsymbol{P}^{j}) \leqslant \mathrm{r}(\boldsymbol{C}\boldsymbol{W}_{fT}) = 1 \tag{3.76}$$

将式(3.76)代入式(3.73)得

$$\mathrm{r}\begin{bmatrix} \boldsymbol{C}\boldsymbol{W}_{fT} \\ \boldsymbol{C}(\boldsymbol{A}-\boldsymbol{D}\boldsymbol{C})\boldsymbol{W}_{fT} \\ \vdots \\ \boldsymbol{C}(\boldsymbol{A}-\boldsymbol{D}\boldsymbol{C})^{k-2}\boldsymbol{W}_{fT} \end{bmatrix} \leqslant \sum_{j=1}^{k-1}(1) = k-1 \tag{3.77}$$

从而证明，式(3.72)对 $\boldsymbol{\beta}$ 有非零解，于是式(3.71)的 $\boldsymbol{g}$ 也有非零解，则式(3.69)成立，即式(3.64)成立。下面证明式(3.65)成立，采用反证法。设

$$\boldsymbol{C}\boldsymbol{A}^{k-1}\boldsymbol{g} = 0 \tag{3.78}$$

由式(3.64)和式(3.68)可得

$$\begin{bmatrix} \boldsymbol{C} \\ \boldsymbol{C}(\boldsymbol{A}-\boldsymbol{D}\boldsymbol{C}) \\ \vdots \\ \boldsymbol{C}(\boldsymbol{A}-\boldsymbol{D}\boldsymbol{C})^{k-1} \end{bmatrix}\boldsymbol{g} = 0 \tag{3.79}$$

或等效为

$$\boldsymbol{C}[\boldsymbol{g},(\boldsymbol{A}-\boldsymbol{D}\boldsymbol{C})\boldsymbol{g},\cdots,(\boldsymbol{A}-\boldsymbol{D}\boldsymbol{C})^{k-1}\boldsymbol{g}] = 0 \tag{3.80}$$

因为 $\boldsymbol{g}$ 是 $\boldsymbol{f}$ 的可控空间，它是 k 维的不变子空间，所以由 $\boldsymbol{g}$ 构成的范围空间具有的维数不会超过 k。这样意味着式(3.80)的维数可以扩展到 n，即

$$\boldsymbol{C}[\boldsymbol{g},(\boldsymbol{A}-\boldsymbol{D}\boldsymbol{C})\boldsymbol{g},\cdots,(\boldsymbol{A}-\boldsymbol{D}\boldsymbol{C})^{n-1}\boldsymbol{g}] = 0 \tag{3.81}$$

$$\begin{bmatrix} \boldsymbol{C} \\ \boldsymbol{C}(\boldsymbol{A}-\boldsymbol{D}\boldsymbol{C}) \\ \vdots \\ \boldsymbol{C}(\boldsymbol{A}-\boldsymbol{D}\boldsymbol{C})^{n-1} \end{bmatrix} g = 0 \tag{3.82}$$

由式(3.68)得

$$\begin{bmatrix} \boldsymbol{C} \\ \boldsymbol{C}\boldsymbol{A} \\ \vdots \\ \boldsymbol{C}\boldsymbol{A}^{n-1} \end{bmatrix}\boldsymbol{g} = 0 \tag{3.83}$$

由于 $\boldsymbol{g}$ 是非零向量，所以

$$\mathrm{r}\begin{bmatrix} \boldsymbol{C} \\ \boldsymbol{CA} \\ \vdots \\ \boldsymbol{CA}^{n-1} \end{bmatrix} \leqslant n-1$$

这与假设条件①，$(\boldsymbol{A},\boldsymbol{C})$是观测对相矛盾，说明式(3.86)的假设不成立，因此式(3.65)得到满足。

至此，定理证明结束。

由式(3.65)保证了 $\boldsymbol{g}$ 的可控空间相对$(\boldsymbol{A}-\boldsymbol{DC})$来说的维数为 k，并且与 k 的可控空间一致，由式(3.64)和式(3.68)可得

$$[\boldsymbol{g},(\boldsymbol{A}-\boldsymbol{DC})\boldsymbol{g},\cdots,(\boldsymbol{A}-\boldsymbol{DC})^{k-1}\boldsymbol{g}]=[\boldsymbol{g},\boldsymbol{Ag},\cdots,\boldsymbol{A}^{k-1}\boldsymbol{g}] \tag{3.84}$$

所以矢量组$\{\boldsymbol{g},\boldsymbol{Ag},\cdots,\boldsymbol{A}^{k-1}\boldsymbol{g}\}$构成 $\boldsymbol{f}$ 可控空间的基。

由于矢量组 $\boldsymbol{f}$ 在 $\boldsymbol{W}_f$ 空间，它可表示成

$$\boldsymbol{f}=\alpha_1\boldsymbol{g}+\alpha_2\boldsymbol{Ag}+\cdots+\alpha_k\boldsymbol{A}^{k-1}\boldsymbol{g} \tag{3.85}$$

式中，$\{\alpha_1,\alpha_2,\cdots,\alpha_k\}$是一组标量系数。将式(3.85)两边乘以 $\boldsymbol{C}$，并利用式(3.64)关系，则可得

$$\boldsymbol{Cf}=\alpha_1\boldsymbol{Cg}+\alpha_2\boldsymbol{CAg}+\cdots+\alpha_k\boldsymbol{CA}^{k-1}\boldsymbol{g}=\alpha_k\boldsymbol{AC}^{k-1}\boldsymbol{g} \tag{3.86}$$

若 $\boldsymbol{Cf}\neq 0$，则 $\alpha_k\neq 0$，由于 $\boldsymbol{g}$ 的大小没有限制，所以可自由选择 $\alpha_k=1$，则

$$\boldsymbol{f}=\alpha_1\boldsymbol{g}+\alpha_2\boldsymbol{Ag}+\cdots+\boldsymbol{A}^{k-1}\boldsymbol{g} \tag{3.87}$$

$$\boldsymbol{Cf}=\boldsymbol{CA}^{k-1}\boldsymbol{g} \tag{3.88}$$

当 n 维矢量 $\boldsymbol{g}$ 满足式(3.64)，式(3.65)和式(3.87)时，称 $\boldsymbol{g}$ 为 $\boldsymbol{f}$ 的 k 阶检测生成元。通过 $\boldsymbol{f}$ 的检测生成元就可以求出 $\boldsymbol{f}$ 的检测器增益矩阵 $\boldsymbol{D}$。从式(3.70)可看出，$\boldsymbol{W}_{fT}$ 取决于 $\boldsymbol{D}$，而式(3.71)表明了检测生成元 $\boldsymbol{g}$ 与 $\boldsymbol{W}_{fT}$ 的关系。也就是说，只要$(\boldsymbol{A},\boldsymbol{C})$是可观测对，则对应检测生成元总是存在着相应的检测器增益矩阵。

下面分析如何求解检测器的增益矩阵 $\boldsymbol{D}$。

设与 $\boldsymbol{f}$ 的可控空间相联系的$(\boldsymbol{A}-\boldsymbol{DC})$ 的 k 个特征值为 $\lambda_1,\cdots,\lambda_k$，是以下方程的根

$$S^k+p_k\boldsymbol{S}^{k-1}+\cdots+p_2S+p_1=0 \tag{3.89}$$

式中，p_k 为标量系数，S 为复数。

对于故障矢量 $\boldsymbol{f}$，通过选择 $\boldsymbol{D}$，使 $\boldsymbol{f}$ 所产生的输出误差稳定值保持固定方向，同时使$(\lambda_1,\cdots,\lambda_k)$满足式(3.89)。

根据式(3.89)的假设，可得

$$(\boldsymbol{A}-\boldsymbol{DC})^k\boldsymbol{f}=-p_1\boldsymbol{f}-p_2(\boldsymbol{A}-\boldsymbol{DC})f-\cdots-p_k(\boldsymbol{A}-\boldsymbol{DC})^{k-1}\boldsymbol{f} \tag{3.90}$$

由于 $\boldsymbol{g}$ 是 $\boldsymbol{f}$ 的可控子空间的生成元，所以由式(3.90)可使得

$$(\boldsymbol{A}-\boldsymbol{DC})^k\boldsymbol{g}=-p_1\boldsymbol{g}-p_2(\boldsymbol{A}-\boldsymbol{DC})\boldsymbol{g}-\cdots-p_k(\boldsymbol{A}-\boldsymbol{DC})^{k-1}\boldsymbol{g} \tag{3.91}$$

利用式(3.68)，可得

$$(\boldsymbol{A}-\boldsymbol{DC})\boldsymbol{A}^{k-1}\boldsymbol{g}=\boldsymbol{A}^{k-1}\boldsymbol{g}-\boldsymbol{DCA}^{k-1}\boldsymbol{g}=-p_1\boldsymbol{g}-\cdots-p_k\boldsymbol{A}^{k-1}\boldsymbol{g} \tag{3.92}$$

则

$$\boldsymbol{DCA}^{k-1}\boldsymbol{g}=p_1\boldsymbol{g}+p_2\boldsymbol{Ag}+\cdots+p_k\boldsymbol{A}^{k-1}\boldsymbol{g}+\boldsymbol{A}^k\boldsymbol{g} \tag{3.93}$$

$$\begin{aligned}&\mathrm{r}\{\boldsymbol{C}[\boldsymbol{g},(\boldsymbol{A}-\boldsymbol{DC})\boldsymbol{g},\cdots,(\boldsymbol{A}-\boldsymbol{DC})^{k-1}\boldsymbol{g}]\}\\&=\mathrm{r}\{\boldsymbol{C}[\boldsymbol{g},\boldsymbol{Ag},\cdots,\boldsymbol{A}^{k-1}\boldsymbol{g}]\}\end{aligned}$$

$$= \mathrm{r}[0,\cdots,0,\boldsymbol{CA}^{k-1}\boldsymbol{g}] = 1$$

所以，从式(3.93)可得出满足要求的增益矩阵 $\boldsymbol{D}$。

3.5 带干扰系统的故障诊断

3.5.1 残差生成与残差响应

考虑系统

$$\dot{\boldsymbol{x}}(t) = \boldsymbol{Ax}(t) + \boldsymbol{Bu}(t) + \boldsymbol{R}_1\boldsymbol{f}(t) + \boldsymbol{Ed}(t) \tag{3.94a}$$

$$\boldsymbol{y}(t) = \boldsymbol{Cx}(t) + \boldsymbol{Du}(t) + \boldsymbol{R}_2\boldsymbol{f}(t) \tag{3.94b}$$

式中，$\boldsymbol{x}(t)\in R^n$ 是状态矢量，$\boldsymbol{y}(t)\in R^m$ 是输出矢量，$\boldsymbol{u}(t)\in R^r$ 是已知输入矢量；$\boldsymbol{d}(t)\in R^q$ 是未知输入(或干扰)矢量；$\boldsymbol{f}(t)$表示故障矢量，它是未知的时间函数；$\boldsymbol{A}$、$\boldsymbol{B}$、$\boldsymbol{C}$、$\boldsymbol{D}$ 及 $\boldsymbol{E}$ 是已知的具有适当维的矩阵；$\boldsymbol{R}_1$ 和 $\boldsymbol{R}_2$ 为故障分布矩阵。.

图 3.8 所示的基于全阶观测器的残差生成器可描述为

$$\dot{\hat{\boldsymbol{x}}}(t) = (\boldsymbol{A}-\boldsymbol{KC})\hat{\boldsymbol{x}}(t) + (\boldsymbol{B}-\boldsymbol{KD})\boldsymbol{u}(t) + \boldsymbol{Ky} \tag{3.95a}$$

$$\hat{\boldsymbol{y}}(t) = \boldsymbol{C}\hat{\boldsymbol{x}}(t) + \boldsymbol{Du}(t) \tag{3.95b}$$

$$\boldsymbol{r}(t) = \boldsymbol{Q}[\boldsymbol{y}(t) - \hat{\boldsymbol{y}}(t)] \tag{3.95c}$$

式中，$\boldsymbol{r}(t)\in R^p$ 为残差矢量；$\hat{\boldsymbol{x}}(t)$和 $\hat{\boldsymbol{y}}(t)$是状态与输出估计，$\boldsymbol{K}$ 为观测器的增益矩阵。矩阵 $\boldsymbol{Q}\in R^{p\times m}$是残差加权因子。

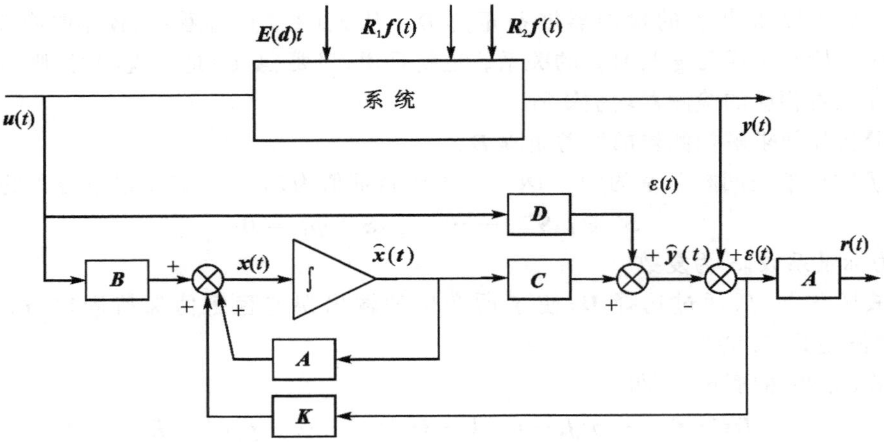

图 3.8 残差生成器

残差是输出估计误差的线性变换。因此，残差维数 p 不会比输出维数 m 大，这是因为线性相关的多余残差分量对故障分析不能提供附加的有用信息。

将方程式(3.95)描述的残差生成器应用于系统式(3.94)时，其状态估计误差($\boldsymbol{e}(t)=\boldsymbol{x}(t)-\hat{\boldsymbol{x}}(t)$)与残差可表示为

$$\hat{\boldsymbol{e}}(t) = (\boldsymbol{A}-\boldsymbol{KC})\boldsymbol{e}(t) + \boldsymbol{Ed}(t) + \boldsymbol{R}_1\boldsymbol{f}(t) + \boldsymbol{R}_2\boldsymbol{f}(t) \tag{3.96a}$$

$$\boldsymbol{r}(t) = \boldsymbol{He}(t) - \boldsymbol{QR}_2\boldsymbol{f}(t) \tag{3.96b}$$

其中，$\boldsymbol{H}=\boldsymbol{QC}$。对式(3.96)进行拉普拉斯变换后为

$$\boldsymbol{r}(s)=\boldsymbol{QR}_2\boldsymbol{f}(s)+\boldsymbol{H}(SI-\boldsymbol{A}+\boldsymbol{KC})^{-1}(\boldsymbol{R}_1-\boldsymbol{KR}_2\boldsymbol{f}(s))+\boldsymbol{H}(\boldsymbol{SI}-\boldsymbol{A}+\boldsymbol{KC})^{-1}\boldsymbol{Ed}(s) \tag{3.97}$$

由式(3.97)可知，即使系统中无故障出现，残差 $\boldsymbol{r}(t)$ 和状态估计误差也不为零。的确，分辨故障对系统的效应与干扰对系统作用的效应是一项困难的任务。干扰效应会使故障诊断性能退化，也是误报警的来源。因此，为了使误报率和漏报率最小，在设计残差生成器时，就要使残差本身与干扰解耦。

3.5.2　干扰解耦设计的一般原理

为了使残差 $\boldsymbol{r}(t)$ 与干扰无关，必须使传递函数中所有使残差与干扰有关的项设置为零，这就意味着

$$\boldsymbol{G}_{rd}(s)=\boldsymbol{QC}(s\boldsymbol{I}-\boldsymbol{A}+\boldsymbol{KC})^{-1}\boldsymbol{E}=0 \tag{3.98}$$

这就是多变量控制理论中著名的输出零化问题的特例。$\boldsymbol{E}$ 是已知的，余下的问题就是确定满足方程式(3.98)的 $\boldsymbol{K}$ 及 $\boldsymbol{Q}$。

1. 基于不变子空间的干扰解耦设计

(1) 不变空间定义

设 σ 是线性空间 $V(F)$ 的线性变换，且 $U(F)$ 是 $V(F)$ 的子空间。若 $\sigma[U(F)]\subset V(F)$，则称 $U(F)$ 是 $V(F)$ 的关于 σ 的不变子空间。不变子空间实质上是一个子集。

(2) 干扰解耦设计

定义 $\boldsymbol{A}_c=\boldsymbol{A}-\boldsymbol{KC}$，式(3.98)变为

$$\begin{aligned}\boldsymbol{H}(s\boldsymbol{I}-\boldsymbol{A}_c)^{-1}\boldsymbol{E}&=\boldsymbol{H}[a_1(s)\boldsymbol{I}_n+a_2(s)\boldsymbol{A}_c+\cdots+a_n(s)\boldsymbol{A}_c^{n-1}]\boldsymbol{E}\\&=[a_1(s)\boldsymbol{I}_p a_2(s)\boldsymbol{I}_p\cdots a_n(s)\boldsymbol{I}_p]\begin{bmatrix}\boldsymbol{H}\\\boldsymbol{HA}_c\\\vdots\\\boldsymbol{HA}_c^{n-1}\end{bmatrix}\boldsymbol{E}\\&=\boldsymbol{H}[\boldsymbol{EA}_c\boldsymbol{E}\cdots\boldsymbol{A}_c^{n-1}\boldsymbol{E}]\begin{bmatrix}a_1(s)\boldsymbol{I}_q\\a_2(s)\boldsymbol{I}_q\\\vdots\\a_n(s)\boldsymbol{I}_q\end{bmatrix}\end{aligned}$$

从上述关系可以看出，要使方程式(3.98)有解，需要满足下列条件之一：

① 如果$\{\boldsymbol{H},\boldsymbol{A}_c\}$不变子空间位于 $\boldsymbol{E}$ 的左零空间内，式(3.98)成立；

② 如果$\{\boldsymbol{A}_c,\boldsymbol{H}\}$不变子空间位于 $\boldsymbol{H}$ 的右零空间内，式(3.98)成立。

2. 基于特征结构配置的干扰解耦设计

在多变量系统中，除了特征值配置外，还存在着可用的自由度，并且它们可用来配置特征矢量以获得所要求的系统性能。在残差生成的设计中，这种自由度可以用于实现干扰解耦特性。

【引理 3.1】 给定与矩阵 $\mathbf{A}_c$ 的特征值 λ_i 相对应的左特征矢量 $\boldsymbol{l}_i^{\mathrm{T}}$，它总是正交于 $\mathbf{A}_c$ 余下的 $(n-1)$ 个特征值 $\lambda_j(\lambda_i \neq \lambda_j)$ 所对应的右特征矢量 $\mathbf{V}_j$。

证明：由于 $\boldsymbol{l}_i^{\mathrm{T}}$ 是 A_c 的左特征矢量，所以有

$$\boldsymbol{l}_i^{\mathrm{T}}\mathbf{A}_c = \lambda_i \boldsymbol{l}_i^{\mathrm{T}} \qquad i = 1,2,\cdots,n$$

对上述方程两边右乘矢量 $\mathbf{V}_j(j \neq i)$：

$$\boldsymbol{l}_i^{\mathrm{T}}\mathbf{A}_c\mathbf{V}_j = \lambda_i \boldsymbol{l}_i^{\mathrm{T}}\mathbf{V}_j \qquad i = 1,2,\cdots,n; \qquad j \neq i$$

又因为 $\mathbf{V}_j$ 是 $\mathbf{A}_c$ 的右特征矢量，所以有

$$\mathbf{A}_c\mathbf{V}_j = \lambda_i \mathbf{V}_j \qquad i = 1,2,\cdots,n \quad (j \neq i)$$

因此

$$\lambda_j \boldsymbol{l}_i^{\mathrm{T}}\mathbf{V}_j = \lambda_i \boldsymbol{l}_i^{\mathrm{T}}\mathbf{V}_j \qquad i = 1,2,\cdots,n; \ j \neq i$$

因为 $\lambda_i \neq \lambda_j$，所以

$$\boldsymbol{l}_i^{\mathrm{T}}\mathbf{V}_j = 0 \ (j \neq i)$$

即互异特征值所对应的左右特征矢量是正交关系。

【引理 3.2】 基于特征结构，任何传递函数矩阵可展开为

$$(s\boldsymbol{I} - \mathbf{A}_c)^{-1} = \frac{v_1 \boldsymbol{l}_1^{\mathrm{T}}}{s-\lambda_1} + \frac{v_2 \boldsymbol{l}_2^{\mathrm{T}}}{s-\lambda_2} + \cdots + \frac{v_n \boldsymbol{l}_n^{\mathrm{T}}}{s-\lambda_n} \tag{3.99}$$

证明：定义左特征矢量矩阵 $\boldsymbol{L}$ 和右特征矢量矩阵 $\mathbf{V}$ 分别为

$$\boldsymbol{L} = \begin{bmatrix} \boldsymbol{l}_1^{\mathrm{T}} \\ \boldsymbol{l}_2^{\mathrm{T}} \\ \vdots \\ \boldsymbol{l}_n^{\mathrm{T}} \end{bmatrix}, \mathbf{V} = [v_1 \quad v_2 \quad \cdots \quad v_n]$$

按照引理 3.1，可得

$$\boldsymbol{LV} = \begin{bmatrix} \boldsymbol{l}_1^{\mathrm{T}} v_1 & 0 & \cdots & 0 \\ 0 & \boldsymbol{l}_2^{\mathrm{T}} v_2 & \cdots & 0 \\ \vdots & \vdots & & \vdots \\ 0 & 0 & \cdots & \boldsymbol{l}_n^{\mathrm{T}} v_n \end{bmatrix}$$

如果矢量 $\boldsymbol{l}_i$ 和 $v_i(i=1,2,\cdots,n)$ 按照适当的比例正规化，上述方程可变为

$$\boldsymbol{LV} = \boldsymbol{I}_n$$

也就是 $\boldsymbol{L} = \mathbf{V}^{-1}$，于是

$$\mathbf{A}_c = \mathbf{V}\boldsymbol{\Lambda}V^{-1}$$

其中，$\boldsymbol{\Lambda} = \mathrm{diag}\{\lambda_1 \quad \lambda_2 \quad \cdots \quad \lambda_n\}$。于是

$$\boldsymbol{e}^{\mathbf{A}_c t} = \mathbf{V}\boldsymbol{e}^{\boldsymbol{\Lambda} t}\mathbf{V}^{-1} = \sum_{i=1}^{n} \boldsymbol{e}^{\lambda_i t} v_i \boldsymbol{l}_i^{\mathrm{T}}$$

$$(s\boldsymbol{I} - \mathbf{A}_c) - 1 = \mathrm{Laplace}\{\boldsymbol{e}^{\mathbf{A}_c t}\} = \mathrm{Laplace}\left\{\sum_{i=1}^{n} \boldsymbol{e}^{\lambda_i t} v_i \boldsymbol{l}_i^{\mathrm{T}}\right\}$$

$$= \sum_{i=1}^{n} \frac{v_i \boldsymbol{l}_i^{\mathrm{T}}}{s-\lambda_i}$$

证毕。

由引理 3.2 可知，方程式(3.98)可以重新写为

$$G_{rd}(s) = \sum_{i=1}^{n} \frac{\boldsymbol{H}v_i \boldsymbol{l}_i^{\mathrm{T}} \boldsymbol{E}}{s-\lambda_i} \tag{3.100}$$

因此，干扰解耦的可能是，当且仅当 $\boldsymbol{H}v_i\boldsymbol{l}_i^{\mathrm{T}}\boldsymbol{E}=0, i=1,2,\cdots,n$，这意味着 $\sum_{i=1}^{n}(\boldsymbol{H}v_i\boldsymbol{l}_i^{\mathrm{T}}\boldsymbol{E})=\boldsymbol{H}$

$$(\sum_{i=1}^{n} v_i\boldsymbol{l}_i^{\mathrm{T}})\boldsymbol{E}=\boldsymbol{HVLE}=\boldsymbol{HE}=\boldsymbol{QCE}=0 \tag{3.101}$$

【定理 3.2】 干扰解耦设计的必要条件为

$$\boldsymbol{QCE} = \boldsymbol{HE} = 0 \tag{3.102}$$

3.6 奇偶矢量法

在故障诊断的早期，奇偶矢量法被应用于静态或并行冗余方案中。奇偶矢量法的基本思想就是对被监控系统测量值进行适当的一致性检验。

首先，考虑用 m 个传感器进行 n 维矢量测量，测量方程为

$$\boldsymbol{y}(k) = \boldsymbol{C}\boldsymbol{x}(k) + \boldsymbol{f}(k) + \xi(k)$$

式中，$\boldsymbol{y}(k)\in R^m$ 是测量值矢量；$\boldsymbol{x}(k)\in R^n$ 是状态矢量；$\boldsymbol{f}(k)$是传感器故障矢量；$\boldsymbol{\xi}(k)$是噪声；$\boldsymbol{C}$ 是 $m\times n$ 维测量矩阵。

如果有硬件冗余，那么就存在比最小数量传感器多的测量传感器。例如，对一个标量状态变量，有两个或以上的传感器测量，对一个三维状态矢量有四个或以上的传感器测量。也就是说，$\boldsymbol{y}(k)$维数大于 $\boldsymbol{x}(k)$的维数，即

$$m > n, \text{且 } \mathrm{r}(\boldsymbol{C}) = n$$

这样的系统构成，其测量值的数目大于被测变量的数目。因此，测量数据中的不一致性是首先可用作一种检测故障的办法，也可用于故障隔离。这种方法已成功地用于惯性导航系统的故障诊断方案中，其中陀螺仪的读数与/或加速表的读数之间关系提供了一种形式的解析冗余。

针对故障诊断目的，将矢量 $\boldsymbol{y}(k)$引入一组线性独立的奇偶方程组中，以产生奇偶矢量(残差)

$$\boldsymbol{r}(k) = \boldsymbol{V}\boldsymbol{y}(k) \tag{3.103}$$

基于直接测量值冗余的残差生成方案如图 3.9 所示。

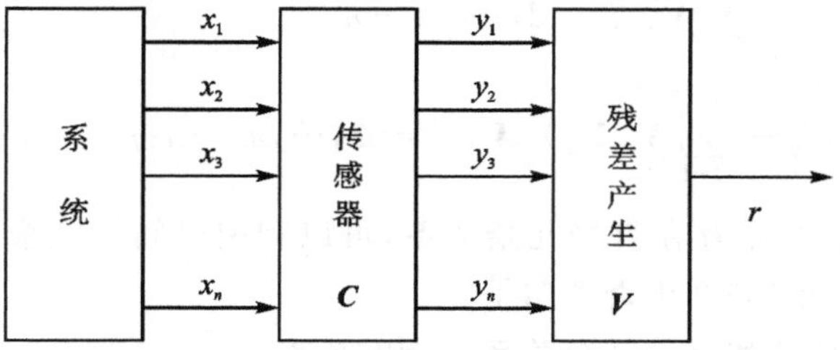

图 3.9　基于直接冗余的残差产生

为了使残差 $\boldsymbol{r}(k)$满足通常的要求(在无故障时为零)，矩阵 $\boldsymbol{V}$ 必须满足以下条件

$$\boldsymbol{VC} = 0 \tag{3.104}$$

如果上述条件成立，残差(奇偶矢量)中就仅有故障与噪声的信息，即

$$\boldsymbol{r}(k)=\begin{bmatrix}\sum_{i=1}^{m}\boldsymbol{V}_{1i}[f_{1i}(k)+\xi_{1i}(k)]\\ \cdots \\ \sum_{i=1}^{m}\boldsymbol{V}_{Ni}[f_{Ni}(k)+\xi_{Ni}(k)]\end{bmatrix}\quad N=m-n \tag{3.105}$$

式中，$\boldsymbol{V}_{.i}$是$\boldsymbol{V}$的第i列；$f_i(k)$是$\boldsymbol{f}(k)$的第i个元素，ξ_i表示第i个传感器故障。

式(3.105)揭示出奇偶矢量中仅包含于故障和噪声有关的信息，它与非测量状态变量$\boldsymbol{x}(k)$是独立的。式(3.105)也表明奇偶空间(或残差空间)是由$\boldsymbol{V}$的列而生成的，即$\boldsymbol{V}$的各列形成了残差空间的基，而且它还有一个重要特点是在第i个传感器上的故障使残差沿$\boldsymbol{V}_{.i}$方向上变大。空间span$\{\boldsymbol{V}\}$称为奇偶空间。span$\{\boldsymbol{V}\}$是由$\boldsymbol{V}$的各列生成的空间。

以奇偶观点来看，$\boldsymbol{V}$的列确定了m个有区别的故障特征方向($\boldsymbol{V}_i$，$i=1,2,\cdots,m$)。故障检测后，可以将奇偶矢量的方向与每个特征方向比较来隔离故障。

为了可靠地隔离故障，应该使每两个故障特征方向之间的广义夹角尽可能的大，使$\boldsymbol{V}_i^{\mathrm{T}}\boldsymbol{V}_j$尽可能的小。因此，最优的故障隔离性能为

$$\begin{cases}\min(\boldsymbol{V}_i^{\mathrm{T}}\boldsymbol{V}_j) & i\neq j,i,j\in\{1,2,\cdots,m\}\\ \max(\boldsymbol{V}_i^{\mathrm{T}}\boldsymbol{V}_i) & i\in\{1,2,\cdots,m\}\end{cases}$$

通常，矩阵$\boldsymbol{V}$的次优解可由下式获得

$$\boldsymbol{V}\boldsymbol{V}^{\mathrm{T}}=\boldsymbol{I}_{m-n} \tag{3.106}$$

由式(3.105)和式(3.106)可得

$$\boldsymbol{V}\boldsymbol{V}^{\mathrm{T}}=\boldsymbol{I}_m-\boldsymbol{C}(\boldsymbol{C}^{\mathrm{T}}\boldsymbol{C})^{-1}\boldsymbol{C}^{\mathrm{T}} \tag{3.107}$$

于是可以得出

$$\begin{aligned}&\boldsymbol{\theta}=\boldsymbol{I}-\boldsymbol{C}(\boldsymbol{C}^{\mathrm{T}}\boldsymbol{C})^{-1}\boldsymbol{C}^{\mathrm{T}}\\&\boldsymbol{V}_{11}^2=\theta_{11}\\&\boldsymbol{V}_{1j}=\theta_{1j}/\boldsymbol{V}_{11}\\&\boldsymbol{V}_{ij}=\theta,i=2,\cdots m-n;j=1,\cdots,i-1\\&\boldsymbol{V}_{ii}^2=\theta_{ii}-\sum_{l=1}^{i-1}\boldsymbol{V}_{li}^2,i=2,\cdots,m-n\\&\boldsymbol{V}_{ij}=(\theta_{ij}-\sum_{l=1}^{i-1}\boldsymbol{V}_{li}\boldsymbol{V}_{lj})/\boldsymbol{V}_{ii},i=2,\cdots,m-n;j=i+1,\cdots m\end{aligned}$$

对于r($\boldsymbol{C}$)$=n<m$的情况，不存在直接冗余关系，可以利用时间性冗余(一个时间区域内的传感器输出来构成冗余关系)来产生奇偶向量。

下面，从数学上具体描述这种冗余关系。考虑系统

$$\begin{aligned}\boldsymbol{x}(k+1)&=\boldsymbol{A}\boldsymbol{x}(k)+\boldsymbol{B}\boldsymbol{u}(k)+\boldsymbol{R}_1\boldsymbol{f}(k)\\\boldsymbol{y}(k)&=\boldsymbol{C}\boldsymbol{x}(k)+\boldsymbol{D}\boldsymbol{u}(k)+\boldsymbol{R}_2\boldsymbol{f}(k)\end{aligned} \tag{3.108}$$

式中，$\boldsymbol{x}\in R^n$是状态矢量；$\boldsymbol{y}(k)\in R^m$是输出矢量；$\boldsymbol{u}\in R^r$是输入矢量；$\boldsymbol{f}\in R^g$是故障矢量；$\boldsymbol{A}$、$\boldsymbol{B}$、$\boldsymbol{C}$、$\boldsymbol{D}$和$\boldsymbol{R}$是具有适当维数的实数矩阵。

将式(3.108)从时刻$k-s$到时刻k的方程合并在一起，生成如下冗余关系

$$\begin{bmatrix} \boldsymbol{y}(k-s) \\ \boldsymbol{y}(k-s+1) \\ \vdots \\ \boldsymbol{y}(k) \end{bmatrix} - \boldsymbol{H}\begin{bmatrix} \boldsymbol{u}(k-s) \\ \boldsymbol{u}(k-s+1) \\ \vdots \\ \boldsymbol{u}(k) \end{bmatrix} = \boldsymbol{W}\boldsymbol{x}(k-s) + \boldsymbol{M}\begin{bmatrix} \boldsymbol{f}(k-s) \\ \boldsymbol{f}(k-s+1) \\ \vdots \\ \boldsymbol{f}(k) \end{bmatrix} \tag{3.109}$$

其中

$$\boldsymbol{H} = \begin{bmatrix} \boldsymbol{D} & 0 & \cdots & 0 \\ \boldsymbol{CB} & \boldsymbol{D} & \cdots & 0 \\ \vdots & \vdots & & \vdots \\ \boldsymbol{CA}^{s-1}\boldsymbol{B} & \boldsymbol{CA}^{s-2}\boldsymbol{B} & \cdots & \boldsymbol{D} \end{bmatrix} \in \boldsymbol{R}^{(s+1)m\times(s+1)r}$$

$$\boldsymbol{W} = \begin{bmatrix} \boldsymbol{C} \\ \boldsymbol{CA} \\ \vdots \\ \boldsymbol{CA}^{s} \end{bmatrix} \in \boldsymbol{R}^{(s+1)m\times n}$$

并且矩阵 $\boldsymbol{M}$ 构成如下：将 $\boldsymbol{H}$ 中的 $\{\boldsymbol{D},\boldsymbol{B}\}$ 由 $\{\boldsymbol{R}_2,\boldsymbol{R}_1\}$ 对应替换而得。

为了简化表示，式(3.109)可重写如下

$$\boldsymbol{Y}(k) - \boldsymbol{HU}(k) = \boldsymbol{Wx}(k-s) + \boldsymbol{MF}(k) \tag{3.110}$$

定义

$$\boldsymbol{r}(k) = \boldsymbol{V}[\boldsymbol{Y}(k) - \boldsymbol{HU}(k)] = \boldsymbol{VWx}(k-s) + \boldsymbol{VMF}(k) \tag{3.111}$$

为了进行故障诊断，应使残差对系统的输入和状态不敏感，即可使

$$\boldsymbol{VW} = 0$$

为了满足故障可检测性条件，矩阵 $\boldsymbol{V}$ 应满足

$$\boldsymbol{VM} \neq 0$$

第 4 章　基于统计理论的故障检测原理

4.1　引　言

统计检测可归结为“假设检验”问题。例如，有故障和无故障可作为两种假设，判断哪个假设为真，即是二元假设检验问题；判断多个假设中哪个为真，即是多元假设检验问题。例如，有 m 个传感器，假设其中任一个有故障，就构成 m 元假设检验。还有一种复合假设检验，其中表征假设的参数可以在一个范围内变化。例如，故障的幅度和故障发生的时间，都可以作为表征假设的参数。

最后，本章在基于充分利用系统残差信息的前提下，给出一种故障诊断方案：考虑控制系统故障的先验知识，尽可能多地检测，应用 M－ARY 理论，对故障检测与定位进行二级决策，该方案可提高诊断问题的求解能力。

4.2　二元假设检验

设对某事物(元部件、系统等)的状态有两种假设 H_0 和 H_1，现要根据$(0,T)$时间内的观测量 $z(t)$ 判决 H_0 为真或 H_1 为真。当观测量为离散数据时，则根据 $z(k)$，$(k=1,2,\cdots,n)$ 来判决 H_0 为真或 H_1 为真。这里，观测数据(样本)的数目为 n，$n>1$ 称为多样本检验，$n=1$ 称为单样本检验。

在故障检测中，H_0 表示无故障，H_1 表示有故障。例如，H_0 表示观测数据的平均值为零，H_1 表示观测数据的平均值不为零。有四种可能性：

① H_0 为真，判断 H_1 为真，这称为误检，其概率写成 P_F；

② H_1 为真，判断 H_0 为真，这称为漏检，其概率写成 P_M；

③ H_0 为真，判断 H_0 为真，这称为无误检，其概率为 $1-P_F$；

④ H_1 为真，判断 H_1 为真，这称为正确检测，其概率为 $P_D=1-P_M$。

误检概率可定义为

$$P_F \overset{\text{def}}{=} P(\text{判断 } H_1 \text{ 真} / H_0 \text{ 真}) \tag{4.1}$$

漏检概率可定义为

$$P_M \overset{\text{def}}{=} P(\text{判断 } H_0 \text{ 真} / H_1 \text{ 真}) \tag{4.2}$$

设观测值 z 构成的观测空间为 Z，将 Z 划分为两个互不相交的子空间 Z_0 和 Z_1，则

$$Z = Z_0 + Z_1 \tag{4.3}$$

判决规则是：当 $z\in Z_0$ 时，判断 H_0 为真；当 $z\in Z_1$ 时，判断 H_1 为真，如图 4.1 所示。

设观测值 z 在 H_0 或 H_1 为真时的条件概率密度为 $P(z/H_0)$ 和 $P(z/H_1)$ 已知，结合上面的判决区域图可得

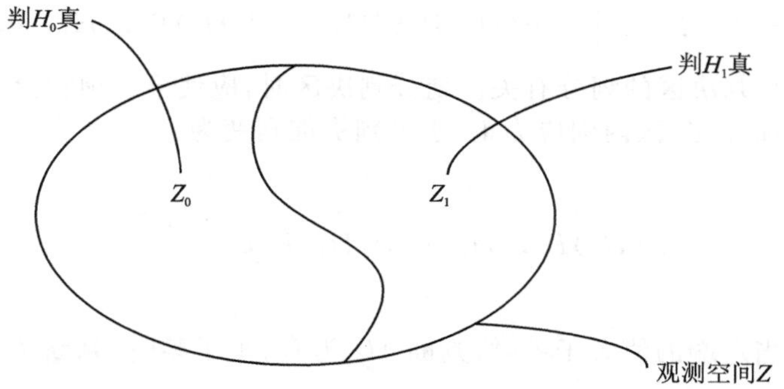

图 4.1　Z_0和Z_1子空间的划分

$$P_F = \int_{Z_1} P(z/H_0)\mathrm{d}z \tag{4.4}$$

$$P_M = \int_{Z_0} P(z/H_1)\mathrm{d}z = 1 - \int_{Z_1} P(z/H_1)\mathrm{d}z = 1 - P_D \tag{4.5}$$

当 z 为标量时，P_F 和 P_M 可用图 4.2 中的阴影来表示，图中 z_T 是观测量的门限值。

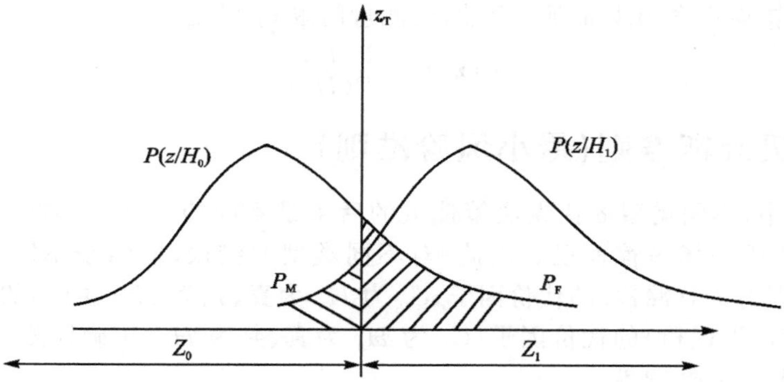

图 4.2　P_F 和 P_M 的表示

二元假设检验的判决准则是，应能产生尽量大的检测概率 P_D 和尽量小的误检概率 P_F，但这两者是有矛盾的。例如，从式(4.4)或式(4.5)可知，若取 $Z_1=Z$，则 $P_D=1$，即有故障时不会漏检；但同时有 $P_F=1$，即无故障时却误报为有故障。因此，判决准则的选取应取 P_D 和 P_F 都获得满意的值，达到适当的折中。在统计检测理论中，已发展了多种判决准则，下面介绍几种常用的准则。

4.2.1　最小误差准则

设 $P(H_0)$、$P(H_1)$是 H_0、H_1 分别为真时的先验概率，对于二元假设检验有

$$P(H_0) + P(H_1) = 1 \tag{4.6}$$

误差 P_e 包含两部分：出现 H_0 时判断 H_1 为真的错误和出现 H_1 时判断 H_0 为真的错误，即

$$P_e = P(H_0)P_F + P(H_1)P_M \tag{4.7}$$

将式(4.4)和式(4.5)带入上式，得

$$P_e = P(H_0)\int_{Z_1} P(z/H_0)\mathrm{d}z + P(H_1)\int_{Z_0} P(z/H_1)\mathrm{d}z$$

$$= P(H_1) + \int_{Z_1} [P(H_0)P(z/H_0) - P(H_1)P(z/H_1)]\mathrm{d}z \tag{4.8}$$

上式右端的第二项与判决区的划分有关。划分判决区时，应使第二项积分号内的值在 Z_1 区内为负（使 P_e 减小），而在 Z_0 区内则应为正，于是判决准则变为

$$P(H_0)P(z/H_0) - P(H_1)P(z/H_1) \underset{H_1}{\overset{H_0}{\gtrless}} 0 \tag{4.9}$$

式(4.9)的意义是：当左端的值大于零时，判断 H_0 为真；小于零时，判断 H_1 为真。式(4.9)可写成

$$L(z) \overset{\text{def}}{=} \frac{P(z/H_1)}{P(z/H_0)} \underset{H_0}{\overset{H_1}{\gtrless}} \frac{P(H_0)}{P(H_1)} \overset{\text{def}}{=} T \tag{4.10}$$

式中，$L(z)$ 称为判决函数，它是一个似然比，即两个条件概率密度之比。似然比是统计检测理论中一个十分重要的量，T 称为似然比的门限，它的值随所用的判决准则的不同而不同。式(4.10)即是最小错误概念判决准则。显然，观测量门限 z_T 满足

$$L(z_T) = \frac{P(H_0)}{P(H_1)} \tag{4.11}$$

4.2.2 贝叶斯准则(最小风险准则)

在实际问题中，不同类型的错误决策造成的后果是不同的。例如，漏检可能造成机毁人亡，而误检只是造成一场虚惊而已。因此，对不同类型的错误，应给予不同的代价因子。设 C_{01} 为 H_1 为真、判为 H_0（漏检）的代价因子；C_{10} 为 H_0 为真、判为 H_1（误检）的代价因子；C_{00} 为 H_0 为真、判为 H_0（无误检）的代价因子；C_{11} 为 H_1 为真、判为 H_1（正确检测）的代价因子。于是贝叶斯风险（代价函数）R 为

$$R = C_{01}P(H_1)P_M + C_{10}P(H_0)P_F + C_{00}P(H_0)(1-P_F) + C_{11}P(H_1)(1-P_M) \tag{4.12}$$

一般情况下，$C_{00}=C_{11}=0$，即认为正确判断不产生风险，于是贝叶斯风险简化为

$$\begin{aligned} R &= C_{01}P(H_1)P_M + C_{10}P(H_0)P_F \\ &= C_{10}P(H_0)\int_{Z_1} P(z/H_0)\mathrm{d}z + C_{01}P(H_1)\int_{Z_0} P(z/H_1)\mathrm{d}z \\ &= C_{01}P(H_1) + \int_{Z_1} [C_{10}P(H_0)P(z/H_0) - C_{01}P(H_1)P(z/H_1)]\mathrm{d}z \end{aligned} \tag{4.13}$$

同理，为使风险 R 最小，应使上式右端积分号内的值在 Z_1 区内为负，于是得出下面的贝叶斯判决准则

$$L(z) \overset{\text{def}}{=} \frac{P(z/H_1)}{P(z/H_0)} \underset{H_0}{\overset{H_1}{\gtrless}} \frac{P(H_0)C_{10}}{P(H_1)C_{01}} \overset{\text{def}}{=} T \tag{4.14}$$

4.2.3 最大后验概率准则

后验概率 $P(H_0/z)$ 和 $P(H_1/z)$ 分别是在给定观测量的条件下，H_0 和 H_1 为真的概率。

最大后验概率比检测为

$$\frac{P(H_1/z)}{P(H_0/z)} \underset{H_0}{\overset{H_1}{\gtrless}} 1 \tag{4.15}$$

上式的物理意义很明确，但给定观测量后，H_1 为真的条件概率大于 H_0 为真的条件概率时，就判 H_1 为真。利用贝叶斯公式，得

$$P(H_1/z)P(z) = P(z/H_1)P(H_1) \tag{4.16a}$$

$$P(H_0/z)P(z) = P(z/H_0)P(H_0) \tag{4.16b}$$

式中，$P(z)$是全概率密度函数。

$$P(z) = P(z/H_1)P(H_1) + P(z/H_0)P(H_0) \tag{4.17}$$

将式(4.16)带入式(4.15)可得

$$\frac{P(H_1/z)}{P(H_0/z)} = \frac{P(z/H_1)P(H_1)}{P(z/H_0)P(H_0)} \underset{H_0}{\overset{H_1}{\gtrless}} 1$$

即

$$L(z) = \frac{P(z/H_1)}{P(z/H_0)} \underset{H_0}{\overset{H_1}{\gtrless}} \frac{P(H_0)}{P(H_1)} \tag{4.18}$$

于是，最大后验概率准则的判决公式与最小错误概率准则的判决公式是相同的。

4.3　多元假设检验

在很多情况下，系统可能有多种状态，要检测系统属于哪一种状态，就要用多元假设检验。例如，系统中有 $M-1$ 个传感器，则可有 M 个状态，即所有传感器无故障和 $M-1$ 个传感器中任一个发生故障。假设 H_0 表示传感器无故障，H_1 表示为第一个传感器有故障；依此类推，H_{M-1}表示第 $M-1$ 个传感器有故障。设 $H_0, H_1, \cdots, H_{M-1}$的先验概率分别为 $P(H_0), P(H_1)$ $\cdots, P(H_{M-1})$，则有

$$\sum_{i=0}^{M-1} P(H_i) = 1 \tag{4.19}$$

现在的问题是要根据观测量 z 的取值来判断哪个假设为真。z 可以是单样本，也可以是多样本。将观测空间 $\boldsymbol{Z}$ 合理地划分出 M 个互不相交的区域

$$Z = Z_0 + Z_1 + \ldots + Z_{M-1} \tag{4.20}$$

如图 4.3 所示。

贝叶斯风险为

$$R = \sum_{i=0}^{M-1} \sum_{j=0}^{M-1} C_{ij} P(H_j) P(D_i/H_j) \tag{4.21}$$

式中，$P(D_i/H_j)$表示在 H_j 为真的条件下判断 H_i 为真的概率。

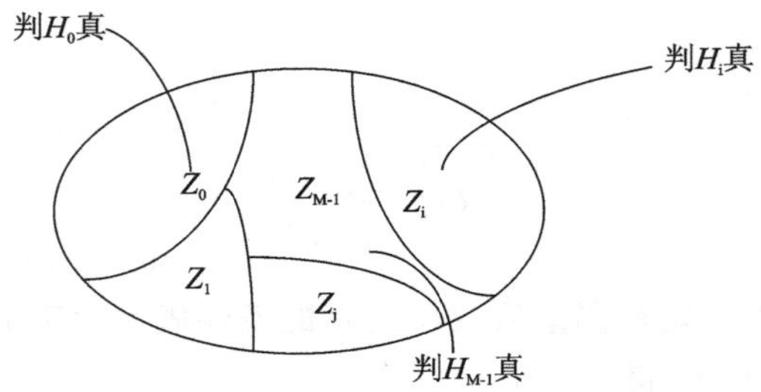

图 4.3 多元假设检验的判断区域

下面来确定多元假设检验的贝叶斯准则。

【定理 4.1】 贝叶斯风险为最小的判决等价于下面判决

$$\lambda_i(z) = \sum_{j=0}^{M-1} C_{ij} P(H_j) P(z/H_j) = \min \rightarrow \text{判 } H_i \text{ 成立} \tag{4.22}$$

即计算 $\lambda_i(z)$,($i=0,1,\cdots,M-1$),其中哪一个最小就判哪一个 H_i 成立。

4.4 基于多种测量残差的故障诊断方法

4.4.1 问题描述

对于控制系统的故障,一般考虑传感器故障、执行器故障和被控对象故障。对传感器故障和执行器故障,又可以进一步划分为卡死、恒偏差和恒增益故障;对被控对象故障,也可以视具体对象的不同,划分为多种类型。为了进行控制系统的故障诊断,首先必须找出一系列故障关系和一系列可能产生与误报警有关的原因(这种原因可能是干扰、参数漂移、非线性或模型不确定性等等);然后,确定出与故障有关的信息。残差是指由被观测数据构成的函数的期望之差,经常被用来作为反映系统故障的信息。简单地说,可以通过若干个检测器建立若干个残差,通过观察残差的统计特性来判断系统是否发生故障。就一个系统而言,某个残差的变化及变化趋势,可映射到一个或几个故障空间,如图 4.4 所示。

为充分利用残差信息,在这里将系统故障的先验知识结合起来。为便于研究,给出如下问题描述:假设系统故障的唯一性,即在任一时刻,只有一个故障发生;假设有 H_i 种故障 $i=1,2,\cdots,m$;建立 n 个残差,且相互独立,用 $R(X_j)$表示,$j=1,2,\cdots,n$;已知故障的先验概率 P_i,$i=1,2,\cdots,m$。那么,下面给出如何在 n 个残差中进行故障决策,即怎样确定 m 个故障假设之一 H_i。

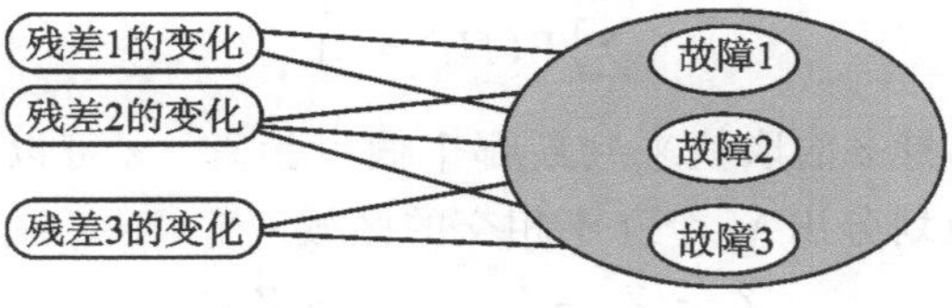

图 4.4 残差变化与故障源之间的映射关系

4.4.2 M-ARY 的故障决策方法

基于多个残差产生的故障诊断方法的如图 4.5 所示。

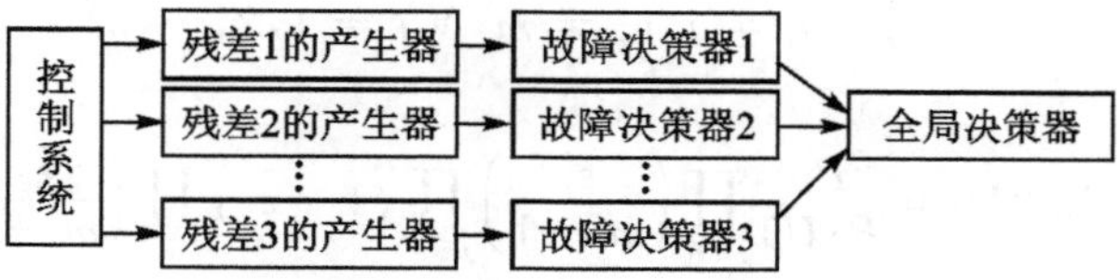

图 4.5　基于多个残差产生器的故障诊断原理

1. 局部决策规则

为了确定残差产生器 j 的局部决策，先计算下列$(m-1)$个故障的后验概率比

$$\frac{P(H_i/R(x_j))}{P(H_m/R(x_j))} \qquad i=1,2,\cdots,m-1 \tag{4.23}$$

应用贝叶斯规则，可得后验概率

$$\frac{P(H_i/R(x_j))}{P(H_m/R(x_j))}=\frac{P_i}{P_m}\cdot\frac{P(R(x_j)/H_i)}{P((x_j)/H_m)} \tag{4.24}$$

定义在残差产生器中的对数概率比为

$$C_{ij}=\log\frac{P(H_i/R(x_j))}{P(H_m/R(x_j))} \qquad i=1,2,\cdots,m-1,\ j=1,2,\cdots,n \tag{4.25}$$

式中，残差产生器 j 的 H_{uj}，u_j 是由下列规则确定的

$$u_j=\begin{cases} m & (C_{ij}<0\ \forall i=1,2,\cdots,m-1) \\ k & \text{其他} \end{cases} \tag{4.26}$$

式中，k 等于 $\max\{C_{ij}\}$中的下标 i。

局部残差产生器处理后，其决策 u_j 被传递到全局决策器中。

2. 全局决策规则

在全局决策器中，局部决策 u_j 被综合，将产生最后决策 u，最后决策取决于概率比值

$$\frac{P(H_i/u_1,u_2,...,u_n)}{P(H_m/u_1,u_2,...,u_n)}=\frac{P(H_i/\boldsymbol{U})}{P(H_m/\boldsymbol{U})} \qquad i=1,2、\cdots,m-1 \tag{4.27}$$

式中，$\boldsymbol{U}=(u_1,u_2,\cdots,u_n)$是输入矢量。下面定理会计算出对数概率比。

【定理 4.2】　在全局决策器中，对数概率比值 L_i($i=1,...,m-1$)可以由下式求得

$$L_i=\log\frac{P(H_i/\boldsymbol{U})}{P(H_m/\boldsymbol{U})}=\log\frac{P_i}{P_m}\sum_{j\in s_1}\log\frac{(1-\varepsilon_j)(m-1)}{\varepsilon_j}+\sum_{j\in s_2}\log\frac{\varepsilon_j}{(1-\varepsilon_j)(m-1)} \tag{4.28}$$

式中

$$s_1=\{j\mid u_j=j,\forall j=1,2,\cdots,n\} \qquad s_2=\{j\mid u_j=m,\forall j=1,2,\cdots,n\}$$

ε_j 是残差检测器 j 的异常概率(非此即彼的故障决策率，即应该 H_j，却误诊断成 H_i)。

证明：计算全局决策器中的后验概率 $P(H_i/\boldsymbol{U})$

$$\begin{aligned}P(H_i/\boldsymbol{U})&=\frac{P(H_i/\boldsymbol{U})}{P(H_m/\boldsymbol{U})}=\frac{P_i}{P(\boldsymbol{U})}\cdot\prod_{j=1}^{n}P(u_j/H_i)\\&=\frac{P_i}{P(\boldsymbol{U})}\cdot\prod_{j\in s_1}P(u_j/H_i)\cdot\prod_{j\in s_2}P(u_j/H_i)\cdot\prod_{j\in s_3}P(u_j/H_i)\\&=\frac{P_i}{P(\boldsymbol{U})}\prod_{j\in s_1}(1-\varepsilon_j)\prod_{j\in s_2}\left(\frac{\varepsilon_j}{m-1}\right)\prod_{j\in s_3}\left(\frac{\varepsilon_j}{m-1}\right)\end{aligned} \tag{4.29}$$

其中

$$s_3=\{j \mid u_j \neq i, u_j \neq m, \forall j=1,2,\cdots,n\}$$

类似可得

$$P(H_m/\boldsymbol{U})=\frac{P_m}{P(\boldsymbol{U})}\prod_{j\in s_1}\left(\frac{\varepsilon_j}{m-1}\right)\prod_{j\in s_2}(1-\varepsilon_j)\prod_{j\in s_3}\left(\frac{\varepsilon_j}{m-1}\right) \tag{4.30}$$

这样，对数概率比值为

$$\begin{aligned}L_i=\log\frac{P(H_i/\boldsymbol{U})}{P(H_m/\boldsymbol{U})}&=\log\frac{P_i}{P_m}+\sum_{j\in s_1}\log\frac{(1-\varepsilon_j)(m-1)}{\varepsilon_j}\\&+\sum_{j\in s_2}\log\frac{\varepsilon_j}{(1-\varepsilon_j)(m-1)}+\sum_{j\in s_3}\log\frac{\varepsilon_j(m-1)}{\varepsilon_j(m-1)}\\&=\log\frac{P_i}{P_m}+\sum_{j\in s_1}\log\frac{(1-\varepsilon_j)(1-m)}{\varepsilon_j}+\sum_{j\in s_2}\log\frac{\varepsilon_j}{(1\varepsilon_j)(m-1)}\end{aligned}$$

证毕。

现在，全局决策规则可描述为

$$u_j=\begin{cases}m & (L_i<0 \quad \forall i=1,2,\cdots,m-1)\\ k & \text{其他}\end{cases} \tag{4.31}$$

式中，k 等于 $max\{L_i\}$中的下标 i。于是，就可以确定出 H_u 实现故障的最后定位。

4.4.3 应用实例

为了说明上述方法，以位置随动系统为例。

系统的先验知识：伺服电机 $k_d/s(Ts+1)$，测速电机 k_t，开环增益 K，系统闭环传递函数 $K/(s^2+a_1s+a_2)$

状态空间模型

$$\begin{bmatrix}\dot{x}_1\\ \dot{x}_2\end{bmatrix}=\begin{bmatrix}0 & 1\\ -a_2 & -a_1\end{bmatrix}\begin{bmatrix}x_1\\ x_2\end{bmatrix}+\begin{bmatrix}0\\ 1\end{bmatrix}u+\begin{bmatrix}w_1\\ w_2\end{bmatrix}$$

$$y=[K \quad 0]\begin{bmatrix}x_1\\ x_2\end{bmatrix}+v$$

典型故障表征：s_0 表示无故障；s_1 表示电机过热；s_2 表示残差 R 为非白噪声；s_3 表示残差 R 为阶跃函数；s_4 表示残差 R 为斜坡函数；s_5 表示电机不动。故障源：H_1 表示电机卡死；H_2 表示放大器故障；H_3 表示反馈断开；H_4 表示控制电路故障；$P(H_i)$ 已知 。

设计三个检测器，其检测量有：位置 $R(y)$，速度 $R(v)$，电机温度 $R(T)$。

当电机卡死时，$T=60°$，应用式(4.26)和式(4.31)可求得 $u=1$，于是便可诊断出故障源为 H_1。

由于实际诊断问题的复杂性，不能寄希望于任何单一的方法就能解决所有诊断问题。基于多种方法的结合，采用局部、全局检测诊断方式会更有效。

上面根据系统故障知识，分析系统的多方面测量残差，结合 M－ARY 理论，给出一种系统故障定位的二级分类决策方法；针对于第二级全局决策，给出了对数概率比的决策方法及定理证明。这种方法既可以基于系统模型，也可以不依赖于系统模型，将经验、统计规律和系统机理分析相结合，有利于工程应用。

第5章　基于神经网络的故障诊断方法

5.1　引　　言

人工神经网络(artificial neural network,ANN)是由大量简单的处理单元广泛连接组成的复杂网络,是在现代生物学研究人脑组织所取得的成果基础上提出的,用以模拟人类大脑神经网络结构和行为。目前,尽管ANN还不是人脑神经网络系统的真实写照,而只是对其做某种简化、抽象和模拟,但对ANN的研究成果已显示了ANN具有人脑功能的基本特征:学习、记忆和归纳。

ANN是一个高度复杂的非线性动力学系统。由于其具有大规模并行性、冗余性、容错性、本质非线性及自组织、自学习、自适应能力,已经成功地应用到许多不同的领域,控制领域就是其中之一。其实,早在20世纪40年代,Wiener提出的控制论(Cybernetics),指的是包括数学、工程、生理和心理成果而实现人机协同这样一种理想境界。只不过生理和心理学成果在控制界一直未受重视而已。1986控制界高峰会议,面对控制界存在的、难以用现存的成熟理论解决的非线性性、复杂性、时变性等问题,专家们提出了这样的想法:"能否从生物研究得到启发来设计出更好的机器?能否用生物行为作为判断工程系统品质的基准?控制论观点能否再次为我们提供新的思想源泉?……心理学对人类大脑如何协调全身几百个自由度运动的问题已进行了长期的研究,是否应当有所借鉴?……"从此,在控制界兴起了神经网络热。

那么,究竟ANN用于自动控制有哪些优越性呢?

- ANN可以处理那些难于用数学模型或规则描述的过程或系统,解决那些目前"只可意会,不可言传"的问题。
- ANN是本质的并行结构,在处理实时性要求高的自动控制领域显示出极大的优越性。
- ANN本质是非线性系统,给非线性控制系统的描述提供了统一的数学模型。
- ANN具有很强的信息综合能力,能同时处理大量不同类型的输入,能很好地解决输入信息之间的互补性与冗余性问题。因此,它在多变量、大系统及复杂系统的控制上有明显的优越性。

近几年,控制界先后出现了ANN系统辨识、ANN非线性控制、ANN学习控制及ANN自适应控制等,主要用于机器人控制、工业程控等领域。

5.2　神经网络特性简述

目前,有关神经网络的研究仍在发展之中,已经提出了很多种神经网络模型。但到目前为止,研究和使用最多的神经网络模型是采用BP算法的前向传播模型,亦称BP网络。

BP网络的学习过程是一种误差修正型学习算法,它由正向传播和反向传播组成。在正向传播过程中,输入信号从输入层通过作用函数后,逐层向隐含层、输出层传播,每一层神经元状态只影响下一层神经元状态。如果在输出层得不到期望的输出,则转入反向传播,将误差信号沿原来的连接通路返回，通过修改各层神经元的连接权值，使得输出误差信号最小。Ruelhart等人在1986年提出的一般Delta法则，即反向传播(BP)算法，使BP网络出现生机。之后，很多人对其进行了广泛的研究和应用。一些研究者分别证明了前向神经网络的映像能力、记忆能力和泛化能力。Funashi和Hecht－Nielsen(1989年)分别证明了随着隐单元的增加，三层网络所实现的映像可以一致逼近紧集上的连续函数或按L2范数逼近紧集上平方可积的函数，揭示了三层网络丰富的实现映像能力。应行仁(1990年)详细分析三层神经网络的记忆机制，指出具有足够多隐单元的三层神经网络可以记忆任意的样本集。泛化用来表征网络对不在训练集中的样本仍能正确处理的能力，实际上是一种内部插值或外部插值行为。Harris等讨论了三层网络的泛化能力，指出三层神经网络有一定的泛化能力，可进一步用双BP算法提高其泛化能力。

5.3 带有偏差单元的递归神经网络

本节在BP网的基础上，加入了反馈信号及偏差单元，生成内部回归神经网络。由于这一网络结构上的特点，尤其是其在学习过程中便于引入经验知识(在偏差的选择上，可采用模糊知识概念)，大大提高了学习速度。

内部回归神经网络(internally recurrent net, IRN)就是利用网络的内部状态反馈来描述系统的非线性动力学行为。构成回归神经网络模型的方法有很多，但总的思想都是通过对前馈神经网络中加入一些附加的、内部的反馈通道来增加网络本身处理动态信息的能力。例如，根据状态信息的反馈途径不同，可构成两种不同的回归神经网络结构模型：Jordan型和Elman型，如图5.1所示。

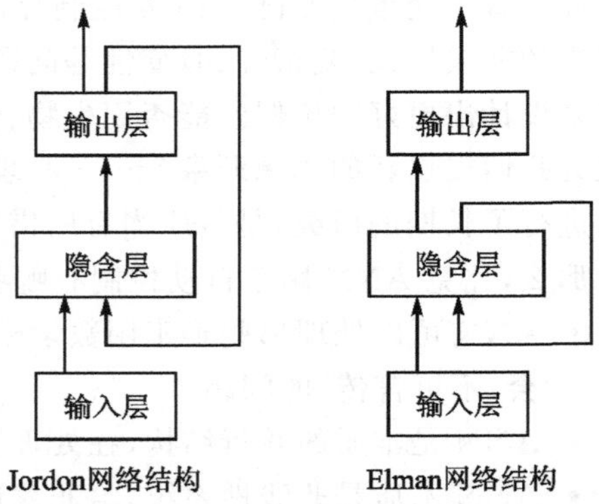

图5.1 回归神经网络结构模型

本节首先针对多层BP网络的不足，在Jordan和Elman网络结构的基础上，给出一种带偏差单元的IRN网络模型及误差反向传播算法，最后应用带偏差单元的IRN网络，进行故障诊断方面的仿真分析。

5.3.1 BP网络及算法的不足

比起早期的神经网络，BP网络无论在网络理论还是网络性能方面都更加成熟，其突出的优点就是具有很强的非线性映射能力和柔性的网络结构。网络的中间层数、各层的处理单元数及网络学习系数可根据具体情况任意设定，并且随着结构的差异其性能也有所不同。但是，BP网络并不是一个十分完善的网络，它存在以下主要缺陷：

- 学习收敛速度太慢，即使一个比较简单的问题，也需要几百次甚至上千次的学习才能收敛。
- 不能保证收敛到全局最小点。
- 网络隐含层的层数及隐含层的单元数的选取尚无理论上的指导，而是根据经验确定。

因此，网络往往有很大的冗余性，无形中增加了网络学习的时间。

- 网络的学习、记忆具有不稳定性。一个训练结束的 BP 网络，当给它提供新的记忆模式时，将打乱已有的连接权，导致已记忆的学习模式的信息消失。要避免这种现象，必须将原来的学习模式连同新加入的新学习模式一起重新进行训练。而对于人类的大脑来说，新信息的记忆不会影响已记忆的信息，这就是人类大脑记忆的稳定性。

5.3.2　带有偏差单元的递归神经网络

图 5.2 给出了带有偏差单元的递归神经网络模型的结构，它由三层节点组成：输入层节点、隐含层节点和输出层节点，两个偏差节点分别被加在隐含层和输出层上。隐含层节点不仅接收来自输入层的输出信号，还接收隐含层节点自身的延时输出信号，称为关联节点。

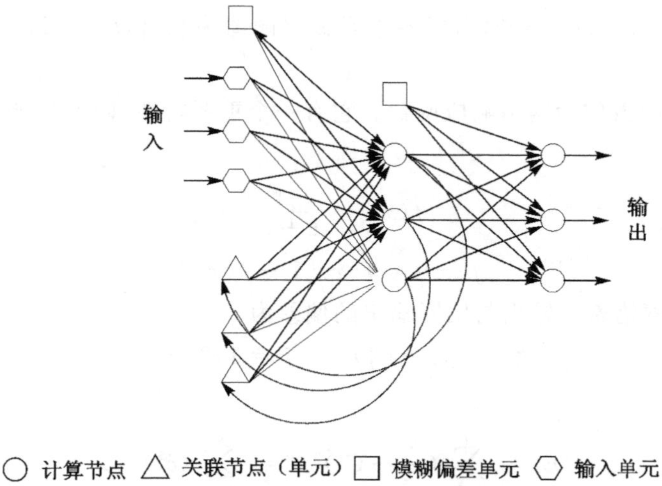

图 5.2　带有偏差单元的递归神经网络结构

设 NH 和 NI 分别为隐节点数和输入节点数（除偏差节点），$I_j(k)$ 是带有偏差单元的递归神经网络在时间 k 的第 j 个输入，$x_j(k)$ 是第 j 个隐含层节点的输出，$Y(k)$ 是带有偏差单元的递归神经网络的输出向量，则带有偏差单元的递归神经网络可由如下三个数学公式描述

$$Y(k) = \sum_{j=1}^{NH} WO_j x_j(k) + WO_{\text{bias}} \tag{5.1}$$

$$x_j(k) = \sigma(S_j(k)) \tag{5.2}$$

$$S_j(k) = \sum_{i=1}^{NH} WR_{ij} x_i(k-1) + \sum_{i=1}^{NI} WI_{ij} I_i(k) + WI_{j\text{bias}} \tag{5.3}$$

式中，$\sigma(\cdot)$是隐含层节点的非线性激活函数，WI、WR、WO 分别为从输入层到隐含层、回归信号、从隐含层到输出层的权系数，WI_{bias}、WO_{bias}分别为加在隐含层和输出层上的偏差单元的权系数。由于隐含层节点的输出可以视为动态系统的状态，所以 FIRN 结构是非线性动态系统的状态空间表示。带有偏差单元的递归神经网络的隐含层节点能够存储过去的输入输出信息。

5.3.3 带有偏差单元的递归神经网络的误差反向传播学习规则的数学推导

带有偏差单元的递归神经网络同BP网络基本相近。当带有偏差单元的递归神经网络的偏差单元和关联节点为0时,带有偏差单元的递归神经网络就是BP网络,所以在考虑带有偏差单元的递归神经网络的权系数调整规则时,可以借用BP算法。

考虑三层BP网络。设输入模式向量$\boldsymbol{A}_k=(a_1,a_2,\cdots,a_n)$,希望输出向量$\boldsymbol{Y}_k=(y_1,y_2,\cdots,y_q)$;中间层单元输入向量$\boldsymbol{S}_k=(s_1,s_2,\cdots,s_p)$,输出向量$\boldsymbol{B}_k=(b_1,b_2,\cdots,b_p)$;输出层单元输入向量$\boldsymbol{L}_k=(l_1,l_2,\cdots,l_q)$,输出向量$\boldsymbol{C}_k=(c_1,c_2,\cdots,c_q)$;输入层至中间层连接权$\{W_{ij}\}$,$i=1,2,\cdots,n$,$j=1,2,\cdots,p$;中间层至输出层连接权$\{V_{jt}\}$,$j=1,2,\cdots,p$,$t=1,2,\cdots,q$;中间层各单元输出阈值为$\{\theta_j\}$,$j=1,2,\cdots,p$;输出层各单元输出阈值为$\{\gamma_t\}$,$t=1,2,\cdots,q$。以上$k=1,2,\cdots,m$。

这里采用S型函数作为网络响应函数。它有一个重要特性,即S型函数的导数可用S型函数自身表示

$$f(x)=\frac{1}{1+\mathrm{e}^{-x}} \tag{5.4}$$

$$f'(x)=f(x)[1-f(x)] \tag{5.5}$$

设第k个学习模式网络希望输出与实际输出的偏差为

$$\delta_j^k=(y_j^k-C_j^k)\qquad j=1,2,\cdots,q \tag{5.6}$$

δ_j^k的均方值为

$$E_k=\sum_{t=1}^{q}(y_t^k-C_t^k)^2/2=\sum_{t=1}^{q}(\delta_t^k)^2/2 \tag{5.7}$$

$$\frac{\partial E_k}{\partial C_t^k}=-(y_t^k-C_t^k)=-\delta_t^k \tag{5.8}$$

由于

$$L_t=\sum_{j=1}^{p}V_{jt}\cdot b_j-\gamma_t\qquad t=1,2,\cdots,q \tag{5.9}$$

$$C_t^k=f(L_t)\qquad t=1,2,\cdots,q \tag{5.10}$$

连接权V_{jt}的微小变化对输出层响应的影响,可由式(5.9)和式(5.10)得

$$\frac{\partial C_t^k}{\partial V_{jt}}=\frac{\partial C_t^k}{\partial L_t}\cdot\frac{\partial L_t}{\partial V_{jt}}=f'(L_t)\cdot b_j=C_t^k(1-C_t^k)\cdot b_j\qquad t=1,2,\cdots,q;\quad j=1,2,\cdots,p \tag{5.11}$$

则连接权V_{jt}的微小变化对第k个模式的均方差E_k的影响,可由式(5.8)和式(5.11)、推得

$$\frac{\partial E_k}{\partial V_{jt}}=\frac{\partial E_k}{\partial C_t^k}\cdot\frac{\partial C_t^k}{\partial V_{jt}}=-\delta_t^k C_t^k(1-C_t^k)\cdot b_j\qquad t=1,2,\cdots,q;\quad j=1,2,\cdots,p \tag{5.12}$$

按梯度下降原则,使连接权V_{jt}的调整量ΔV_{jt}与$\dfrac{\partial E_k}{\partial V_{jt}}$的负值成比例变化,则由式(5.12)

可得

$$\Delta V_{jt} = -\alpha[\frac{\partial E_k}{\partial V_{jt}}] = \alpha \delta_t^k C_t^k (1 - C_t^k) \cdot b_j \tag{5.13}$$
$$0 < \alpha < 1,\ t = 1,2,\cdots,q;\ j = 1,2,\cdots,p$$

设输出层各单元的一般化误差为 d_t^k，$t=1,2,\cdots,q$；$k=1,2,\cdots,m$。d_t^k 定义为 E_k 对输出层输入 L_t 的负偏导数，由式(5.8)和式(5.9)可得

$$d_t^k = -\frac{\partial E_k}{\partial L_t} = -\frac{\partial E_k}{\partial C_t^k} \cdot \frac{\partial C_t^k}{\partial L_t} = \delta_t^k C_t^k (1 - C_t^k) \tag{5.14}$$
$$t = 1,2,\cdots,q;\quad k = 1,2,\cdots,m$$

则连接权 V_{jt} 的调整量 ΔV_{jt} 可表示为

$$\Delta V_{jt} = \alpha \cdot d_t^k \cdot b_j \qquad t = 1,2,\cdots,q;\quad j = 1,2,\cdots,p;\quad k = 1,2,\cdots,m \tag{5.15}$$

同理，由输入层至中间层连接权的调整，仍然按梯度下降法的原则进行。中间层各单元的输入 $\{S_j\}$ 为

$$S_j = \sum_{i=1}^{n} W_{ij} \cdot a_j - \theta_j \qquad j = 1,2,\cdots,p \tag{5.16}$$

其输出 $\{b_j\}$ 为

$$b_j = f(S_j) \qquad j = 1,2,\cdots,p$$

连接权 W_{ij} 的微小变化，对第 k 个学习模式的均方误差的影响，可由式(5.2)、式(5.5)、式(5.7)、式(5.9)和式(5.10)推得

$$\frac{\partial E_k}{\partial W_{ij}} = \left[\sum_{t=1}^{q} \frac{\partial E_k}{\partial L_t} \cdot \frac{\partial L_t}{\partial b_j}\right] \cdot \frac{\partial b_j}{\partial S_j} \cdot \frac{\partial S_j}{\partial W_{ij}} = \left[\sum_{t=1}^{q} (-d_t^k) V_{jt}\right] \cdot f'(S_j) \cdot a_i$$
$$= -\left[\sum_{t=1}^{q} d_t^k V_{jt}\right] \cdot b_j \cdot (1 - b_j) \cdot a_i \tag{5.17}$$
$$i = 1,2,\cdots,n;\quad j = 1,2,\cdots,p$$

设中间层各单元的一般化误差为 $\{e_j^k\}$，$j=1,2,\cdots,p$；$k=1,2,\cdots,m$。e_j^k 定义为 E_k 对中间层输入 S_j 的负偏导数。由式(5.2)、式(5.5)、式(5.7)和式(5.9)可得

$$e_j^k = -\frac{\partial E_k}{\partial S_j} = -\left[\sum_{t=1}^{q} \frac{\partial E_k}{\partial L_t} \cdot \frac{\partial L_t}{\partial b_j}\right] \cdot \frac{\partial b_j}{\partial S_j} = \left[\sum_{t=1}^{q} d_t^k \cdot V_{jt}\right] \cdot b_j \cdot (1 - b_i) \tag{5.18}$$
$$j = 1,2,\cdots,p;\quad k = 1,2,\cdots,m$$

则式(5.8)可表示为

$$\frac{\partial E_k}{\partial W_{ij}} = -e_j^k \cdot a_j \quad i = 1,2,\cdots,n;\quad j = 1,2,\cdots,p \tag{5.19}$$

与式(5.15)类似，连接权 W_{ij} 的调整量应为

$$\Delta W_{ij} = -\beta \frac{\partial E_k}{\partial W_{ij}} = \beta \cdot e_j^k \cdot a_j \quad i = 1,2,\cdots,n;\quad j = 1,2,\cdots,p \tag{5.20}$$

同理阈值 $\{\gamma_t\}$、$\{\theta_j\}$ 的调整量为

$$\Delta \gamma_t = \alpha \cdot d_t^k \quad t = 1,2,\cdots,q \tag{5.21}$$
$$\Delta \theta_j = \beta \cdot e_j^k \quad j = 1,2,\cdots,p \tag{5.22}$$

以上推导仅仅是针对一组学习模式进行的。设网络的全局误差为 E,则

$$E=\sum_{k=1}^{m}E_k=\sum_{k=1}^{m}\sum_{t=1}^{q}(y_t^k-C_t^k)^2/2 \tag{5.23}$$

从以上的推导可以看出,各个连接权的调整量分别是与各学习模式对的误差函数 E_k 成比例变化的,称为标准误差反向传播算法。而相对于全局误差函数 E 的连接权的调整,应该在所有 m 个学习模式全部提供给网络之后统一进行,称为累积误差反向传播算法。

下面给出整个学习过程的具体步骤和流程图。

① 初始化。

② 选取模式对 $\boldsymbol{A}_k$、$\boldsymbol{Y}_k$ 提供给网络。

③ 用输入模式 $\boldsymbol{A}_k$、连接权 $\{W_{ij}\}$ 计算中间层各单元的输入 S_j,然后用 $\{S_j\}$ 通过 S 型函数计算中间层各单元的输出 $\{b_j\}$。

$$S_j=\sum_{i=1}^{n}W_{ij}\cdot a_j-\theta_j \quad j=1,2,\cdots,p$$

$$b_j=f(S_j) \quad j=1,2,\cdots,p$$

④ 用中间层的输出 $\{b_j\}$、连接权 $\{W_{ij}\}$ 计算输出层各单元的输入 $\{L_t\}$,然后用 $\{L_t\}$ 通过 S 型函数计算输出层各单元的响应 $\{C_t^k\}$。

$$L_t=\sum_{j=1}^{p}V_{jt}\cdot b_j-\gamma_t \quad t=1,2,\cdots,q$$

$$C_t^k=f(L_t) \quad t=1,2,\cdots,q$$

⑤ 用希望输出模式 Y_k、网络实际输出 $\{C_t^k\}$ 计算输出层的各单元的一般化误差 $\{d_t^k\}$。

$$d_t^k=(y_t^k-C_t^k)\cdot C_t^k\cdot(1-C_t^k) \quad t=1,2,\cdots,q$$

⑥ 用连接权 $\{V_{it}\}$、输出层的一般化误差 $\{d_t^k\}$、中间层的输出 $\{b_j\}$ 计算中间层各单元的一般化误差 $\{e_j^k\}$。

$$e_j^k=\left[\sum_{t=1}^{q}d_t^k\cdot V_{jt}\right]\cdot b_j\cdot(1-b_i) \quad j=1,2,\cdots,p$$

⑦ 用输出层各单元的一般化误差 $\{d_t^k\}$、中间层各单元的输出 $\{b_j\}$ 修正连接权 $\{V_{it}\}$。

$$V_{jt}(N+1)=V_{jt}(N)+\alpha\cdot d_t^k\cdot b_j$$

$$j=1,2,\cdots,p;\quad t=1,2,\cdots,q;\quad 0<\alpha<1$$

⑧ 用中间层各单元的一般化误差 $\{e_j^k\}$、输入层各单元的输入 A_k 修正连接权 $\{W_{ij}\}$。

$$W_{ij}(N+1)=W_{ij}(N)+\beta\cdot e_j^k\cdot a_i^k$$

$$i=1,2,\cdots,n;\quad j=1,2,\cdots,p;\quad 0<\beta<1$$

⑨ 选取下一个学习模式对提供给网络,返回到步骤③,直到全部 m 个模式对训练完毕。

⑩ 重新从 m 个学习模式对中随机选取一个模式对,返回步骤③,直至网络全局误差函数 E 小于预先设定的一个极小值。

⑪ 结束学习。

学习过程的流程图如图 5.3 所示。

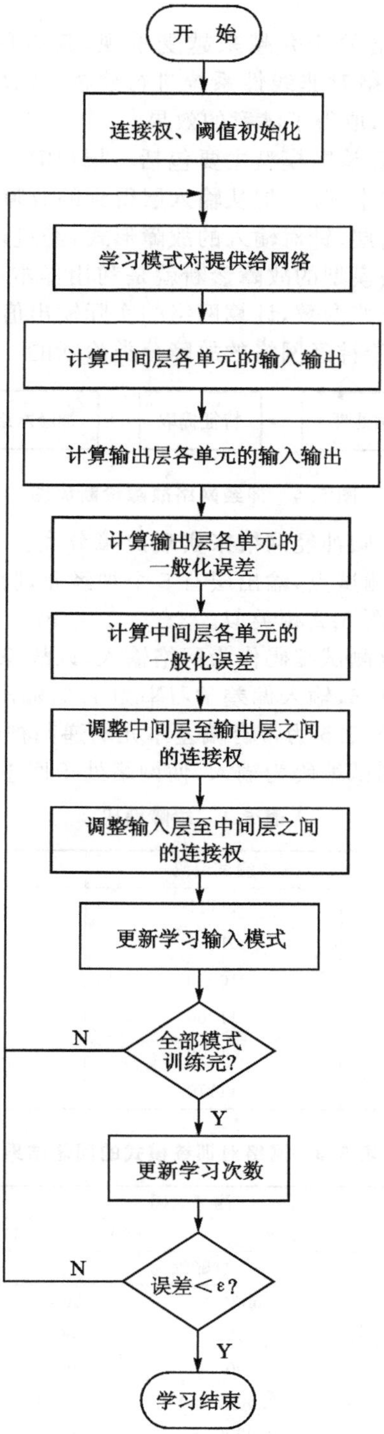

图 5.3　学习过程的流程图

5.3.4 带有偏差单元的递归神经网络诊断模型的建立

近几年以来，回归神经网络的研究越来越受重视，其应用领域不断扩大。例如，Su 于 1992 年成功地应用回归神经网络对非线性系统进行建模，Ku&Lee、Narendra 在非线性系统辨识和控制中采用了 IRN 模型，取得了满意的效果。

已发展起来的神经网络故障诊断模型主要包括三层（BP 网络）：①输入层，即从实际系统接收的各种故障信息及现象；②中间层，把从输入层得到的故障信息，经内部的学习和处理，转化为针对性的解决办法；③输出层，针对输入的故障形式，经过调整权系数 W_{ij} 后，得到的处理故障方法。简而言之，神经网络模型的故障诊断就是利用样本训练收敛稳定后的节点连接权值，向网络输入待诊断的样本征兆参数，计算网络的实际输出值，根据输出值的大小排序，从而确定故障类别。图 5.4 表示基于神经网络的故障分类诊断的一般流程图。

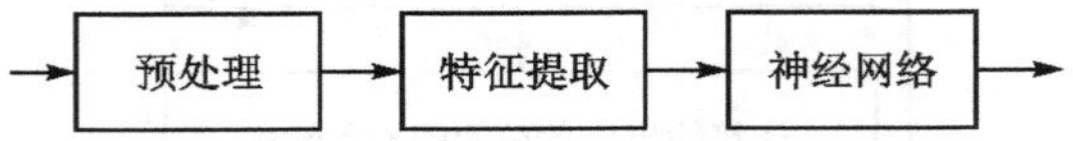

图 5.4 神经网络故障诊断流图

下面，用带有偏差单元的递归神经网络来实现故障分类。带有偏差单元的递归神经网络输入层有 5 个神经元对应 5 个测试点，输出层有 5 个神经元，隐含层有 10 个神经元，其他关联节点和偏差单元的结构配置与图 5.2 相类似。

训练样本如表 5.1 所列，以测试编码作为网络输入，以故障编码作为网络输出。第一层学习率η为 1.5，第二层学习率为 1.5，输入偏差学习率为 1.0，输出偏差学习率为 3000，网络学习到第 7 步，其精度优于 0.01。图 5.5 为带有偏差单元的递归神经网络误差的收敛结果。

将训练好的网络冻结，以测试编码为输入，使网络处于回想状态，回想结果如表 5.2 所列。

表 5.1 故障编码

故障序号	测试编码	故障编码
1	11111	00000
2	01000	10000
3	10000	01000
4	11000	00100
5	11100	00010
6	11110	00001

表 5.2 网络对训练模式的回想结果

测试编码					
11111	01000	10000	11000	11100	11110
故障编码					
bit1	bit2	bit3	bit4	bit5	
0.0000	0.0001	0.0000	0.0000	0.0000	
0.9922	0.0000	0.0002	0.0001	0.0001	
0.0000	0.99922	0.0002	0.0001	0.0001	
0.0000	0.0000	0.9999	0.0002	0.0001	
0.0001	0.0001	0.0000	0.9952	0.0001	
0.0001	0.0001	0.0000	0.0000	0.9985	

其实现的 MATLAB 程序如下：

```
clear all;
%标准输入输出数据
p=[1 1 1 1 1
   0 1 0 0 0
   1 0 0 0 0
   1 1 0 0 0
   1 1 1 0 0
   1 1 1 1 0];
t=[0 0 0 0 0
   1 0 0 0 0
   0 1 0 0 0
   0 0 1 0 0
   0 0 0 1 0
   0 0 0 0 1];
%给权值赋初值
w1 = eye(5,10);
w2 = eye(10,5);
wr = eye(10,10)/3;
wobias = eye(6,5)/4;
wbias = eye(6,10)/6;
x = ones(6,10)/3;
ww2 = zeros(10,5)/6;
ww1 = zeros(5,10)/6;
wwr = zeros(10,10)/6;
wwobias = zeros(6,5)/5;
wwbias  = zeros(6,10)/4;
g  =[1 1 1 1 1];
f  =[1 1 1 1 1 1 1 1 1 1]   ;
mmax = 0.2;
mmmax = 0.1;
%要求的偏差值
h = 0.04;
u = 0.04;
%输出层权值的学习速度
a   = 1.5
%隐含层权值的学习速度
b   = 1.18
%递归层权值的学习速度
v   = 1.5;
%输出 bias unit 的学习速度
r   = 3000;
%输入 bias unit 的学习速度
w   = 10;
%学习的步数
```

```
n   = 0;
mm  = 0;
whilemmax>0.01
  %六个输入模式对依次输入
        %while   mmax>0.01
        %十个隐含层单元的输入输出
        s = p * w1 + x * wr + h * wbias;
        x = exp( - s.^2./2);
        %五个输出层单元的输入输出
        y = x * w2 + u * wobias;
        c = exp( - y.^2./2);
        %希望的输出与实际的输出的偏差
        j = t - c;
dj = max(abs(j));
mmax = max(dj')
ifmmax>0.04
for k = 1:6
        %输出层单元的一般化误差
        d  = - j. * y. * exp( - y.^2./2);
        %隐含层单元的一般化误差
        e  = - d * w2'. * s. * exp( - s.^2./2);
        ww2 = ww2 + a * (f' * d(k,:)). * (g' * x(k,:))';
wwobias = wwobias + r * d * h;
        ww1 = ww1 + b * (f' * p(k,:))'. * (g' * e(k,:));
wwr = wwr + v * (f' * x(k,:))'. * (f' * e(k,:));
wwbias = wwbias + w * e * u;
end
           ww2 = ww2./6;
           ww1 = ww1./6;
wwr = wwr./6;
wwobias = wwobias./6;
wwbias = wwbias./6;
           w2 = w2 + ww2;
           w1 = w1 + ww1;
wr = wr + wwr;
wobias = wobias + wwobias;
wbias = wbias + wwbias;
end
mm = mm + 1;
        n = n + 1
nn(mm) = n;
ee(n)  = mmax;
ww2 = zeros(10,5)/6;
ww1 = zeros(5,10)/6;
wwr = zeros(10,10)/6;
```

```
wwobias = zeros(6,5)/5;
wwbias  = zeros(6,10)/4;
end
 % 找出所有实际输出与希望输出的最大误差
 % 所有模式训练后的满足要求的实际输出
c
x = 1:1:n
plot(x,ee)
 % xlabel( '训练步数')
 % ylabel('最大误差')
```

运行程序，输出效果如图 5.5 所示。

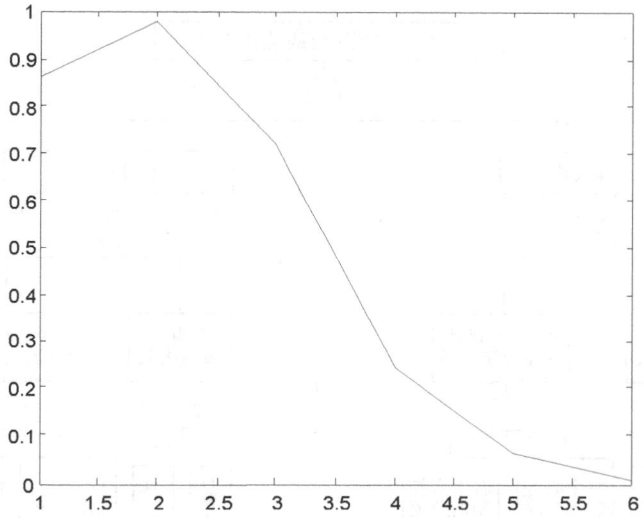

图 5.5　训练误差曲线

5.3.5　IRN 网络的故障诊断方法在航天器电源分系统故障诊断中的应用

1. 航天器电源系统的故障树模型

通常航天器的故障检测与诊断是以航天器的遥测参数为依据进行的故障判别和分析，航天器的测点将不同程度地反映出故障。但是，由于一个故障可能影响多个测点参数，因此给专家对航天器故障的分析带来麻烦。

故障树是关于系统结构、功能和行为方面知识的定性因果模型。它是以某一故障事件为根节点，以该故障发生的前提条件为父节点、测点信息为子节点而建立的反映事件逻辑与或关系的倒树状结构图。从故障诊断角度看，子节点事件是父节点事件的征兆，也是确定父节点事件发生的前提条件，于是可采用 IF - THEN 的产生式规则来表示其定性的因果关系，即 IF “子事件”THEN“父事件”。因此，故障树分析是一种面向对象的、以故障为中心的分析方法。本文以主电源光照区母线电压过压为根节点，建立故障树，主电源光照区母线电压过压故障树如图5.6所示。

2. IRN网络在航天器电源系统故障诊断中的应用

依据上述故障树模型，建立主电源光照区母线电压过压测试编码和故障编码的描述如表5.3所列。用IRN网络来实现故障分类，IRN网络输入层有12个神经元对应12个测试点，输出层有4个神经元，隐层有20个神经元，其他关联节点和偏差单元的结构配置与图5.1相类似。

以表5.3中测试编码作为网络输入，以故障编码作为网络输出；IRN网络的第一层学习率η为1.5，第二层学习率为1.7；输入偏差学习率为1.0，输出偏差学习率为3500；网络学习到第6步，其精度优于0.02。将训练好的网络冻结，仿真测试，诊断结果如表5.4所示。

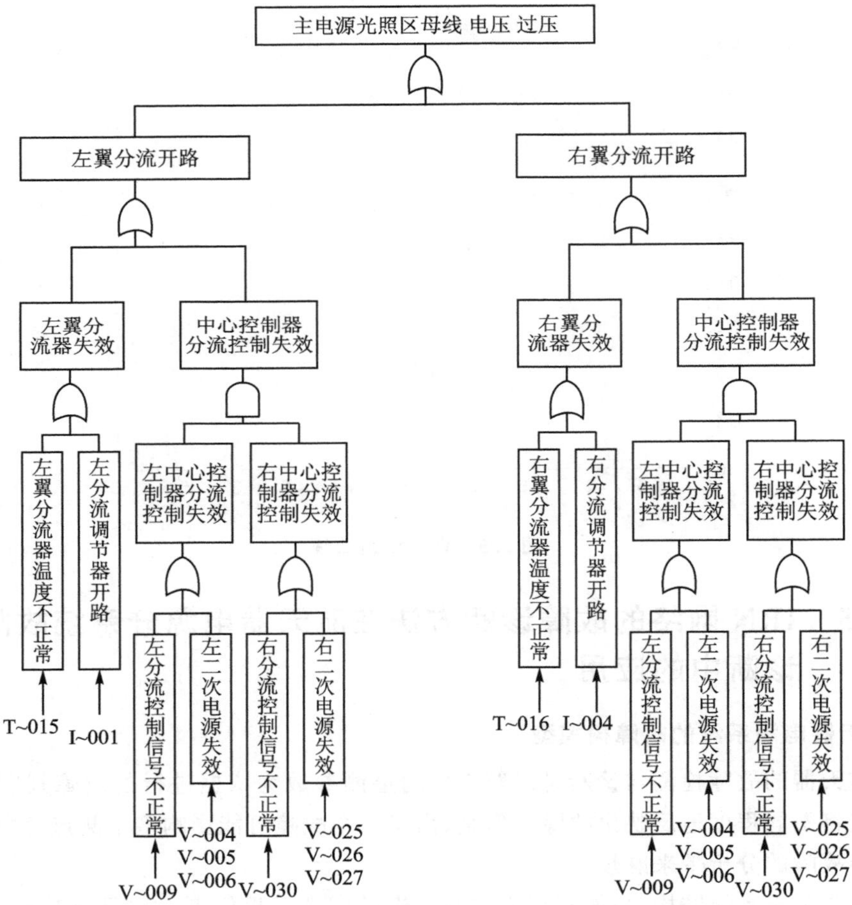

图5.6 主电源光照母线电压过压故障树

表 5.3　主电源光照区母线电压过压故障编码表

序号	测试编码												故障编码			
	TNt015	TNt016	INt001	INt004	VNt009	VNt030	VNt004	VNt005	VNt006	VNt025	VNt026	VNt027				
1	0	1	1	1	1	1	1	1	1	1	1	1	0	0	0	1
2	1	0	1	1	1	1	1	1	1	1	1	1	0	0	1	0
3	1	1	0	1	1	1	1	1	1	1	1	1	0	0	1	1
4	1	1	1	0	1	1	1	1	1	1	1	1	0	1	0	0
5	1	1	1	1	0	1	1	1	1	1	1	1	0	1	0	1
6	1	1	1	1	1	0	1	1	1	1	1	1	0	1	1	0
7	1	1	1	1	1	1	0	0	0	1	1	1	0	1	1	1
8	1	1	1	1	1	1	1	1	1	0	0	0	1	0	0	0
9	1	1	1	1	1	1	1	1	1	1	1	1	1	1	1	1

表 5.4　IRN 网络对训练模式的回想结果

输入样本								
011111 111111	101111 111111	110111 111111	111011 111111	111101 111111	111110 111111	111111 000111	111111 111000	111111 111111

计算机仿真输出的故障诊断结果				
bit1	bit2	bit3	bit4	故障名称
0.0000	0.0000	0.0000	0.9887	左翼分流器温度不正常
0.0000	0.0000	0.9995	0.0001	右翼分流器温度不正常
0.0000	0.0002	09898	0.9888	左分流调节器开路
0.0000	0.9959	0.0000	0.0002	右分流调节器开路
0.0000	0.9853	0.0000	0.9998	左分流控制信号不正常
0.0001	0.99981	0.9999	0.0000	右分流控制信号不正常
0.0000	0.9897	09898	09877	左二次电源失效
0. 9959	0.0000	0. 0000	0.0002	右二次电源失效
0.9788	0.9978	0.9989	0.9998	主电源光照区母线电压正常

5.4 基于Hopfield神经网络的故障诊断

5.4.1 Hopfield神经网络描述

众所周知，非循环的神经网络无输出至输入的反馈，它保证了网络的稳定性，不会使网络的输出陷入从一个状态到另一个状态无限的遨游而永不产生一个输出的结果。

循环神经网络具有输出到输入的连续，网络在接受输入之后，有一个状态不断变化的过程，从计算输出到对它修正后作为输入，然后又计算输出。这一过程一次次重复地进行。对一个稳定的网络，这个步骤迭代的过程产生越来越小的变动，最后达到平衡状态，输出一个固定的值。

对不稳定的网络，有许多有趣的性质，它适用于一类混沌系统，这里仅讨论稳定的神经网络。

目前尚未找到预测稳定性问题的通用方法，这给确定哪一类网络是稳定的研究带来了困难。幸运的是，1983年Cohen等提出一个强有力的网络理论，定义了一类稳定的循环网络，这就给研究这个问题打开了大门，使更多研究者可探索这个复杂的问题。Hopfield对循环网络在理论和应用两方面均作出了重要贡献，有些神经网络已被称为Hopfield网络。

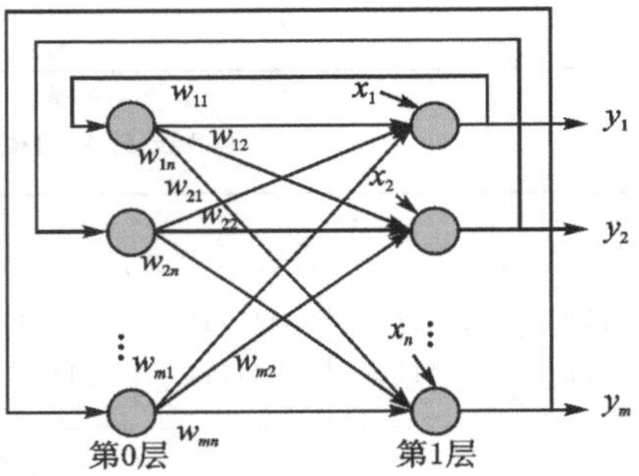

图 5.7 单层循环神经网络

Hopfield最早提出的网络采用了二值神经元，后来推广到多值的。先介绍二值的网络，考虑单层循环网络。如图5.7所示，第0层如前所述，无计算功能，仅起网络的输出作用，作为第一层的输入信息。第一层的每一神经元，计算输入权值累加和，经非线性函数F的作用后，产生输出信息，这里的函数F是一个简单的阈值函数，阈值为θ，神经元的计算规则可用下式表示

$$X_j = \sum_{i\neq j} w_{ij} y_j + x_j$$
$$y_j = \begin{cases} 1 & X_j > \theta_j \\ 0 & X_j < \theta_j \\ \text{不变} & X_j = \theta_j \end{cases} \tag{5.24}$$

网络的状态是所有输出神经元当前值的集合。一个二值神经元的输出是0或1，网络当前状态为一个二进制值。在有两个神经元的输出层中，网络有四个状态，分别为00、01、10和11。有三个神经元的输出层有8个网络状态，每一次输出都是一个“三位二进制数”。一般地，n个神经元的输出层有2^n个不同状态，它可与一个n维超立方体的顶角相联系。当使用一个输入矢量到网络时，网络的迭代过程不断地从一个顶角转向另一个顶角，直到稳定于一个顶角。如果输入矢量不完全或部分不正确，则网络稳定于所希望顶角附近的一个顶角。

这类Hopfield网络在什么情况下是稳定的呢？1983年科思和葛劳斯伯格证明：如果网络的权值矩阵W是对称的，当$i\neq j$时，$w_{ij}=w_{ji}$；而当$i=j$时，$w_{ij}=0$，则该循环网络是稳定的。

Hopfield 引入李雅普诺夫函数或称为“能量函数”，该函数在任何时刻总是单调下降，最后达到最小且停止。

$$E = (-\frac{1}{2}) \sum_i \sum_j w_{ij} y_i y_j - \sum_j x_j y_j + \sum_j \theta_j y_j \tag{5.25}$$

式中，E 为神经网络的能量，w_{ij} 为神经元 i 到神经元 j 的权值，y_j 为神经元 j 的输出，x_j 为神经元 j 的外部输入，θ_j 为神经元 j 的阈值。

容易证明，网络在变动过程中 E 单调下降，即有

$$\Delta E = -\left[\sum_{i \neq j} w_{ij} y_i + x_j - \theta_j\right] \Delta y_j = -\left[X_j - \theta_j\right] \Delta y_j \leqslant 0 \tag{5.26}$$

式中，ΔE 为能量 E 的变化量，Δy_j 为神经元 j 的输出变化量。

假定神经元 j 的权值累加和 X_j 大于阈值 θ_j，这将使上式方括号为正。由式(5.26)知，y_j 的正方向变动或保持常值，使 Δy_j 只能是正值或 0，故 ΔE 必小于等于 0，即网络能量 E 或是减小，或是不变。

假定 X_j 小于阈值 θ_j，Δy_j 只能是负值或 0，故能量 E 也是减小，或是保持不变。在 X_j 等于阈值 θ_j 时，Δy_j 为 0，E 不变。

这就证明了，由于 E 有界，且能量 E 在演变过程中不断减小，网络必趋于最小值，迭代过程停止。

按定义，网络稳定的充分条件是网络权值矩阵是对称的，但这不是必要条件。有许多网络是稳定的，但并不满足权值矩阵的对称性。

5.4.2　双向联想记忆

考虑两层反馈型网络，其输入层 F_A 包括 n 个神经元 $\{a_1, a_2, \cdots, a_n\}$，$a_i = 1$ 表示第 i 个神经元兴奋，$a_i = 0$ 表示第 i 个神经元抑制，$F_A = \{0,1\}^n$；输出层 F_B 包括 m 个神经元 $\{b_1, b_2, \cdots, b_m\}$，其中 $b_i = 1$ 表示第 i 个神经元兴奋，$b_i = 0$ 表示第 i 个神经元抑制，$F_B = \{0,1\}^m$。联想记忆就是一个矢量空间的变换 $\boldsymbol{W}$: $R^n \to R^m$。假若映射是线性的，那么当输入一个矢量 $\boldsymbol{A}$ 时，经过变换，输出矢量 $\boldsymbol{B} = \boldsymbol{A} \times \boldsymbol{W}$，这样，双向联想记忆网络就是二值乘积空间 $F_A \times F_B$ 上的一个点(A, B)。

怎样存储 P 中样本数据对(A_1, B_1)，(A_2, B_2)，……，(A_p, B_p)呢？目前存储的方法有很多种，不同的存储方式构成了不同的算法，这里把样本数据对用矩阵的方式存储如下

$$\boldsymbol{W} = \sum_{i=1}^{p} \boldsymbol{A}_i^{\mathrm{T}} \times \boldsymbol{B}_i, \quad \boldsymbol{W}^{\mathrm{T}} = \sum_{i=1}^{p} \boldsymbol{B}_i^{\mathrm{T}} \times \boldsymbol{A}_i \tag{5.27}$$

如果输入 $\boldsymbol{A}_1, \boldsymbol{A}_2, \cdots, \boldsymbol{A}_p$ 是正交的，即

$$\boldsymbol{A}_i \times \boldsymbol{A}_j^{\mathrm{T}} = \begin{cases} 1 & i = j \\ 0 & i \neq j \end{cases} \tag{5.28}$$

那么 $\boldsymbol{A}_i \times \boldsymbol{W} = \boldsymbol{A}_i \times \boldsymbol{A}_i^{\mathrm{T}} \times \boldsymbol{B}_i + \sum_{j \neq i} (\boldsymbol{A}_i \times \boldsymbol{A}_j^{\mathrm{T}}) \times \boldsymbol{B}_j = \boldsymbol{B}_i$。

为了提高联想记忆的精度，可以把输出得到的 $\boldsymbol{B}$，反馈回到 BAM 中得到 $\boldsymbol{A}'$，再把 $\boldsymbol{A}'$ 送入 BAM 中得到 $\boldsymbol{B}'$，$\boldsymbol{B}'$ 再反馈得到 $\boldsymbol{A}''$ 等等，重复进行，最后会收敛到$(\boldsymbol{A}_f, \boldsymbol{B}_f)$。

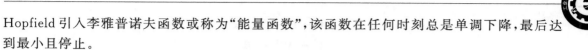

$$
\begin{aligned}
&\boldsymbol{A} \rightarrow \boldsymbol{W} \rightarrow \boldsymbol{B}\\
&\boldsymbol{A}' \leftarrow \boldsymbol{W}^{\mathrm{T}} \leftarrow \boldsymbol{B}\\
&\boldsymbol{A}' \rightarrow \boldsymbol{W} \rightarrow \boldsymbol{B}'\\
&\boldsymbol{A}'' \leftarrow \boldsymbol{W}^{\mathrm{T}} \leftarrow \boldsymbol{B}'\\
&\vdots\\
&\boldsymbol{A}_f \rightarrow \boldsymbol{W} \rightarrow \boldsymbol{B}_f\\
&\boldsymbol{A}'_f \leftarrow \boldsymbol{W}^{\mathrm{T}} \leftarrow \boldsymbol{B}_f
\end{aligned}
$$

另外，b_j 和 a_i 处的状态规定为

$$
b_j = \begin{cases} 1 & \boldsymbol{A} \times \boldsymbol{w}_j > 0 \\ 0 & \boldsymbol{A} \times \boldsymbol{w}_j < 0 \end{cases} \tag{5.29}
$$

$$
a_i = \begin{cases} 1 & \boldsymbol{B} \times \boldsymbol{w}_i^{\mathrm{T}} > 0 \\ 0 & \boldsymbol{B} \times \boldsymbol{w}_i^{\mathrm{T}} < 0 \end{cases} \tag{5.30}
$$

如果联想记忆矩阵 $\boldsymbol{W}$ 对每个输入对$(\boldsymbol{A},\boldsymbol{B})$都收敛，那么 $\boldsymbol{W}$ 就是双向稳定的。

Hopfield 提出的最小能量原理，认为任何系统有一种向能量最小状态运行的趋势。在双向联想记忆中，前向信息流的能量为 $\boldsymbol{AWB}^{\mathrm{T}}$，后向信息流的能量为 $\boldsymbol{BW}^{\mathrm{T}}\boldsymbol{A}^{\mathrm{T}}$，双值对$(\boldsymbol{A},\boldsymbol{B})$的能量就是前向—后向的能量之和。

当 $\boldsymbol{W}=\boldsymbol{W}^{\mathrm{T}}$ 时，$E(\boldsymbol{A},\boldsymbol{B}) = -\frac{1}{2}\boldsymbol{AWB}^{\mathrm{T}} - \frac{1}{2}\boldsymbol{BW}^{\mathrm{T}}\boldsymbol{A}^{\mathrm{T}} = -\boldsymbol{AWB}^{\mathrm{T}}$

如果状态发生了变化，下面分析 F_A 的情况（F_B 的分析是类似的）

$$
\Delta\boldsymbol{A} = \boldsymbol{A}_2 - \boldsymbol{A}_1 = (\Delta a_1, \Delta a_2, \cdots, \Delta a_n)
$$

能量的变化为

$$
\Delta\boldsymbol{E} = \boldsymbol{E}_2 - \boldsymbol{E}_1 = -\Delta\boldsymbol{AWB}^{\mathrm{T}} = -\sum_i \Delta a_i \sum_j b_j w_{ij} = -\sum \Delta a_i \boldsymbol{BW}_i^{\mathrm{T}} \tag{5.31}
$$

由式(5.7)可知，$\Delta a_i > 0$ 时，$\boldsymbol{BW}_i^{\mathrm{T}} > 0$；$\Delta a_i < 0$ 时，$\boldsymbol{BW}_i^{\mathrm{T}} < 0$ 即 $\Delta a_i \boldsymbol{BW}_i^{\mathrm{T}} > 0$，所以 $\Delta\boldsymbol{E} < 0$。

同理对 F_B，$\Delta\boldsymbol{E} = -\boldsymbol{AW}\Delta\boldsymbol{B}^{\mathrm{T}} < 0$。

因为 $\boldsymbol{W}$ 是 $n\times m$ 实矩阵，所以它是双向稳定的。更一般地，对于双值的 BAM，对所有的矩阵 $\boldsymbol{W}$ 都是双向稳定的，每个突触连接的拓扑，无论位数 n、m 多么大，都将会很快地收敛。

假若已经存好了两对样本 $\boldsymbol{A}_1=(1,1,0,0)$，$\boldsymbol{A}_2=(1,0,1,1)$，当一个输入 $\boldsymbol{A}=(1,0,0,0)$ 时，它是靠近 $\boldsymbol{A}_1$ 还是 $\boldsymbol{A}_2$ 呢？为了解决这个问题，规定一个 $\boldsymbol{A}_i$ 和 $\boldsymbol{A}_j$ 的贴近度 $\rho(A_i, A_j)$.

令 $\rho(\boldsymbol{A}_i,\boldsymbol{A}_j)$是 L^1 空间上的一个度量，则

$$
\rho(\boldsymbol{A}_i, \boldsymbol{A}_j) = \|\boldsymbol{A}_i - \boldsymbol{A}_j\| = \sum_{k=1}^{n} |a_{ik} - a_{jk}| \tag{5.32}
$$

ρ 越小，表示 $\boldsymbol{A}_i$ 与 $\boldsymbol{A}_j$ 越接近；ρ 越大，表示 $\boldsymbol{A}_i$ 与 $\boldsymbol{A}_j$ 的差异越大；$\rho=0$ 时，$\boldsymbol{A}_i$ 与 $\boldsymbol{A}_j$ 完全贴近，即 $\boldsymbol{A}_i=\boldsymbol{A}_j$；当 $\rho=n$ 时，$\boldsymbol{A}_i$ 与 $\boldsymbol{A}_j$ 的差异最大，此时 $\boldsymbol{A}_i^c=\boldsymbol{A}_j$（$\boldsymbol{A}_i^c$ 为 $\boldsymbol{A}_i$ 的补集）。

另外，具体应用算法时还需做一些改进。因为 $\boldsymbol{A}_i$，$\boldsymbol{B}_i$ 均为二值矢量，其中 $\boldsymbol{A}_i=(a_{i1}, a_{i2}, \cdots, a_{in})$，并且 $a_{ij}\in\{0,1\}^n (j=1,2,\cdots,n)$，所以 $\boldsymbol{AW}_i$ 和 $\boldsymbol{BW}_i^{\mathrm{T}}$ 永远不会为负值，状态转移规则的式子就有 $a_i=b_j=1$，这样矩阵 $\boldsymbol{W}$ 将不包含任何拟制信息，这就不能正确地工作。如果用两极状态矢量代替二值状态矢量，就可能解决这一问题。二值矢量中的零由 -1 代替，组成两极对$(\boldsymbol{X}_i,\boldsymbol{Y}_i)$，于是采用如下处理方式

$$\boldsymbol{X}_i = 2\boldsymbol{A}_i - \boldsymbol{I}, \quad \boldsymbol{Y}_i = 2\boldsymbol{B}_i - \boldsymbol{I} \quad (\boldsymbol{I}\text{ 为单位矢量}) \tag{5.33}$$

于是，由式(5.27)得

$$\boldsymbol{W} = \boldsymbol{X}_1^{\mathrm{T}}\boldsymbol{Y}_1 + \boldsymbol{X}_2^{\mathrm{T}}\boldsymbol{Y}_2 + \cdots + \boldsymbol{X}_p^{T}\boldsymbol{Y}_p \tag{5.34}$$

5.4.3　卫星姿态控制器故障诊断

如图 5.8 所示，其控制系统包括卫星、飞轮、控制器和姿态敏感器，任一部分出现故障都将造成系统的异常。

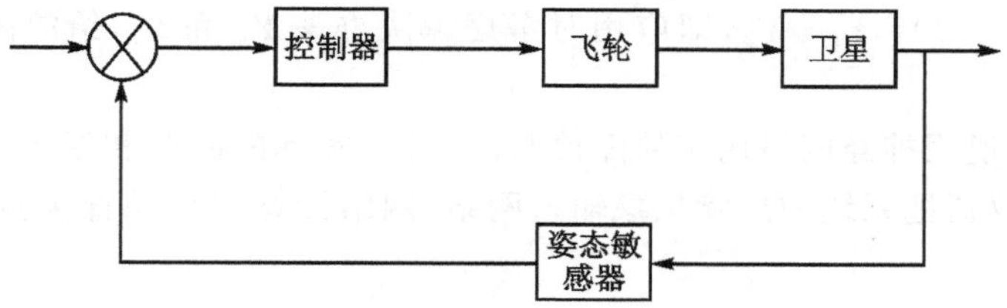

图 5.8　卫星姿态控制系统

下面讨论 Hopfield 神经网络的故障诊断。为方便起见，这里仅诊断姿态控制器和飞轮两部分的故障。它们出现的故障原因有控制器故障、控制器误指令、飞轮不工作、飞轮误动作。其故障表示如下：

令 $\boldsymbol{X}_i=(x_{1i},x_{2i},x_{3i},x_{4i})$为输入矢量，表示输入的故障的现象信息；$\boldsymbol{Y}_i=(y_{1i},y_{2i},y_{3i},y_{4i})$为输出矢量，表示输出的故障容错策略。$x_{1i}$为控制器故障；$x_{2i}$为控制器误指令；$x_{3i}$为飞轮不工作；$x_{4i}$为飞轮误动作；$y_{1i}$为启用备份控制器；$y_{2i}$为调用容错控制算法；$y_{3i}$为启动备份飞轮；$y_{4i}$为调用飞轮故障补偿算法。训练对为(样本用极对表示)

$$\boldsymbol{X}_1 = (1,1,-1,-1) \leftrightarrow \boldsymbol{Y}_1 = (1,-1,-1,-1)$$
$$\boldsymbol{X}_2 = (1,-1,1,-1) \leftrightarrow \boldsymbol{Y}_2 = (-1,1,-1,-1)$$
$$\boldsymbol{X}_3 = (-1,1,-1,1) \leftrightarrow \boldsymbol{Y}_3 = (-1,-1,1,-1)$$
$$\boldsymbol{X}_4 = (-1,-1,1,-1) \leftrightarrow \boldsymbol{Y}_4 = (-1,-1,-1,1)$$

这里−1 表示该位代表的设备正常。这样，它的权值矩阵为

$$\boldsymbol{W} = \sum_{i=1}^{4}\boldsymbol{X}_i^{\mathrm{T}}\boldsymbol{Y}_i = \begin{bmatrix} 2 & 2 & -2 & -2 \\ 2 & -2 & 2 & -2 \\ -2 & 2 & -2 & 2 \\ 0 & 0 & 4 & 0 \end{bmatrix}$$

相应的正反计算分别为

$$\boldsymbol{X}_1\boldsymbol{W} = (6,-2,-2,-6) \rightarrow \boldsymbol{Y}_1 = (1,-1,-1,-1)$$
$$\boldsymbol{X}_2\boldsymbol{W} = (-2,6,-10,2) \rightarrow \boldsymbol{Y}_2 = (-1,1,-1,-1)$$
$$\boldsymbol{X}_3\boldsymbol{W} = (2,-6,10,-2) \rightarrow \boldsymbol{Y}_3 = (-1,-1,1,-1)$$
$$\boldsymbol{X}_4\boldsymbol{W} = (-6,2,-6,6) \rightarrow \boldsymbol{Y}_4 = (-1,-1,-1,1)$$
$$\boldsymbol{Y}_1\boldsymbol{W}^{\mathrm{T}} = (4,4,-4,-4) \rightarrow \boldsymbol{X}_1 = (1,1,-1,-1)$$
$$\boldsymbol{Y}_2\boldsymbol{W}^{\mathrm{T}} = (4,-4,4,-4) \rightarrow \boldsymbol{X}_2 = (1,-1,1,-1)$$
$$\boldsymbol{Y}_3\boldsymbol{W}^{\mathrm{T}} = (-4,4,-4,4) \rightarrow \boldsymbol{X}_3 = (-1,1,-1,1)$$
$$\boldsymbol{Y}_4\boldsymbol{W}^{\mathrm{T}} = (-4,-4,4,4) \rightarrow \boldsymbol{X}_4 = (-1,-1,1,1)$$

如果输入 $\boldsymbol{X}=(1,-1,-1,-1)$时，按上述规则，表示控制器故障。但究竟是哪一类故障则不清楚。根据最近距离公式

$$\rho(\boldsymbol{X}_i,\boldsymbol{X}_j)=\sum|x_{ik}-x_{jk}|$$

有 $\rho(\boldsymbol{X},\boldsymbol{X}_1)=\rho(\boldsymbol{X}_1,\boldsymbol{X}_2)=1$，$\rho(\boldsymbol{X}_1,\boldsymbol{X}_3)=\rho(\boldsymbol{X}_1,\boldsymbol{X}_4)=3$。$\boldsymbol{X}_1$ 与 $\boldsymbol{X}_2$ 接近于 $\boldsymbol{X}$，这与直观解释是一致的。实际上，计算将稳定在

$$\boldsymbol{XW}=(4,0,-8,0)\rightarrow\boldsymbol{Y}=(1,-1,-1,-1)$$

$$\boldsymbol{YW}^{\mathrm{T}}=(8,4,-4,-8)\rightarrow\boldsymbol{X}=(1,-1,-1,-1)$$

这里 $\boldsymbol{Y}=(1,1,-1,-1)=\boldsymbol{Y}_1+\boldsymbol{Y}_2$，即应用时考虑解决办法 $\boldsymbol{Y}_1$ 和 $\boldsymbol{Y}_2$，给故障诊断处理提供了依据。

上述例子仅仅说明神经网络用于故障诊断的方法，实际的问题和系统要复杂很多。可以通过传感器、测量仪器把系统的故障想象输入网络，网络计算的结果直接显示给用户，以便及时检查和修复。

第6章　基于模糊神经网络的故障诊断

6.1　引　言

众所周知，人工神经网络具有巨大的并行计算能力，在处理复杂的人工智能问题上显现出非常优越的地位。但是，许多研究者却因为它有黑箱的弱点而拒绝使用，即对神经网络给出一种这样或那样的决策做出恰当的解释是非常困难的。因为它没有能力解释自己的决策，所以在面向现实世界的具体问题时，让人相信网络决策的可靠性也是很难的。

另一方面，在近20年里，基于模糊逻辑开发模糊系统，已成为非常活跃的领域，一些算法已在复杂系统的控制器设计中显示出相当的能力，而且模糊数学理论也为构造知识模型提供了良好的工具。

如何将模糊理论和神经网络有机结合起来，取长补短，提高整个系统学习能力和表达能力，是目前最引人注目的课题之一。这方面的研究虽然在上世纪70年代中期起源于美国和欧洲国家，但它的研究却是在日本于上世纪80年代末期取得相当大的进展。美国早在1988年就召开了由NASA（国家航天航空局）支持的"神经网络与模糊系统"的国际研讨会，其后模糊神经网络的研究在美国、日本、法国、加拿大和新加坡等国蓬勃开展起来，成果大量涌现。1992年IEEE召开了有关模糊神经网络的国际会议，美国南加州大学的B·Kosko出版了该领域的第一本专著《神经网络与模糊系统》，模糊数学的创始人Zadeh和神经网络的权威Anderson分别为该书作了序言，在国际引起了很大的反响。目前，在知识和信息处理领域，它独立于模糊逻辑和神经网络技术，已达到了一种特有的研究阶段。模糊逻辑和神经网络技术的融合克服了神经网络和模糊逻辑在知识处理方面的缺点，具有进行数据监督学习、处理经验知识和数学符号及基于语言表达的在线学习等功能，并已应用在温度控制、家电产品、模式识别及图像处理等领域中。

6.2　模糊、神经网络和人工智能技术的关系

模糊（Fuzzy）、神经网络（ANN）和人工智能（AI）技术已得到越来越多的应用，它们各自具有一定的特征，如图6.1所示。AI研究的目标是用机器实现人的思维和判断能力，通常以"if A then B"的规则形式采用递归式的迭置方法实现。A为条件，B为结果，满足A为1，否则为0，它实际上是以二值为基础的逻辑运算。只要AI的规则数足够多，便可以实现高度的智能思维。若在上述(0,1)区间上插入连续量，用隶属度函数的形式来表达这个量，就可将AI技术模糊化，实现模糊推理。模糊技术是以隶属度运算为中心，由机器通过

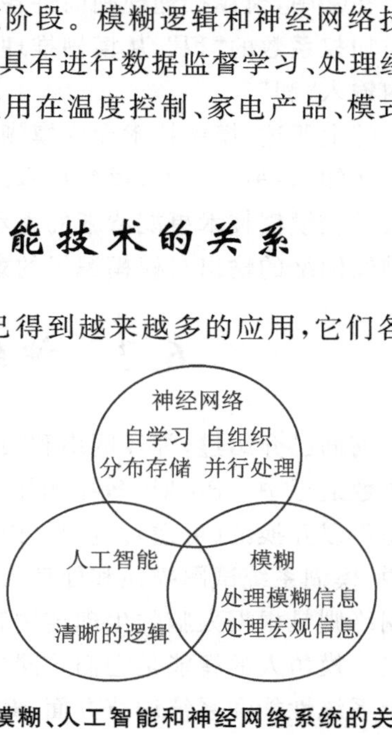

图6.1　模糊、人工智能和神经网络系统的关系

推理实现类似于人的判断能力。

神经网络是模拟人脑结构的一种数学模型，典型的神经网络模型如式(6.1a)和(6.1b)所示。

$$y = f(Z-\theta) \tag{6.1a}$$

$$Z = \sum_{i=1}^{n} w_i X_i \tag{6.1b}$$

式中，X_i 是神经网络的输入，w_i 是权系数，n 是输入量的个数，θ 是阈值，y 是网络的输出，若将函数 $f(\cdot)$ 看作式(6.2)所示的阶跃函数，则

$$f(x) = \begin{cases} 1 & x > 0 \\ 0 & x \leqslant 0 \end{cases} \tag{6.2}$$

当 $Z>\theta$ 时，y 为1，否则为0，所以适当地设定 w_i 和 θ 的值，便可进行 AND、OR 和 NOT 等逻辑运算；若将运算结果与 AI 的"if - then"规则的前提条件的1,0相对应，选取适当的 w_i 和 θ 值，使其输出在条件满足时为1，否则为0，这样便可使神经网络与 AI 规则相对应。进一步，若将上述的阶跃函数用式(6.3)所示的 Sigmoid 函数代替，则输出便为(0,1)之间的中间值，这正好与 AI 规则模糊化相对应，就是说神经网络技术和模糊技术有其相似之处。

$$f(x) = \frac{1}{1+l^{-cx}} \qquad c > 0 \tag{6.3}$$

通过以上分析，下述两点相似之处是显然的：

① 神经网络的输出特性和模糊的隶属度相对应。

② 神经网络的"积和"运算和模糊推理的"max－min"运算类似。

在①中，当神经元的阈值函数用 Sigmoid 函数时，使神经网络的输出变为[0,1]间的连续值，这与模糊的隶属度函数相对应。

在②中，模糊推理规则前件各命题的输入和模糊变量的"min"运算相当于神经元的各输入与加权系数的"积"，从模糊推理规则的后件部得到的最终推理值的"max"运算相当于神经元内输入"和"。

综上所述，模糊技术允许模糊表示，并积极地处理模糊知识，与神经网络相比，它能较清楚地表达知识；另一方面，模糊技术的自学习能力不如人工智能和神经网络技术。此外，人工智能技术较模糊技术更能清晰的表示知识。当神经网络的输出被限定在[0,1]区间上时，就可以将神经网络的输出与模糊逻辑的隶属度相对应。

6.3 神经网络和模糊系统的比较

前面已介绍过，神经网络和模糊系统在应用方面极为相似，都可以应用在模式识别、分类和函数逼近中。Buckly 等指出了模糊系统和神经网络系统的等价性(指数学上的等价性)，它们是可以互换的(可逆)。但是，因为两种方法的不同，它们各有优缺点，如图6.2所示。具体地说，模糊系统试图描述和处理人的语言和思维中存在的模糊性概念，从而模仿人的智能；神经网络则是根据人脑的生理结构和信息处理过程，来创造人工神经网络，其目的也是模仿人的智能。模仿人的智能是它们共同的奋斗目标和合作基础。下面，从知识表示、存储、运用和获取及系统性能和系统调节方面，对它们进行比较。

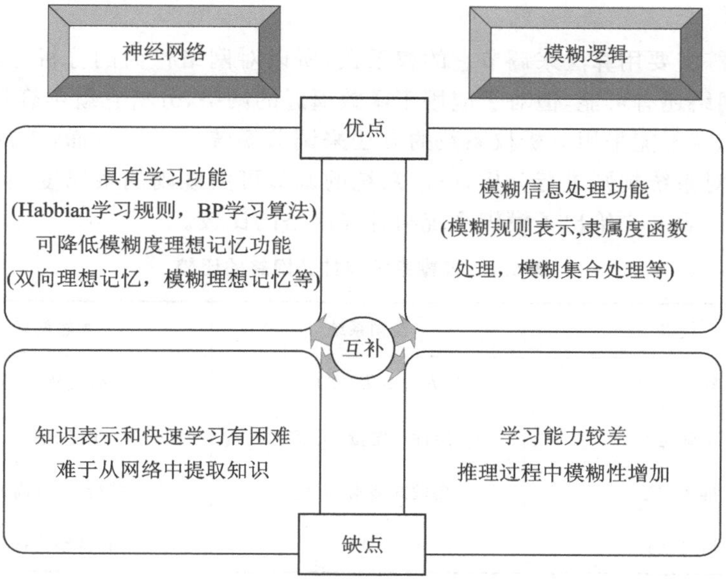

图 6.2　神经网络系统和模糊系统的比较

1. 知识表示、存储、运用和获取

1）知识表示

从知识的表示方式来看，模糊系统可以表达人的经验性知识，便于理解，而神经网络只能描述大量数据之间的复杂函数关系，难于理解。

2）知识存储

从知识的存储方式来看，模糊系统将知识存在规则集中，神经网络将知识存在权系数中，都具有分布存储的特点。

3）知识运用

从知识的运用方式来看，模糊系统和神经网络都具有并行处理的特点；模糊系统同时激活的规则不多，计算量小，而神经网络涉及的神经元很多，计算量大。

4）知识获取

从知识的获取方式来看，模糊系统的规则是靠专家提供或设计，对于复杂系统的专家知识，往往很难由直觉和经验获取知识，表示规则形式也是很困难的，这些知识的获取需要很多时间。而神经网络的权系数可通过对输入输出样本的学习来确定，无须人来设置。

2. 系统性能

影响模糊系统和神经网络性能的主要原因是，由于多层神经网络的输入空间可按任意超平面划分，而模糊系统的输入输出空间却只能按平行于超平面之一的输入输出轴划分。例如，在模式分类的应用中，由于上述原因，神经网络处理会比模糊系统处理的精度高很多；在函数逼近应用中，模糊系统对输入空间的划分，对其性能影响并不很敏感，但是，如果对输入空间和输出空间进行复杂划分后，用神经网络来进行训练，就可以很容易地逼近期望函数。再有，对模糊系统输入空间的划分，会引起输入变量的增加，进而导致规则数目按指数形式增加，对于多变量输入系统，其系统组织会变得不可能。

3. 系统调节

神经网络训练需要用算法来调节它的权系数，所以对网络行为的分析是很困难的。对于模式分类，分析网络还有可能，但对于应用于函数逼近的网络，分析它就不容易了，因而在训练网络权值冻结后，就不能采用分析权系数的方法来调节系统。另一方面，模糊系统，由于人们可以非常容易地对系统规则进行分析，所以系统的调节可由规则的隶属度函数或删除和增加模糊规则来完成。表 6.1 给出了模糊系统与神经网络的比较。

表 6.1　模糊系统与神经网络的比较

技术	模糊系统	神经网络
知识获取	人类专家(交互)	采样数据集合(算法)
不确定性	定性与定量(决策)	定量(感知)
推理方法	启发式搜索(低速)	并行计算(高速)
适应能力	低	很高(调整连接权值)

从上述讨论看，实现模糊系统等价于神经网络应该进行如下两项工作：

- 直接从数据中提取模糊规则。
- 定义一种可变的模糊规则的空间，避免规则数目爆炸。

6.4　模糊和神经网络的结合形式

模糊和神经网络技术从简单结合到完全融合主要体现在四个方面，如图 6.3 所示。由于模糊系统和神经网络的结合方式目前还处于发展的进程当中，因而还没有更科学的分类方法。目前已经提出了许多种模糊神经网络，比较著名的有 FAM(模糊联想记忆)、F - ART(模糊自适应谐振理论)、FCM(模糊认知图)、FMLP(模糊多层感知机)等。模糊逻辑与神经网络结合系统的主要优点可由图 6.4 概括。

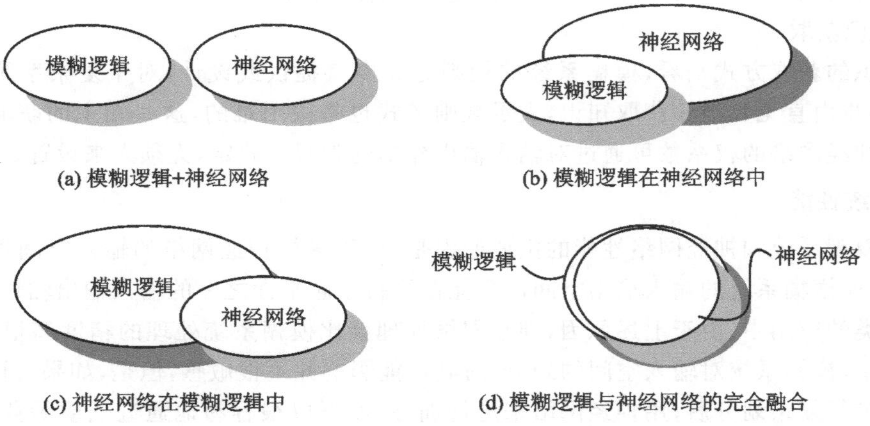

图 6.3　模糊系统和神经网络结合形式分类

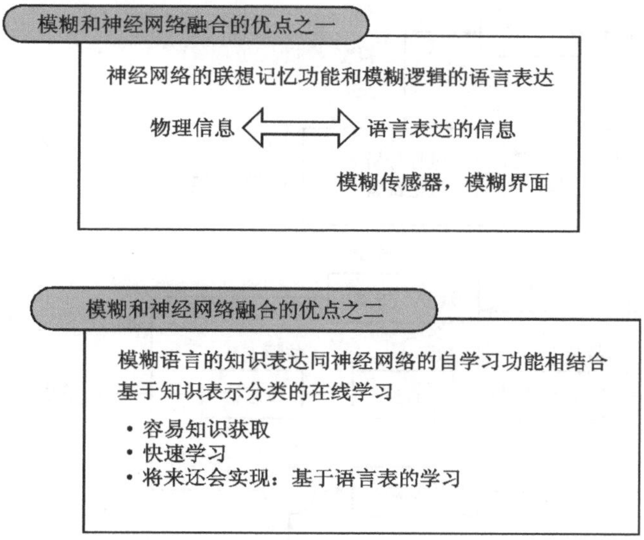
模糊和神经网络融合的优点之一
神经网络的联想记忆功能和模糊逻辑的语言表达
物理信息
语言表达的信息
模糊传感器，模糊界面
模糊和神经网络融合的优点之二
模糊语言的知识表达同神经网络的自学习功能相结合
基于知识表示分类的在线学习
• 容易知识获取
• 快速学习
• 将来还会实现：基于语言表的学习

图 6.4　模糊逻辑与神经网络融合系统的主要优点

6.5　模糊推理的残差估计

故障诊断的基本任务是对系统发生的故障进行检测与隔离，给出一些故障源和故障严重程度的信息。故障诊断的整体概念是由三个子任务组成：故障检测、故障隔离和故障分析。在实际工程应用中，设计故障诊断系统，通常需要按下述三步进行：

① 残差产生。残差是指由被观测数据构成的函数与这些函数的期望值之差，经常作为反映系统故障的信息。为隔离不同类型的故障，需要设计出适当结构或适当方向的残差矢量。

② 残差估计（故障分类），对故障发生的时间或故障的位置进行推理、决策。

③ 故障分析，即决定故障的类型、大小和原因。

残差产生和残差估计构成了故障诊断系统设计的核心，如图 6.5 所示。实现方法包括：基于数学模型的方法、统计分析与计算的方法和人工智能的方法。

残差估计实质上是将定量知识转化为定性叙述（yes－no）的一个决策过程，也可以看成是分类，是用预先建立的故障类或故障树征兆与征兆矢量的每一个模式进行匹配。基于模糊逻辑的残差估计原理通常由三个部分组成，如图 6.6 所示。首先，对残差进行模糊化处理，然后应用模糊规则进行推理估计，最后对推理获得的结果进行反模糊化。

1. 模糊化

残差模糊化处理是一种映射过程，把用精确值表达的量映射成用模糊集表达。就故障诊断而言，也可以理解为阈值的模糊化。为便于理解，可借助于如下单故障情况的检测来解释其基本原理。

假设由基于数学模型的观测器产生出残差矢量 $\boldsymbol{y}(u,y)$，并设计使它在某一固定的方向上。为了故障检测和隔离，残差必须满足的理想条件是：当无系统故障时，残差为零；有故障发

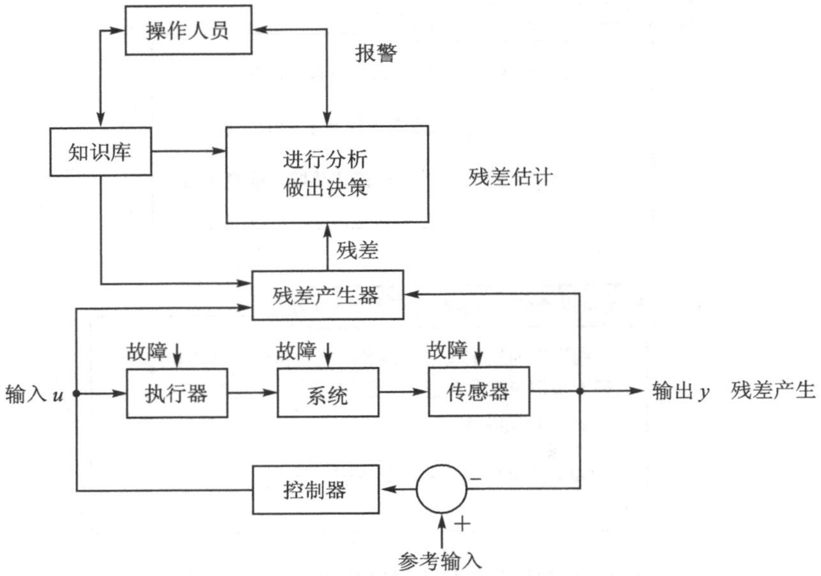

图 6.5　故障诊断的基本原理

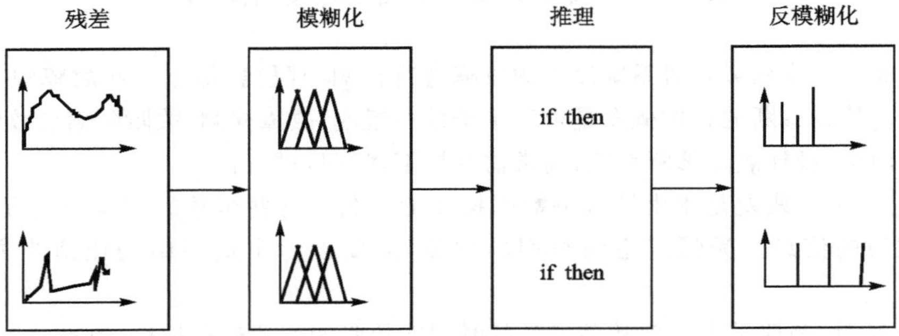

图 6.6　模糊逻辑的残差估计原理

生时，残差不为零。实际上，由于系统模型的不确定性或测量噪声的干扰，需要选择一个比零大的阈值，达到降低误报警率的目的；但这样又会影响故障检测系统的灵敏度，因此阈值的选取是一种折中，是在故障决策灵敏度和误报警率中的折中。

为更好地解决上述问题，可用模糊残差或模糊阈值来估计残差。首先，确定系统没有故障发生，仅有未知输入影响时的残差的大小。模糊集的{0}或{无故障}可用隶属度函数定义

$$u_{r1}(x):x \in X[0,1]$$

其中，$\boldsymbol{X}=[x_1,x_2,\cdots,x_p]$，$u_{r1}(x)$ 刻画了变量 x 属于模糊子集 r_1 的程度。如果 $u_{r1}(x)$ 按图 6 .7所示的形式选取，则参数 a_0 必须与噪声的幅值或模型的不确定性成正比。由于干扰或时变模型误差的影响，参数 δ 可按噪声变化选取。显然，$u_{r1}(x)$ 可以按模糊集解释为{小}或{0}。类似地，可以分配模糊集{1}，即{故障发生}。考虑图 6.8，图 6.8(a)是用精确阈值进行残差估计的常规方法，对最大化的残差赋予特征 1，表示干扰；另一最大化的残差赋予特征 2，表示由于故障引起。显然，最大化的 1 不能超出阈值 T，但是，当干扰增大时，虚报警将会发

生;类似地,最大化的 2 围绕着阈值振荡,将会不时地发生故障与无故障报警。

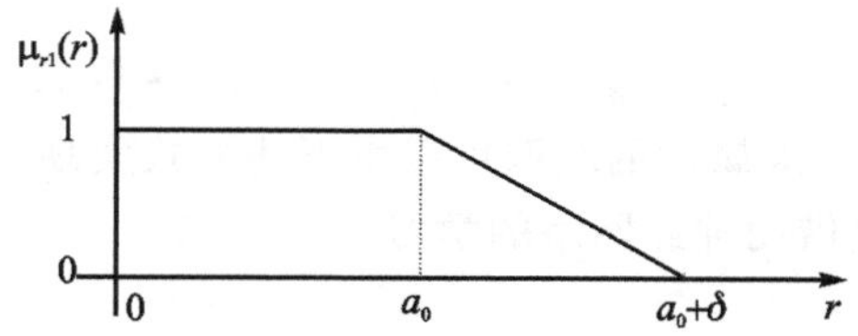

图 6.7　在干扰和模型不确定情况下的模糊集{0}的隶属度函数

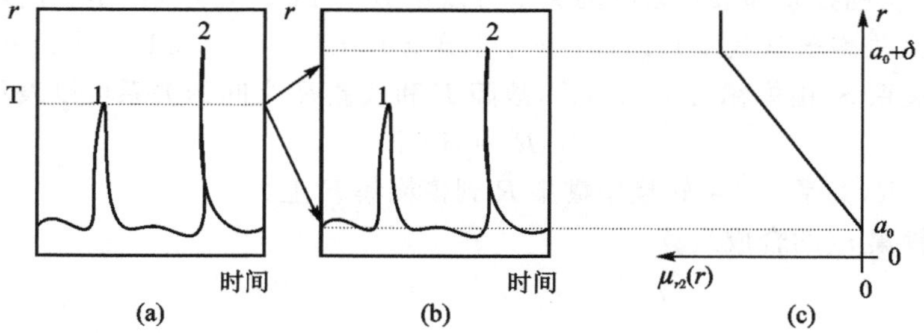

图 6.8　残差估计的常规方法和模糊阈值选取

假设按下述方式对阈值进行软化,即将有限宽度分成一个区间,如图 6.8(b)所示,由隶属度函数 u_{r2} 定义集合{1}。图 6.8(c)意味着最大化的 1 和最大化的 2 围绕 T 方式小的变化将分别引起小的虚报警倾向,而且由于软化了阈值,可以避免故障诊断系统的不稳定性。合成模糊集{1}和{2},可以获得残差隶属度的解,如图 6.9 所示。因此,阈值的模糊化可以直接解释为残差的模糊化。

图 6.9 所示的隶属度函数 u_r 为残差模糊化的最简单的形式,它是由{1}和{0},或{小}和{大}构成。如对其进行扩展,如用模糊集{小)、{中}和{大},其隶属度函数图解方法如图 6.10 所示。

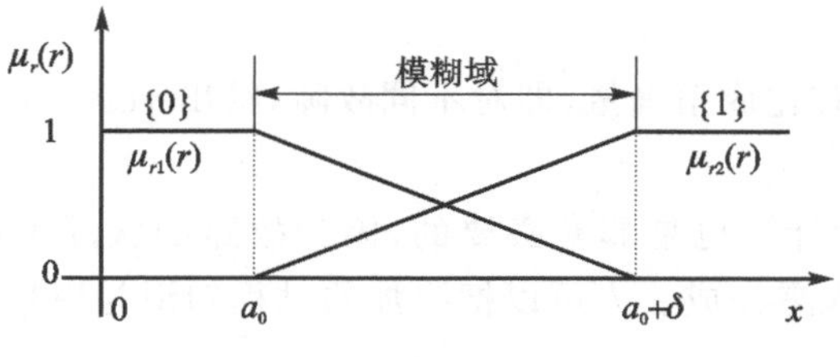

图 6.9　由{0}和{1}组成的模糊集

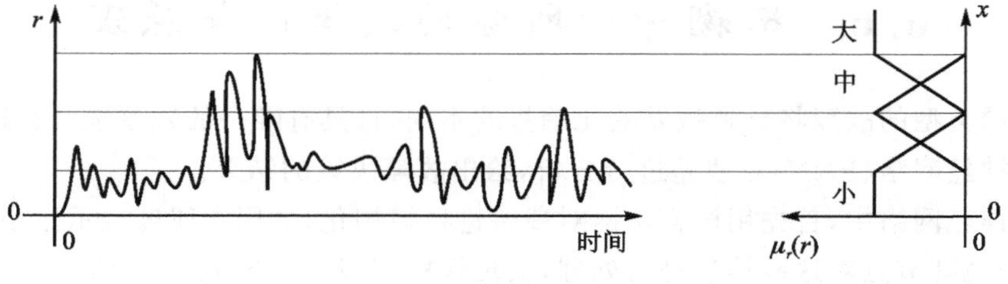

图 6.10　残差的模糊化

就数学观点定义的残差，可以计算如下：假设 u_r 代表第 i 个残差，且由 s 个模糊集 r_{ik} 组成 $(k=1,2,\cdots,s)$，则

$$r_i = r_{i1} \circ r_{i2} \circ \cdots \circ r_{is} \qquad r_i \to [0,1]$$

其中"r_i"表示模糊合成算子。隶属度的获取可以由下述方式实现：基于基本的启发知识、或统计干扰函数、或主观知识、或借助神经网络的学习。

2. 推理

一般地，故障决策的任务是从残差集 $R(r_i \in R)$ 推出可能的故障集 $F(r_i \in F)$。若用模糊集 r_{ik} 定义残差 r_i，则残差和故障之间的关系可以用 IF－THEN 规则给出。例如

IF（传感器 B 故障）THEN（r_1 中或大）and（r_2 小）and（r_3 小）……

借助模糊关系 S，由模糊逻辑的理论，故障 F 和残差 R 之间的关系可以表示为

$$R = S \circ F$$

于是有 $F=S^{-1}\circ R$，关系 S^{-1} 可转换模糊集 R 到模糊集 F 上去。

由所有模糊集 r_{ik} 的合成运算

$$r_i = r_{il} \circ r_{il} \circ \cdots \circ r_{is} \qquad \forall i$$

有下述规则

IF（影响$=r_{i1}$）and IF（影响$=r_{i2}$）…THEN（原因$=f_j$）

其中，f_j 为第 j 个故障。

上述规则可形成一个诊断专家系统的知识库。模糊推理是借助于知识的规则，映射残差到故障源上，可由有向图或故障树说明，如图 6.11 所示。因为上述规则具有如下形式

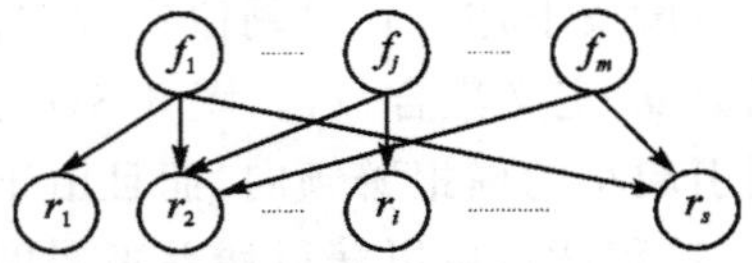

图 6.11　残差与故障的故障树表示方式

IF（影响）THEN（原因）

所以，故障树的路径方向直接指向故障原因，即从下至上。与传统的方法比较（故障原因和残差之间的连接构成了精确的映射），这里是模糊的。

3. 反模糊化

最后，模糊量还必须转化成精确量，即对不同故障，给出 yes－no 的描述，这可以由人或计算机来完成。

有时避开反模糊化的计算也是非常必要的，因为故障的状况可能是逐渐的，而不是 yes-no，把 yes-no 决策，留给人来完成。人可以把附加的过程知识与模糊信息结合，利用特有的思维和感觉，做出决策。

6.6　模糊神经网络的故障诊断原理

假设不同类型的故障将导致残差变化趋势的不同，且具有唯一的残差集。在这种情况下，可以用模糊神经网络（FNN）对残差进行分析，给出故障决策的结果。

在模糊神经网络中，首先用语言术语对残差进行模糊化，如用隶属度表示正小和负大。然后，下一层的规则节点对这些信息进行处理，实现模糊逻辑的 AND 运算，给出一个线性输出。最后，在输出层，由输出节点给出故障的类型和故障严重性的程度。

6.6.1　模糊神经网络的结构

模糊神经网络的结构如图 6.12 所示。FNN 由 5 层组成，第一层的节点数与残差矢量的维数相同。对残差进行如下处理后，送入 FNN 的第一层（输入层）。

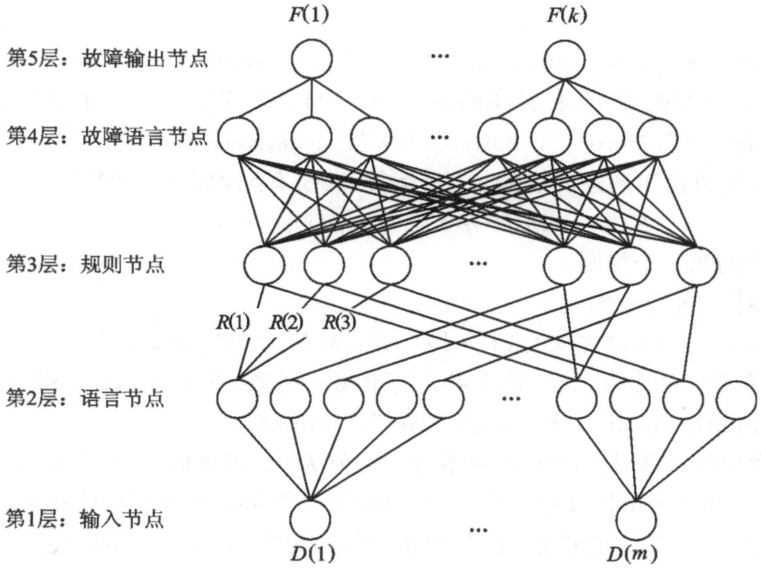

图 6.12　模糊神经网络

$$D(i)=\frac{V(i)_{\text{act}}-V(i)_{\text{est}}}{V(i)_{\text{est}}}\times 100\%$$

其中，$D(i)$是偏差的百分数，$V(i)_{\text{act}}$是测量值，$V(i)_{\text{est}}$是估计值。

在第二层的节点代表语言节点，用语言术语对 $D(i)$进行模糊化。图 6.13 给出了模糊化 $D(i)$的隶属度函数，如 $D(i)=38\%$，则 $V(i)$为 PL 为 0.25，属于 PH 为 0.7。在第三层的节点，称为规则节点，与第二层的语言节点连接，实现模糊逻辑的 AND 运算。如有 m 个输入量，并且每个输入量都有 N 个规则，则第二层共有 $m\times N$ 个语言节点，第三层共有 N^m 个规则节点，但规则节点并不都与语言节点连接。第四层的节点输出代表故障程度，如正常、轻微故障和严重故障，节点的输出值由[0,1]表示，1 代表有故障发生，0 代表无故障，0 和 1 之间的值表示不同程度的故障和发生故障的可能性。

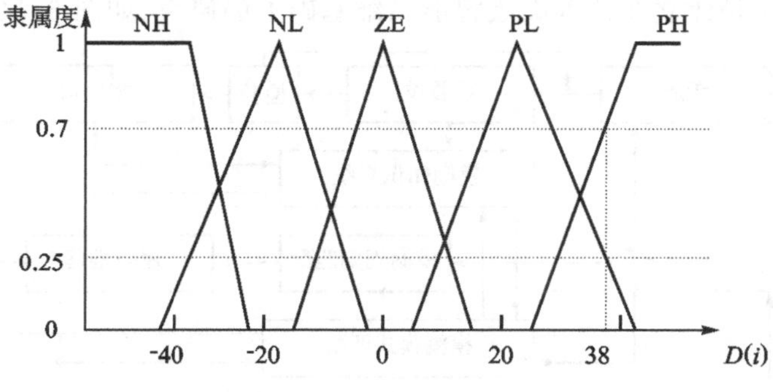

图 6.13　$D(i)$的隶属度函数

6.6.2 模糊神经网络的训练

已有许多训练 FNN 网络的方法,但在这里,仅考虑规则节点和语言节点的连接权,而隶属度函数是预先给定的,不需要被调节。首先,对已知的偏差 D 和故障 F 的关系数据进行模糊化

$$D(i\rightarrow)[\mu(i)_{\mathrm{PH}},\mu(i)_{\mathrm{PL}},\mu(i)_{\mathrm{ZE}},\mu(i)_{\mathrm{NL}},\mu(i)_{\mathrm{NH}}] \qquad i=1,\cdots,m$$

其中,$\mu(i)$是第 i 个偏差 D 的隶属度函数,下标 PH,PL,ZE,NL,NH 分别代表“positively high”,“positively low”,“zero”,“negatively low”,“negatively high”。

第三层的规则节点实现隶属度的 AND 运算,对所有元素进行 MIN 操作

$$R(j)=\mathrm{MIN}(\mu(l)_{\mathrm{PH}},\cdots,\mu(i)_{\mathrm{PL}},\cdots,\mu(m)_{\mathrm{ZE}})$$

$R(j)$代表第三层的第 j 个规则。

另一方面,对 F 进行模糊化

$$F(k)\in[0,1]\rightarrow[\lambda(k)_{\mathrm{NO}},\lambda(k)_{\mathrm{SL}}\lambda(k)_{\mathrm{SL}}\lambda(k)_{\mathrm{SE}}]$$

其中,k 代表故障类型的序号,$\lambda(k)$是故障 k 的隶属度函数,下标 NO,SL,SI,SE 分别代表“no occurrence”,“slightly significant”,“significant”,“serious”。

规则节点和故障语言节点之间的权系数的初值为 0。训练时,R 作为输入,λ 作为输出,进行学习。训练后,这些知识被存储在权值中,因此每个权系数都有其具体意义。

若建立 $R(j')$和 $\lambda(k)_{\mathrm{SE}}$ 的连接权,其中 $R(j')=\mathrm{MIN}(\mu(l)_{\mathrm{PH}}\cdots\mu(i)_{\mathrm{NL}}\cdots\mu(m)_{\mathrm{NH}})$,则可以说

IF　　$\mu(l)$是“positively high”
　　and $\mu(i)$是“negatively low”
　　and $\mu(m)$是“negatively high”
THEN　故障 k 是严重的

6.7 基于模糊神经网络的未建模系统的故障诊断

近年来,随着对模糊逻辑和神经网络的深入认识,模糊神经网络成了一个热门的研究领域。很多人相信,模糊逻辑和神经网络是探索人脑功能的两种最有希望的途径,模糊和神经网络融合可以将人的逻辑思维、经验思维和创造性思维相互有机地结合成为一个整体。控制系统故障诊断技术应该是建立在这种高级智能思维基础上的研究,如图 6.14 所示。

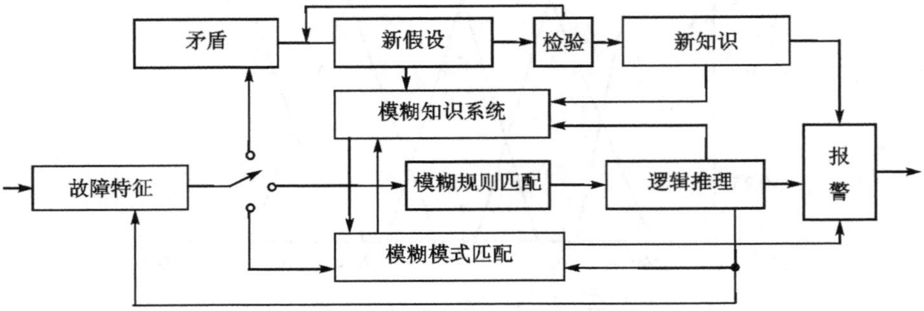

图 6.14　组合智能故障诊断方案

6.7.1　模糊神经网络模型

图 6.15 给出了模糊逻辑推理系统的基本结构，主要由三个部分组成：模糊化、模糊推理和反模糊化。

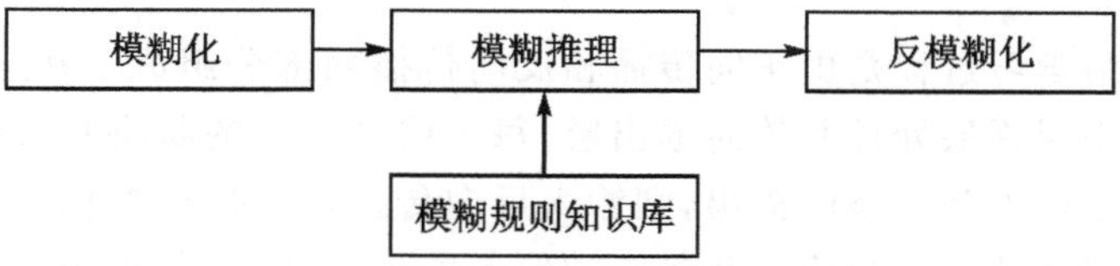

图 6.15　模糊逻辑系统的一般结构

所谓模糊化，就是把输入的数据转化为模糊量的过程；模糊推理是依据模糊逻辑规则，进行推理；反模糊化，就是将语言表达的模糊量恢复到精确的数值，也就是根据输出模糊子集的隶属度计算出精确的输出值。在设计模糊逻辑系统时，主要的问题就是确定适当的隶属度函数和模糊逻辑规则。

根据上面给出的模糊系统的一般结构，可设计出如图 6.16 所示的模糊神经网络结构。这种网络与典型的模糊神经网络相比的主要优点是模糊规则 R 可自由分配，不会引起规则随输入数增大按指数规律增加的现象。

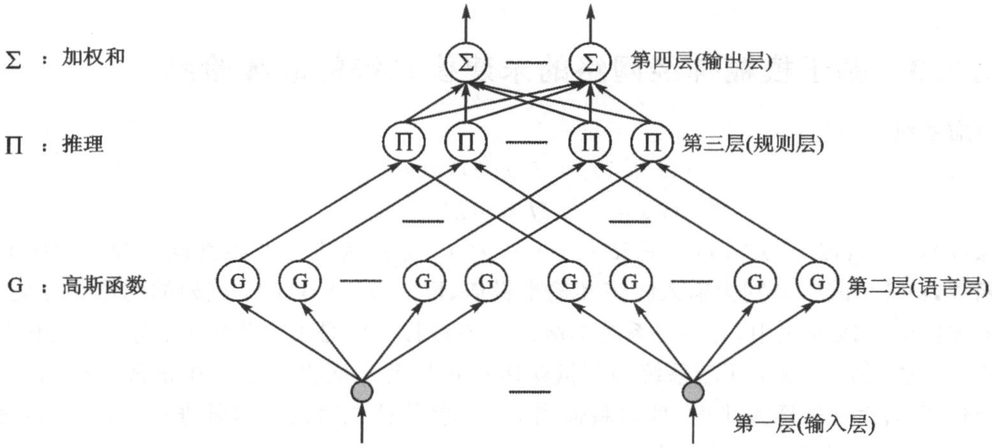

图 6.16　模糊神经网络的结构

对于图 6.16 所示的模糊神经网络系统，其功能运算可由下面三个方程表示。

① 模糊化的输出方程

$$O_{ij}^2 = \exp\left(-\frac{(I_i - m_{ij})^2}{\sigma_{ij}^2}\right) \tag{6.4}$$

式中，m_{ij} 和 σ_{ij} 分别为第 j 个节点与第 i 个输入变量 I_i 的均值（中心）和方差（宽度）。

② 推理层的输出方程

$$O_j^3 = \prod_{i=1}^{N} O_{ij}^2 \tag{6.5}$$

③ FNN 的输出方程

$$O_k^4 = \sum_{j=1}^{k} O_j^3 w_{jk} \tag{6.6}$$

式中，w_{jk} 是第 j 个规则与第 k 个输出的连接权。

6.7.2 模糊神经网络的训练算法

传统的神经网络学习过程是由正向传播和反向传播两部分组成。在正向传播过程中，输入模式从输入层经隐层逐层处理并传向输出层，每一层神经元的状态只影响下一层神经元的状态。如果在输出层得不到期望的输出，则输入反向传播，此时，误差信号从输出层向输入层传播并沿途调整各层间的连接权值以及各层神经元的偏置值，以使误差信号不断减小。在模糊神经网络中，也可以采用这种学习算法

$$E = \frac{1}{2}(O - O_t)^2 \tag{6.7}$$

式中，O_t 是期望输出，O 是实际输出。

学习规则如下

$$w_{ij}(k+1) = w_{ij}(k) + \alpha\left[-\frac{\partial E}{\partial w_{ij}}\right] \tag{6.8}$$

式中，α 是学习速率。

$$\frac{\partial E}{\partial w_{ij}} = \frac{\partial E}{\partial(\text{net} - \text{output})} \frac{\partial(\text{net} - \text{output})}{\partial w_{ij}} \tag{6.9}$$

6.7.3 基于模糊神经网络的未建模系统的故障检测

考虑系统

$$\begin{aligned} x(k+1) &= f(x(k), u(k), w(k)) \\ y(k) &= g(x(k), v(k)) \end{aligned} \tag{6.10}$$

式中，$u(k) \in E^l$；$y(k) \in R^m$；$x(k) \in R^n$；$f(\cdot)$，$g(\cdot)$分别为未知非线性函数和已知的非线性观测函数，$w(k)$，$v(k)$分别为输入噪声和输出噪声，已知 $u(k)$，$x(k)$，$w(k)$的均值和方差。

考虑实时在线的应用，对动态系统的故障诊断过程一般是由两步组成：残差产生和残差估计。残差产生通常是基于比较系统的测量输出和预报输出而得到的。在正常运行的情况下，残差接近于0；而在故障发生时，残差将偏离0。残差估计是对残差信号进行分析，确定是否发生故障，并对一个特定系统元件故障进行隔离。

图6.17给出了采用模糊神经网络技术实现系统的故障诊断原理。模糊神经网络模型借助于它的递归运算，进行长时间的预报，不需要参考实际输出测量。这样可以在训练数据范围内提供系统的外部输入，然后模糊神经网络模型将预报系统的行为，如果故障发生，残差将给出实际传感器测量偏差，于是准确的故障信息将会被获得。

在复杂系统中，将有多个传感器。如果故障发生，故障信息将被传播到每个传感器，不同的故障对于传感器的测量，将有不同的故障模式，因此尽可能利用传感器输出信息来辨识故障元件。基于这个目的，需要一组递归神经元网络模型预报，并且每一个预报器对应于每一个传感器，其原理如图6.18所示。

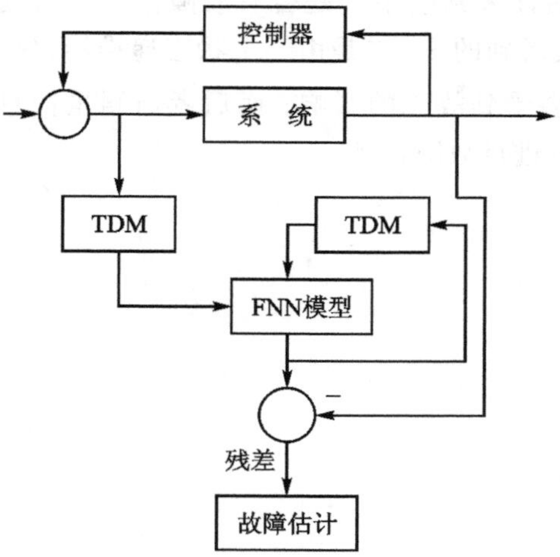

图 6.17　基于模糊神经网络模型的故障诊断原理

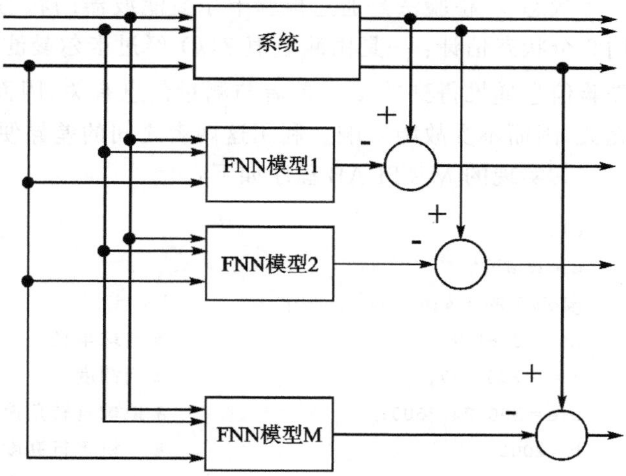

图 6.18　基于多模糊神经网络模型的故障诊断原理

针对系统式(6.10)，应用 FNN 作为系统模型代替未知的 $f(\cdot)$，定义残差为

$$e(k)=\|\ f((k-1),u(k-1),w(k-1))-O_k^4\ \| \tag{6.11}$$

选取故障检测阈值为 e_f，于是有下列规则：

$e(k)<e_f$　　无故障

$e(k)\geqslant e_f$　　故障发生

6.8　基于泛函模糊神经网络的 GPS/INS 组合导航系统的软故障诊断

随着组合导航系统的规模化和复杂化，故障诊断技术对提高整个系统的可靠性和安全性至关重要。对于硬故障可通过机内自检方法进行检测；而对于软故障则难以进行诊断，如由于载体机动、温度变化或陀螺漂移而引起的加速度计漂移，以及由于模型不准确引起的滤波器发散等故障。对于软故障，本节采用泛函模糊神经网络(functional neural fuzzy network，FN-FN)与状态卡方(χ^2)检验相结合的方法对组合导航系统进行故障诊断。

6.8.1　状态 χ^2 检验原理

考虑如下带故障的 GPS/INS 组合导航系统的离散系统模型

$$\boldsymbol{X}(k+1)=\boldsymbol{\Phi}(k+1,k)\boldsymbol{X}(k)+\boldsymbol{\Gamma}(k)\boldsymbol{W}(k)+c(k,\theta) \tag{6.12}$$

$$\boldsymbol{Z}(k)=\boldsymbol{H}(k)\boldsymbol{X}(k)+\boldsymbol{V}(k)+d(k,\varphi) \tag{6.13}$$

式中，$\boldsymbol{X}(k+1)$和 $\boldsymbol{X}(k)$分别为 $k+1$ 和 k 时刻状态向量，取 15 维的位置、速度、姿态误差以及陀螺仪和加速度计分别在三轴上的漂移误差作为导航系统的状态参数；$\boldsymbol{\Phi}(k+1,k)$为离散化后的状态转移矩阵，$\boldsymbol{\Gamma}(k)$ 是系统噪声矩阵，$\boldsymbol{W}(k)$，$\boldsymbol{V}(k)$是相互独立的高斯白噪声序列，$\boldsymbol{H}(k)$为量测矩阵，$Z(k)$为 GPS 与惯性导航系统输出的导航参数之差，$c(k,\theta)$和 $d(k,\varphi)$表示故障函数，θ、φ 表示故障发生时间，系统初始状态 $\boldsymbol{X}(0)$是统计特性已知的随机向量，且与系统噪声和量测噪声序列无关。

状态 χ^2 检验法是通过检验卡尔曼滤波器的状态估计来判断系统是否有故障。该方法利用 2 个状态估计：一是由测量值 $\boldsymbol{Z}(k)$ 经过卡尔曼滤波得到的 $\hat{x}_k^s$，二是由一个状态递推器根据先验信息递推得到的 $\hat{\boldsymbol{x}}_k$。前者与测量信息有关，因而会受到故障的影响；而后者与测量信息无关，因而不受故障影响。利用这两者之间的差异便可进行故障诊断。

其实现的 MATLAB 程序如下：

```
clc
clear all
global Re f wie h vx vy vz g0          longi
Re = 6378137;                          % 地球半径
f = 1/298.257;                         % 椭圆度
wie = 360/24/3600;                     % 地球自转角速度
h = 2000;                              % 飞机飞行高度
longi = 116;                           % 飞机飞行经度
tl = 1000;                             % 时长
g0 = 9.7536;
wg = g0 * 10^-6;
ws = 2 * pi/(84.4 * 60);
%% 飞机飞行速度
vx = 0;
vy = 300;
vz = 0;
%% 飞机飞行偏航角、俯仰角、滚动角
p = 0;
q = 0;
r = 0;

%% 飞机飞行轨迹
lati(1) = 39;
Rm(1) = Re * (1 - 2 * f + 3 * f * sin(lati(1))^2);
Rn(1) = Re * (1 + f * sin(lati(1))^2);
for i = 2:tl
   lati(i) = vy/(Rm(i - 1) + h) + lati(i - 1);
   Rm(i) = Re * (1 - 2 * f + 3 * f * sin(lati(i))^2);
Rn(i) = Re * (1 + f * sin(lati(i))^2);
end

%% 设置初始状态
X = zeros(15,tl + 1);
X1 = zeros(15,tl + 1);
Xerror = zeros(15,tl + 1);
Z = zeros(6,tl);
O3 = zeros(3,3);
```

```
I3 = eye(3);
I15 = eye(15);
I17 = eye(17);
Qw = diag([(0.01/3600)^2 (0.01/3600)^2 (0.01/3600)^2 (50 * wg)^2 (50 * wg)^2 (50 * wg)^2 0 0 0
    (0.001/3600)^2 (0.001/3600)^2 (0.001/3600)^2 (50 * wg)^2 (50 * wg)^2 (50 * wg)^2]);
Rk = diag([3.5^2 3.5^2 3.5^2 0.25 0.25 0.25]);
P0 = Qw;
Ngps = zeros(tl,1); % % GPS 故障
% % 加速度计故障
Nxa = zeros(tl,1);
Nya = zeros(tl,1);
Nza = zeros(tl,1);

kkkgps = 1;
% % 开始滤波
for kgps = 1:5
Ngps(300:tl,1) = (40 + kgps * 20)^2;                 % 五种 GPS 故障
% Nxa(300:tl,1) = (0.5 + 0.5 * (kgps - 1))/3600;     % x 轴加速度计
% Nya(300:tl,1) = (500 + 100 * kgps) * wg;           % y 轴加速度计
    for kkgps = 1:40                                 % 各 40 次
for i = 1:tl
    Fn = function_F(lati(i),Rm(i),Rn(i));
    Fs = [03 I3;I3 03;03 03];
    Fm = diag([-1/3600 -1/3600 -1/3600 -1/3600 -1/3600 -1/3600]);
    F = [Fn Fs;zeros(6,9) Fm];
        ph = I15;
for k = 11:2
  ph = I15 + F/k * ph;
end
Phi = I15 + F * ph;

    hh = zeros(3,6);
hhh = diag([(Rm(i) + h) (Rn(i) + h) * cos(lati(i)) 1]);
    Hp = [hh hhh hh];
    Hv = [diag([1 1 1]) zeros(3,12)];
    H = [Hp;Hv];
    Qwt = zeros(15,1);
    Qwt(7) = ws^2/(ws^2 - wie^2) * (1/wie * sin(wie * i) - 1/ws * sin(ws * i)) * Nxg(i) + ws^2 * wie *
            sin(lati(i))/(ws^2 - wie^2) * (1/ws^2 * cos(ws * i) - 1/wie^2 * cos(wie * i)) * Nyg(i) +
            sin(lati(i))/wie * Nyg(i);
    Qwt(7) = Qwt(7) + 1/g0 * (1 - cos(ws * i)) * Nya(i);
    Qwt(8) = (tan(lati(i))/wie * (1 - cos(wie * i)) - wie * tan(lati(i))/(ws^2 - wie^2) * (cos(wie *
            i) - cos(ws * i))) * Nxg(i);
```

```
    Qwt(8) = Qwt(8) + (sec(lati(i)) * (ws^2 - wie^2 * cos(lati(i))^2)/ws * sin(ws * i)/(ws^2 - wie^2) - ws^2 *
            tan(lati(i)) * sin(lati(i))/wie * sin(ws * i)/(ws^2 - wie^2) - i * cos(lati(i))) * Nyg(i);
    Qwt(8) = Qwt(8) + sec(lati(i))/g0 * (1 - cos(ws * i)) * Nxa(i);

Xerror(:,i) = X1(:,i) + Qwt;
Xerror(:,i + 1) = Phi * (Xerror(:,i)) + diag(randn(1,15)) * [0 0 0 0 0 0 0 0 0 (0.001/3600) (0.001/
            3600) (0.001/3600) (50 * wg) (50 * wg) (50 * wg)]';
    Z(:,i) = H * (Xerror(:,i + 1)) + [Ngps(i) Ngps(i) Ngps(i) 0 0 0]' + diag(randn(1,6)) * [3.5 3.5
            3.5 0.5 0.5 0.5]';
Pk = Phi * P0 * Phi';
KK = Pk * H' * inv(H * Pk * H' + Rk);
X1(:,i + 1) = Phi * (X1(:,i));
X(:,i) = X1(:,i + 1) + KK * (Z(:,i) - H * X1(:,i + 1));
residual(:,i) = X(:,i) - X1(:,i + 1);
P0 = (I15 - KK * H) * Pk;
for ki = 1:15
beta1(kkkgps,ki,i) = residual(ki,i)' * inv(P0(ki,ki)) * residual(ki,i);
end
end
beta(kkkgps,:,:) = beta1(kkkgps,:,:)/max(max(beta1(kkkgps,:,:)));
kkkgps = kkkgps + 1
    end
end
save Chi2test.mat beta;
```

子程序(function_F):

```
function F = function_F(l,Rm,Rn)
global Re f wie h vx vy vz g0
F = zeros(9,9);
F(1,1) = vy * tan(l)/(Rn + h) - vz/(Rn + h);
F(1,2) = 2 * wie * sin(l) + vx * tan(l)/(Rn + h);
F(1,3) = - (2 * wie * cos(l) + vx/(Rn + h));
F(1,5) = g0;
F(1,6) = 0;
F(1,7) = 2 * wie * vz * sin(l) + 2 * wie * vy * cos(l) + vx * vy * sec(l)^2/(Rn + h);
F(2,1) = - (2 * vx * tan(l)/(Rn + h) + 2 * wie * sin(l));
F(2,2) = - vz/(Rm + h);
F(2,3) = - vy/(Rm + h);
F(2,4) = - g0;
F(2,6) = 0;
F(2,7) = - (2 * wie * cos(l) + 2 * vx * sec(l)^2/(Rn + h)) * vx;
F(3,1) = 2 * wie * cos(l) + 2 * vx/(Rn + h);
F(3,2) = 2 * vy/(Rm + h);
```

```
F(3,4) = 0;
F(3,5) = 0;
F(3,7) = - 2 * wie * vx * sin(l);
F(3,9) = 2 * g0/Rm;
F(4,2) = - 1/(Rm + h);
F(4,5) = wie * sin(l) + vx/(Rn + h) * tan(l);
F(4,6) = - wie * cos(l) - vx/(Rn + h);
F(5,1) = 1/(Rn + h);
F(5,4) = - wie * sin(l) - vx/(Rn + h) * tan(l);
F(5,6) = - vy/(Rm + h);
F(5,7) = - wie * sin(l);
F(6,1) = tan(l)/(Rn + h);
F(6,4) = wie * cos(l) + vx/(Rn + h);
F(6,5) = vy/(Rm + h);
F(6,7) = wie * cos(l) + vx/(Rn + h) * sec(l)^2;
F(7,2) = 1/(Rm + h);
F(8,1) = sec(l)/(Rn + h);
F(8,7) = vx/(Rn + h) * sec(l) * tan(l);
F(9,3) = 1;
```

图 6.19 和图 6.20 分别为 X 轴、Y 轴加速度计不同幅值故障的 χ^2 检验归一化结果，图 6.21为 GPS 不同幅值故障结果。由图 6.19～图 6.21 可以看出，当某一故障类型发生时，不管故障幅值大小如何变化，χ^2 检验却是十分相似的。因此，故障类型与归一化卡方检验结果一一对应。将这些故障状态向量输入泛函模糊神经网络就可以得到故障的分类，从而判断故障的发生位置，进而准确地隔离故障，保证整个系统的可靠性。

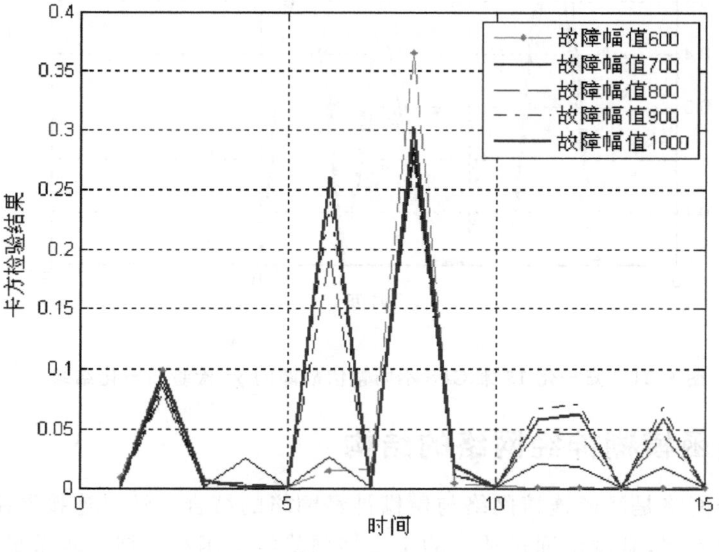

图 6.19　归一化 15 维 X 轴加速度计不同幅值故障的 χ^2 检验归一化结果

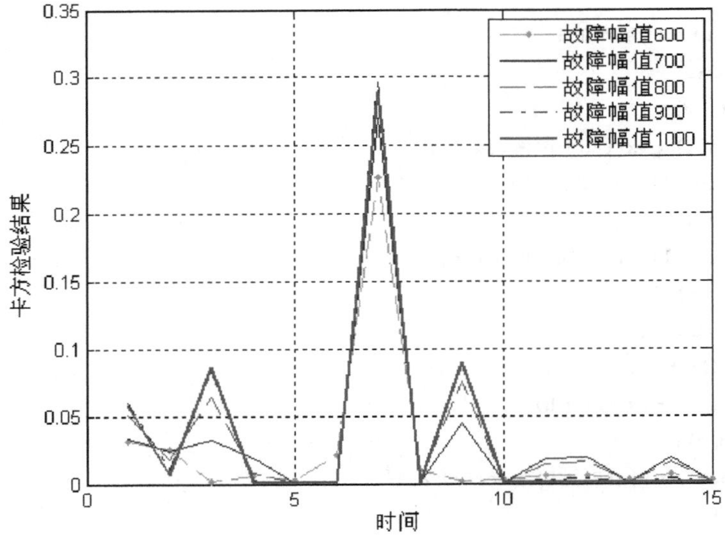

图 6.20 归一化 15 维 Y 轴加速度计不同幅值故障的 χ^2 检验归一化结果

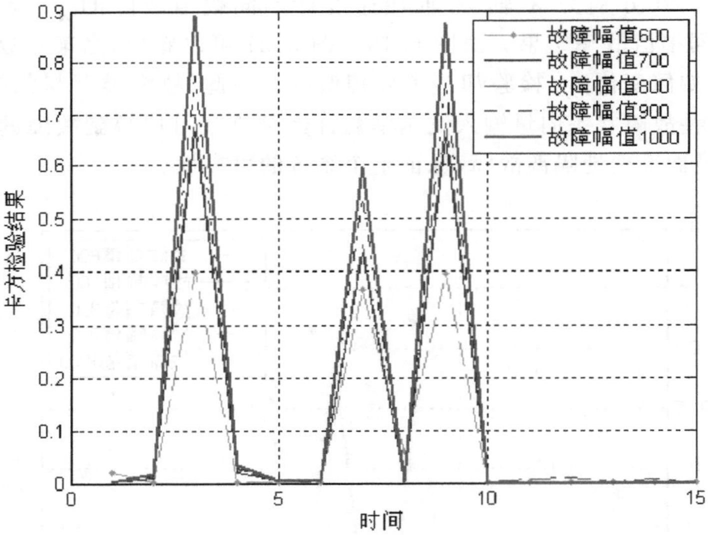

图 6.21 归一化 15 维 GPS 不同幅值故障的 χ^2 检验归一化结果

6.8.2 泛函模糊神经网络的结构

泛函模糊神经网络是泛函连接网络与模糊神经网络的结合。泛函连接网络只有两层神经网络。第一层是输入层，其输出通过适当的正交多项式实现函数扩展。本节的基函数采用 x，$\sin(x)$，$\cos(x)$，其中，x 表示输入量。因此，将会有 $3\times N$ 个基函数(Φ)，其中 N 为输入量的个数。基函数之所以采用三角函数是因为三角函数比高斯函数表达更为简洁，且计算更快更方便。三角基函数的主要作用是提高了输入量的维数。

泛函模糊神经网络可分为两部分，即前提部分（前件网络）和结论部分（后件网络），其结构如图 6.22 所示。

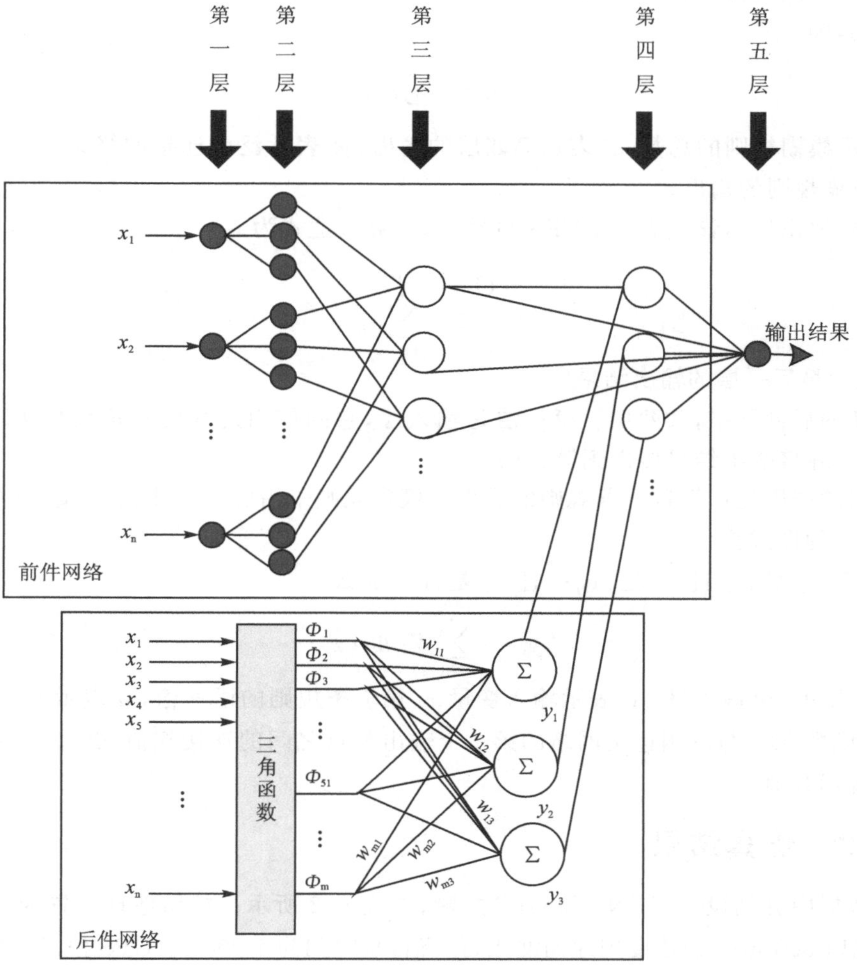

图 6.22　泛函模糊神经网络的结构

前件网络由 4 层组成。下面简要介绍每一层的节点计算函数。

第一层：该层直接将输入变量 x_i 传输到下一层。

第二层：在这一层中，每个节点代表一个语言变量值。第 j 个语言变量值的输入变量 x_i 的隶属度函数值表示式为

$$\mu_i^j = \exp\left(-\frac{[x_i - m_{ij}]^2}{\sigma_{ij}^2}\right) \tag{6.14}$$

式中，μ_i^j 表示第 j 个语言值的第 i 个输入变量的隶属度函数值，m_{ij}、σ_{ij} 表示第 j 个语言值的第 i 个输入变量的高斯隶属函数的平均值和标准差。

第三层：该层节点接收来自上一层的隶属度函数值 μ_i^j，利用乘法器计算匹配模糊规则的

前件，计算出每条规则的适用度，即

$$a_j = \prod_i \mu_i^j \tag{6.15}$$

式中，a_j 表示第 j 条规则的合适度。

第四层：该层的输出为模糊规则的输出，是由第三层的输出节点与泛函连接网络的输出节点乘积得到，即

$$u_i = \sum_{j=1}^{R} a_j y_i^j \tag{6.16}$$

式中，R 表示模糊规则的总数，u_i 表示第四层的输出，y_i^j 表示泛函连接网络第 i 个输入变量对应第 j 条模糊规则的输出。

第五层（输出层）：该层表示 FNFN 的输出，计算表达式为

$$O_i = \frac{u_i}{\sum_{j=1}^{R} a_j} \tag{6.17}$$

式中，O_i 表示最后一层的输出结果。

FNFN 的后件网络，共两层。第一层是输入层，它的作用是利用三角函数实现输入变量的函数扩展，并将输出结果传送到第二层。

第二层的作用是计算每一条规则的后件。模糊规则采用的是 Takagi-Sugeno 模型。因此模糊规则 R_j 的形式为

R_j：如果 x_1 是 A_{1j} 且 x_2 是 A_{2j}…且 x_n 是 A_{nj}，那么

$$y_i^j = \sum_{k=1}^{m} W_{kj} \Phi_k(x_i) \tag{6.18}$$

式中，x_i 表示第 i 个输入量，A_{ij} 表示输入变量 x_i 第 j 条规则的语言值，m 表示基函数的总数，W_{kj} 表示基函数（Φ_k）与泛函连接网络的第 j 个输出节点之间的连接权值，Φ_k 表示输入变量 x_i 的第 k 个基函数值。

6.8.3 仿真结果

仿真数据中分别设置了 INS 和 GPS 故障，如表 6.2 所示。初始地理位置为东经116°，北纬39°，飞机以 300 m/s 的速度匀速向北飞行，飞行总时间为 1 000 s。GPS 信息的输出频率为 1 Hz，卡尔曼滤波周期为 1 s。

表 6.2 故障设置类型

故障类型	故障幅值	故障模式
X 轴加速度计故障	600,700,800,900,1000(μg)	0
Y 轴加速度计故障	600,700,800,900,1000(μg)	−1
GPS 接收机跳变	60,80,100,120,140(m)	1

泛函模糊神经网络故障诊断方法实现的 MATLAB 程序如下：

```
clc
```

```
clear all
Caver = 2;
Cupper = 2.5;
Clower = 0.5;
vmax = 0.9;
wmax = 2;
wmin = -2;
iterationmax = 100;
load Chi2test.mat beta;                  % 加载 GPS 故障卡方检验 m 文件
load Chi2test1.mat beta1;                % 加载 x 轴加速度计卡方检验 m 文件
load Chi2test1.mat beta2;                % 加载 y 轴加速度计卡方检验 m 文件

x = zeros(15,600);
x(:,1:200) = beta(:,:,700)';
x(:,201:400) = beta1(:,:,700)';
x(:,401:600) = beta2(:,:,700)';
y(1:200) = 1;                            % GPS 故障输出结果
y(201:400) = 0;                          % x 轴加速度计故障输出结果
y(401:600) = -1;                         % y 轴加速度计故障输出结果
fk = 3;                                  % 隶属度函数个数---模糊规则个数
[p1,p2] = size(x);
%% 随机选取训练样本 400 个,测试样本 200 个
I = randperm(600);
xxa = I(1:400);
xxb = I(401:p2);
x1 = x(:、xxa);
x2 = x(:、xxb);
y1 = y(xxa);
y2 = y(xxb);

for i = 1:p1;
for j = 1:fk;
    m(i,j) = max(x(i,:))/fk * j - max(x(i,:))/fk/2;
    b(i,j) = 0.05;
end
end

w = unifrnd(wmin,wmax,p1 * 3,fk,80); % 初始化权值
Vw = zeros(15 * 3,fk,80);

for iteration = 1:iterationmax
    wi(iteration) = 0.9 - 0.005 * (iteration - 1);
```

```
end
eaver1 = 1;
iteration = 1;

% % % - - - 开始训练
for q = 1:400
        for i = 1:p1;
        for j = 1:fk;
            u(i,j) = gaussmf(x1(i,q),[m(i,j),b(i,j)]);

        end
    end
    %模糊推理
        for i = 1:fk;
        v(i,q) = 1;
j = 1;

while j<= p1;

    v(i,q) = v(i,q) * u(j,i);
    j = j + 1;
end
    end
end

MSEpast = 10e4 * ones(1,80);
wjpast = w;
MSEgpast = 10e4;
wgpast = w(:,:,1);

while eaver1>10e - 4 & iteration<= iterationmax
for kParticle = 1:80

for q = 1:400
         for i = 1:fk;
          yj(i) = 0;
j = 1;
while j<= p1;
yj(i) = yj(i) + [x1(j,q) sin(x1(j,q)) cos(x1(j,q))] * w(3 * j - 2:3 * j,i,kParticle);
    j = j + 1;
end
        end
```

```
        true1(q) = v(:,q)' * yj'/sum(v(:,q));
        e(q) = (y1(q) - true1(q));

    end
    eaver(iteration) = sum(abs(e))/400;
    eaver1 = eaver(iteration);

    MSE(kParticle) = e * e'/400;

    if MSE(kParticle)<MSEpast(kParticle)
        wjbest(:,:,kParticle) = w(:,:,kParticle);
        wjpast(:,:,kParticle) = wjbest(:,:,kParticle);
        MSEpast(kParticle) = MSE(kParticle);
    else
        wjbest(:,:,kParticle) = wjpast(:,:,kParticle);
    end
    end
    [mi,I] = min(MSE)
    [ma,I2] = max(MSE)
    if MSE(I)<MSEgpast
        wgbest = w(:,:,I);
        wgpast = wgbest;
        MSEgpast = MSE(I);
    else
        wgbest = wgpast;
    end

    %% PSO_BLACK 优化学习
    MSEaver = sum(MSE)/80;

    for kParticle = 1:80
        if MSE(kParticle)<MSEaver
        C1(kParticle) = Caver + (Cupper - Caver) * (MSE(kParticle) - mi)/(MSEaver - mi);
    else
        C1(kParticle) = Clower + (Caver - Clower) * (ma - MSE(kParticle))/(ma - MSEaver);
    end
    C2(kParticle) = 3 - C1(kParticle);
    r1 = rand(1);
    r2 = rand(1);
    Vw(:,:,kParticle) = wi(iteration) * Vw(:,:,kParticle) + C1(kParticle) * r1 * (wjbest(:,:,kParticle) - w(:,:,kParticle)) + C2(kParticle) * r2 * (wgbest - w(:,:,kParticle));
    for i = 1:15 * 3
```

```
    for j = 1:3
        if Vw(i,j,kParticle)>vmax
    Vw(i,j,kParticle) = vmax;
        else if Vw(i,j,kParticle)< - vmax
    Vw(i,j,kParticle) = - vmax;
            end
        end
    end
end
w(:,:,kParticle) = w(:,:,kParticle) + Vw(:,:,kParticle);
end

for mmm = 1:round(iteration/10)
randi = randperm(p1 * 3);
i = randi(1);
randj = randperm(3);
j = randj(1);
randp = randperm(50);
p = randj(1);
Xmax = max(max(max(w(i,j,:))));
        r1 = rand(1);
        r2 = rand(1);
    if r2<0.5
      Vw(i,j,p) = 0.5 * (Xmax) * r1;
    else
        Vw(i,j,p) = - 0.5 * (Xmax) * r1;
    end
            if Vw(i,j,p)>vmax
    Vw(i,j,p) = vmax;
        else if Vw(i,j,p)< - vmax
    Vw(i,j,p) = - vmax;
            end
            end
end
iteration = iteration + 1
end
% %测试段
for q = 1:200
        for i = 1:p1;
        for j = 1:fk;
            u(i,j) = gaussmf(x2(i,q),[m(i,j),b(i,j)]);
        end
```

```
    end
for i = 1:fk;
        v(i,q) = 1;
j = 1;
while j<= p1;
    v(i,q) = v(i,q) * u(j,i);
    j = j + 1;
end
    end
end
for kParticle = 1:80
for q = 1:200
        for i = 1:fk;
          yj(i) = 0;
j = 1;
while j<= p1;
yj(i) = yj(i) + [x2(j,q) sin(x2(j,q)) cos(x2(j,q))] * w(3 * j - 2:3 * j,i,kParticle);
    j = j + 1;
end
        end
    true2(q) = v(:,q)' * yj'/sum(v(:,q));
    e2(q,kParticle) = (y2(q) - true2(q));
end
e3 = sum(abs(e2));
end
[mi2,I] = min(e3);
e3(I)/200

figure(1)
plot(eaver,'linewidth',2);
xlabel('迭代次数');
ylabel('训练误差');
```

仿真结果如表 6.3 和图 6.23 所示。

表 6.3　网络诊断误差结果

实验次数	1	2	3	4	5	平均
训练段误差	0.0357	0.0387	0.0563	0.0452	0.0357	0.0423
测试段误差	0.0359	0.0347	0.0500	0.0453	0.0358	0.0403

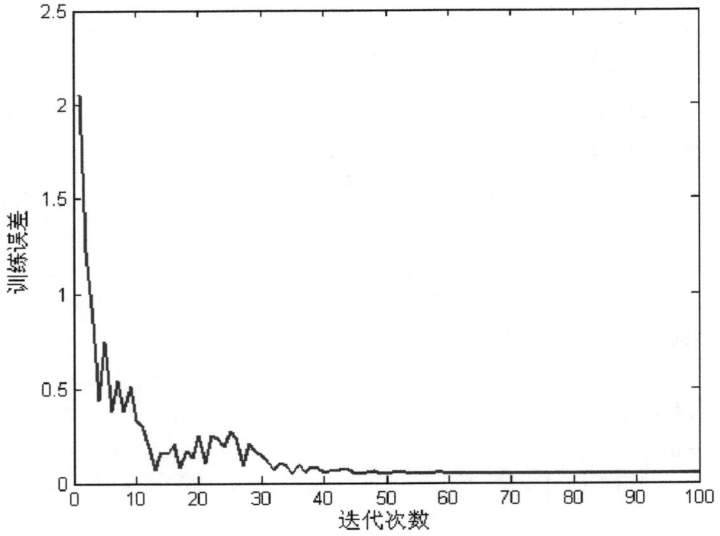

图 6.23　网络训练误差随迭代次数变化曲线

仿真结果表明，基于泛函模糊神经网络与状态卡方检验相结合的故障诊断方法在故障幅值不同的情况下，保持着较高的故障诊断准确率，体现了该方法具有令人满意的故障诊断能力。

第 7 章　基于径向基网络的故障诊断

7.1　模糊-径向基网络的故障诊断

7.1.1　径向基函数网络和模糊推理系统的功能等价关系

1. 模糊的“IF - THEN”规则和模糊推理系统

考虑用模糊“IF - THEN”规则表示的一个例子

IF 压力高　THEN　容量小

这里压力和容量都是语言术语，“高”和“小”是由适当的隶属度函数特征化的语言术语（或语言表）。采用 Takagi 和 Sugeno 提出的模糊模型表示方式，给出另一个例子，模糊集仅包含在前件部分，例如，空气阻力 F 与运动物体的速度 V 的关系

IF　V 大　THEN　$F=k*V^2$

这里前件的“大”是用语言表达的，后件部分是输入变量速度 V 的非模糊方程。

模糊推理系统，也是众所周知的模糊规则基系统、模糊模型、模糊联想记忆或模糊控制（在控制系统中应用时）。模糊推理系统是由模糊“IF - THEN”规则的集合和语言表隶属度函数的数据库组成的，且推论机制称做模糊推理。按 Takagi 和 Sugeno 提出的推理形式，假设规则库由两个模糊“IF - THEN”规则组成

规则 1：IF　x_1　is　A_1　and　x_2　is　B_1，　THEN　$f_1=a_1x_1+b_1x_2+c_1$

规则 2：IF　x_1　is　A_2　and　x_2　is　B_2，　THEN　$f_2=a_2x_1+b_2x_2+c_2$

则对其模糊推理过程可由图 7.1(a)给出，这里的第 i 个规则的启动强度可按前件部分隶属度值的 T - norm 获得

$$w_i = \mu_{A_i}(x_1)\mu_{1}B_{i}(x_2) \text{ 或 } w_i = \min\{\mu_{A\ i}(x_1), \mu_{B_i}(x2)\} \tag{7.1}$$

整个系统最后输出可以用每个规则的加权和表示

$$f(x) = \sum_{i=1}^{R} w_i f_i(x) \tag{7.2}$$

或更常规地，用加权平均表示（如图 7.1(a)所示）

$$f(x) \frac{\sum_{i=1}^{R} w_i f_i(x)}{\sum_{i=1}^{R} w_i} \tag{7.3}$$

式中，R 是模糊”IF - THEN”规则的个数。

也可以把模糊推理系统直接转换成为等价的自适应网络，如图 7.1(b)所示。

2. 功能等价及其实现

从式(7.1)、式(7.2)和式(7.3)中可以看出，如果下面条件成立，则 RBF 网络和模糊推理系统的功能是等价的

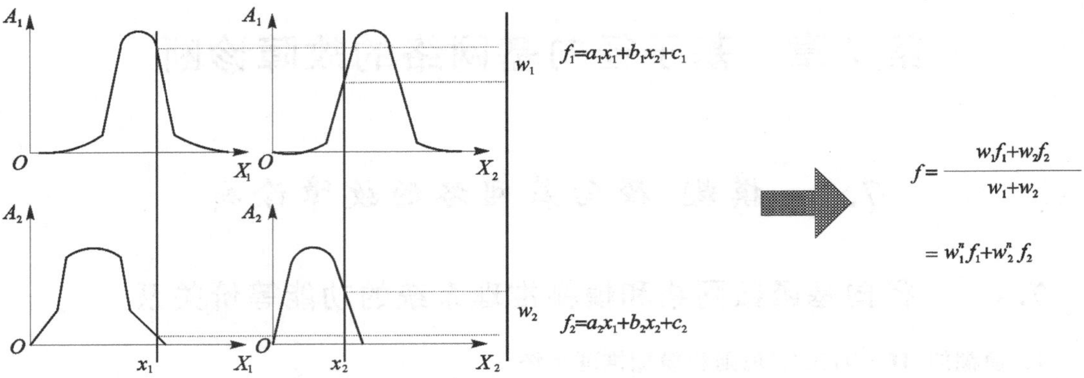

(a) 模糊推理

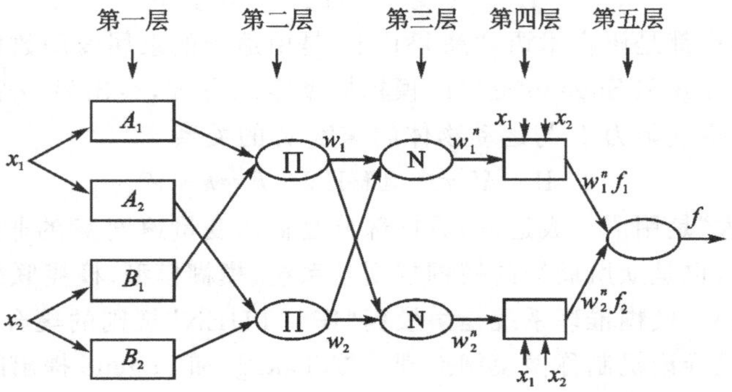

(b) 自适应网络

图 7.1 模糊推理系统

- 接收域单元的数等于模糊“IF－THEN”规则的数；
- 每个模糊“IF－THEN”规则的输出是一个常值(即在图 7.1 中 a_1, b_1, a_2, b_2 都为 0)；
- 每个规则的隶属度函数都选择具有与高斯函数相同的形式；
- 计算每个规则启动强度的 T－norm 算子是乘和。
- RBF 网络和模糊推理系统使用相同的方法(加权平均或加权和)推导输出。

在这些条件下，语言表 A_1 和 B_1 的隶属度函数可以表示为

$$\mu_{A_1}(x_1)=\exp\left[\frac{(x_1-c_{A_1})^2}{\sigma_1^2}\right] \tag{7.4}$$

$$\mu_{B_1}(x_2)=\exp\left[-\frac{(x_2-c_{B_1})^2}{\sigma_1^2}\right] \tag{7.5}$$

因此，规则 1 的启动强度为

$$\omega_1(x_1\cdot x_2)=\mu_{A_1}(x_1)\mu_{B_1}(x_2)=\exp\left[-\frac{(\vec{x}-\vec{c}_1)^2}{\sigma_1^2}\right]=R_1(\vec{x}) \tag{7.6}$$

式中，$\vec{c}_1=(c_{A_1}\cdot c_{B_1})$为相应接收域的中心。

类似地，ω_2 可以用同样的方法得出。因此，在上面的条件下，RBF(具有两个接收域单元)

与图 7.1(a)在功能上完全相同。如果没有上面的限制,RBF 的功能仅仅是模糊推理系统的一个特例。

7.1.2　基于自适应模糊系统的径向基高斯函数网络

基于自适应模糊系统(adaptive fuzzy systems ，AFSs)的径向基高斯函数网络(radial basis function ,RBF)的基本特征是由前提和结论两部分构成,且每一部分都包含有关可调整的参数集。下面,给出三种基于 AFSs 的 RBF 网络类型。在这三种类型中,有一个共同点是在已知输入和被存贮前提事件之间,用和、积复合运算给出匹配关系,即

$$R_i(x) = \exp\left[\frac{-\sum_{j=1}^{n} |x_j - c_{ji}|^2}{2\sigma_{ji}^2}\right] = \prod_j A_{ji}(x) \tag{7.7}$$

1. 类型 I:结论是常值

假设有 m 个模糊规则,每个规则有 n 个输入和 p 个输出,第 i 个规则的形式如下

$$\text{Rule } i: \begin{array}{l} \text{if} \quad (x_1 \text{ is } A_{1i})\text{and}\cdots\text{and}(x_n \text{ is } A_{ni}) \\ \text{then} \quad (y_1 \text{ is } a_{i1})\text{and}\cdots\text{and}(y_p \text{ is } a_{ip}) \end{array}$$

其中,a_{ik}是常数。由前面给出的等价推理结论得,其推理输出 y_k 为

$$y_k = \frac{\sum_{i=1}^{m} R_i(x) a_{ik}}{\sum_{i=1}^{m} R_i(x)} = \sum_{i=1}^{m} \hat{R}_i(x) \tag{7.8}$$

图 7.2 给出了基于 AFSs 的 RBF 网络(式(7.8)的实现)。值得注意的是式(7.7)的类型属于类型Ⅰ,很容易由简单的 RBF 网络实现。

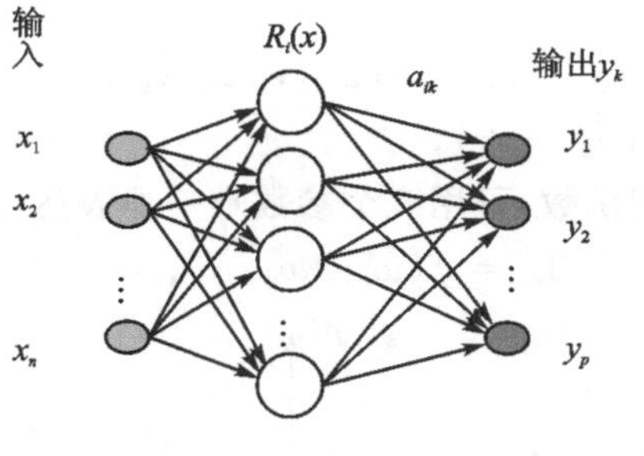

图 7.2　基于 AFSs 的 RBF 网络结构:类型 I

2. 类型 II:后件是一阶线性方程

考虑 Sugen 模糊模型:

$$\text{Rule } i: \begin{array}{l} \text{if} \quad (x_1 \text{ is } A_{1i})\text{and}\cdots\text{and}(x_n \text{ is } A_{ni}) \\ \text{then} \quad (y_1 \text{ is } f_{i1})\text{and}\cdots\text{and}(y_p \text{ is } f_{ip}) \end{array}$$

其中,$f_{ik}=a_{ik0}+a_{ik1}x_1+a_{ik2}x_2+\cdots\cdots+a_{ikn}x_n$。由上节的结论知,其模糊推理输出为

$$y_k = \frac{\sum_{i=1}^{m} R_i(x) f_{ik}}{\sum_{i=1}^{m} R_i(x)} = \sum_{i=1}^{m} \hat{R}_i(x) f_{ik}$$
$$= \sum_{i=1}^{m} \hat{R}_i(x) a_{ik0} + \sum_{i=1}^{m} \hat{R}_i(x) (\sum_{l=1}^{n} a_{ikl} x_l) \quad (7.9)$$

式(7.9)可由图7.3所示的径向基函数网络实现。

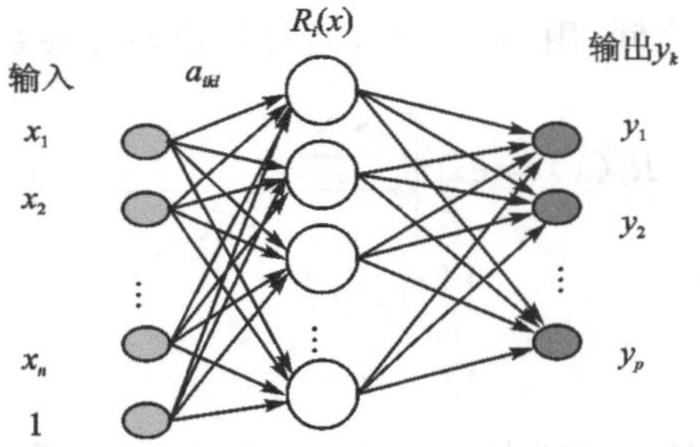

图7.3　基于AFSs的RBF网络结构:类型II

3. 类型III:后件是模糊变量

考虑模糊规则

Rule i: if(x_1 is A_{1i})and…and(x_n is A_{ni})
then(y_1 is B_{i1})and…and(y_p is B_{ip})

其中,B_{ik}是模糊集。

一般情况,模糊隶属度函数是正规凸函数,可由参数函数形式表示为

$$B_{ik} = f(\boldsymbol{w}_{ik}, y_{ik}^*)$$

其中,$\boldsymbol{w}_{ik}$是宽度向量,y_{ik}^*是使$\mu_{B_{ik}}(y_{ik}^*)=1$的元素。如,含有三个隶属度函数的模糊集(图7.4(a)所示)表示为

$$B_{ik} = f(w_{ik1}, w_{ik2}, y_{ik}^*)$$

其中,$w_{ik1}=|y_{ik}^*-y_{ik}^l|$,$w_{ik2}=|y_{ik}^*-y_{ik}^r|$。

对于不规则形状的隶属度函数,可用五个参数唯一地表达(图7.4(b))为

$$B_{ik} = f(w_{ik1}, w_{ik3}, w_{ik4}, y_{ik})$$

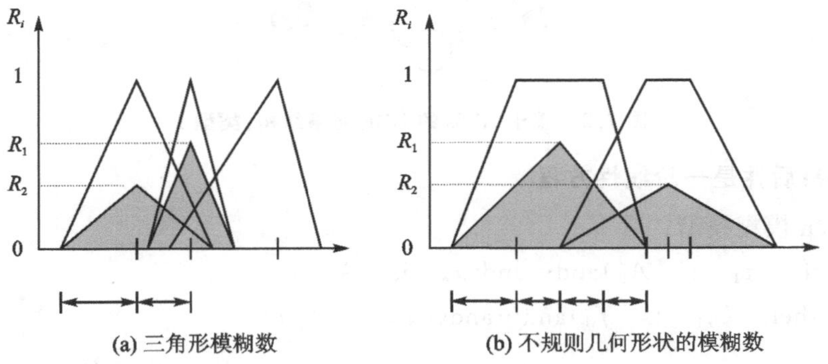

图7.4　模糊数

模糊隶属度值可按下述方法计算。

（1）等腰三角形的隶属度函数

$$\mu_i(w_{ik}) = R_i(x)\frac{w_{ik}}{2}$$

其中，$w_{ik}=w_{ik1}+w_{ik2}$。

（2）一般三角形的隶属度函数

$$\mu_i(w_{ik}) = R_i(x)\frac{w_{ik1}+w_{ik2}}{2}$$

（3）不规则几何形状的隶属度函数

$$\mu_i(w_{ik}) = R_i(x)\frac{w_{ik}+w_{ik2}+w_{ik3}+w_{ik4}}{2}$$

应用重心法进行反模糊化计算，第 k 个元素的输出为

$$y_k = \frac{\sum_{i=1}^{m}\mu_i(w_{ik})y_{ik}^*}{\sum_{i=1}^{m}\mu_i(w_{ik})} \tag{7.10}$$

由上节知，式(7.10)可由图 7.5 所示的径向基函数网络实现。

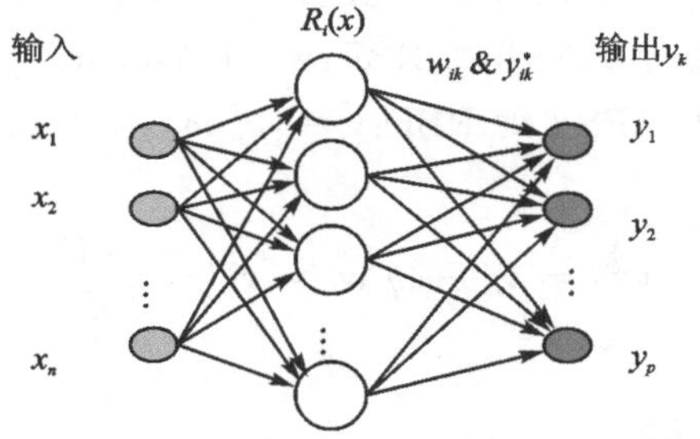

图 7.5　基于 AFSs 的 RBF 网络结构：类型 III

7.1.3　学习算法

基于模糊系统的径向基函数网络的学习过程是由确定最小知识规则数(隐层节点数)和调节隐层参数矢量所构成的，算法使网络从样本数据中估计出未知的规则，网络是否产生新的径向基节点，由有效半径的大小来确定，第 i 个隐层节点的有效半径 r_i 可用一个超球面 H 表达为

$$H(r_i) = \left\{x \,\middle|\, d(x,c,\sigma) = \frac{(x-c)^2}{\sigma^2} \leqslant r_i^2\right\} \tag{7.11}$$

1. 递阶自组织学习算法

网络递阶算法学习过程如下：

第 1 步：设 $i=1,n=1$，i 和 n 分别代表隐层节点个数和第 n 个训练样本。

第 2 步：用第 n 个训练样本估计 $|y_n-t_n|$，这里 y_n 和 t_n 分别为第 n 个样本的网络输出值和期望值。

第 3 步：如果 $|y_n-t_n|>E$，E 为误差界，则转向第 4 步；否则转向第 7 步。

第 4 步：如果有一个隐层节点使训练样本落入在超球体 H 内，则转向第 5 步；否则，产生

新的隐层节点,转向第6步。新的隐层节点的参数按下述方法确定

设 $i=i+1$;

均值向量 $c_i=$训练样本的输入;

标准偏差 $\sigma_i=\sigma_{\text{init}}$;

第5步:应用下节给出的修正方法调节参数向量。

第6步:转向第2步。

第7步:等待新的数据样本,然后转向第1步。

2. 参数向量修正方法

基于训练模式,学习算法按照误差函数的负梯度下降方法,不断地更新网络参数。第 n 个训练模式的误差参数 E_n 可定义为

$$E_n = \frac{1}{2}\sum_{k_1}^{p}(t_{nk} - y_{nk})^2 \tag{7.12}$$

式中,p 为输出单元的个数。

按照基于AFSs的RBF的结构,可定义网络参数向量为

基于AFSⅠ的RBF:$\boldsymbol{v}_i=[c_{ji}^{\mathrm{T}},\sigma_{ji}^{\mathrm{T}},c_{ik}^{\mathrm{T}}]^{\mathrm{T}}$

基于AFSⅡ的RBF:$\boldsymbol{v}_i=[c_{ji}^{\mathrm{T}},\sigma_{ji}^{\mathrm{T}},c_{ikj}^{\mathrm{T}}]^{\mathrm{T}}$

基于AFSⅢ的RBF:$\boldsymbol{v}_i=[c_{ji}^{\mathrm{T}},\sigma_{ji}^{\mathrm{T}},y_{ik}^{*\mathrm{T}},w_{ik}^{\mathrm{T}}]^{\mathrm{T}}$

参数更新修正规则为

$$\boldsymbol{v}_i^{\text{new}} = \boldsymbol{v}_i^{\text{old}} + \eta\Delta\boldsymbol{v}_i = \boldsymbol{v}_i^{\text{old}} - \eta\frac{\partial E_n}{\partial \boldsymbol{v}_i} \tag{7.13}$$

式中,η 为学习速率。

下面,给出式(7.13)中的$\dfrac{\partial E_n}{\partial \boldsymbol{v}_i}$详细的推导。为了方便起见,推导中省去标号中的下标 n。

(1) 基于AFSⅠ的RBF

在这种情况下,第 k 个元素的输出为

$$y_k = \frac{\sum_{i=1}^{m}R_i(x)a_{ik}}{\sum_{i=1}^{m}R_i(x)} = \frac{u(c_{ji},\sigma_{ji},a_{ik})}{z(c_{ji},\sigma_{ji})} \tag{7.14}$$

对于每个参数,E 的负梯度可进一步计算,即

$$\Delta c_{ji} = -\frac{\partial E}{\partial c_{ji}} = -\frac{\partial E}{\partial y_k}\frac{\partial y_k}{\partial R_i}\frac{\partial R_i}{\partial c_{ji}} = (t_k - y_k)\frac{a_{ik}-y_k}{z}R_i\frac{x_j - c_{ji}}{\sigma_{ji}^2} \tag{7.15}$$

$$\Delta \sigma_{ji} = -\frac{\partial E}{\partial \sigma_{ji}} = -\frac{\partial E}{\partial y_k}\frac{\partial y_k}{\partial R_i}\frac{\partial R_i}{\partial \sigma_{ji}} = (t_k - y_k)\frac{a_{ik}-y_k}{z}R_i\frac{(x_j - c_{ji})^2}{\sigma_{ji}^3} \tag{7.16}$$

$$\Delta a_i = -\frac{\partial E}{\partial a_{ij}} = -\frac{\partial E}{\partial y_k}\frac{\partial y_k}{\partial u}\frac{\partial u}{\partial a_{ik}} = (t_k - y_k)\frac{1}{z}R_i \tag{7.17}$$

(2) 基于AFSⅡ的RBF

在这种情况下,第 k 个元素的输出为

$$y_k = \frac{\sum_{i=1}^{m} R_i(x) f_{ik}}{\sum_{i=1}^{m} R_i(x)} = \frac{u(c_{ji}, \sigma_{ji}, a_{ikj})}{z(c_{ji}, \sigma_{ji})} \tag{7.18}$$

对于每个参数，E 的负梯度可进一步计算，即

$$\Delta c_{ji} = -\frac{\partial E}{\partial c_{ji}} = -\frac{\partial E}{\partial y_k}\frac{\partial y_k}{\partial R_i}\frac{\partial R_i}{\partial c_{ji}} = (t_k - y_k)\frac{a_{ik} - y_k}{z} R_i \frac{x_j - c_{ji}}{\sigma_{ji}^2} \tag{7.19}$$

$$\Delta \sigma_{ji} = -\frac{\partial E}{\partial \sigma_{ji}} = -\frac{\partial E}{\partial y_k}\frac{\partial y_k}{\partial R_i}\frac{\partial R_i}{\partial \sigma_{ji}} = (t_k - y_k)\frac{a_{ik} - y_k}{z} R_i \frac{(x_i - c_{ji})^2}{\sigma_{ji}^3} \tag{7.20}$$

$$\Delta a_i = -\frac{\partial E}{\partial a_{ij}} = -\frac{\partial E}{\partial y_k}\frac{\partial y_k}{\partial u}\frac{\partial u}{\partial f_{ik}}\frac{\partial f_{ik}}{\partial a_{ikj}} = (t_k - y_k)\frac{1}{z} R_i x_j \tag{7.21}$$

(3) 基于 AFSⅢ 的 RBF

在这种情况下，第 k 个元素的输出为

$$y_k = \frac{\sum_{i=1}^{m} \mu_i(w_{ik}) y_{ik}^*}{\sum_{i=1}^{m} \mu_i(w_{ik})} = \frac{u(c_{ji}, \sigma_{ji}, y_{ik}^*, w_{ik})}{z(c_{ij}, \sigma_{ji}, w_{ik})} \tag{7.22}$$

式中，$\mu_i(w_{ik}) = R_i(x) w_{ik}/2$。

对于每个参数，E 的负梯度可进一步计算，即

$$\Delta c_{ji} = -\frac{\partial E}{\partial c_{ji}} = -\frac{\partial E}{\partial y_k}\frac{\partial y_k}{\partial R_i}\frac{\partial R_i}{\partial c_{ji}} = (t_k - y_k)\frac{y_{ik}^* - y_k}{z}\frac{w_{ik}}{2} R_i \frac{x_j - c_{ji}}{\sigma_{ji}^2} \tag{7.23}$$

$$\Delta \sigma_{ji} = -\frac{\partial E}{\partial \sigma_{ji}} = -\frac{\partial E}{\partial y_k}\frac{\partial y_k}{\partial R_i}\frac{\partial R_i}{\partial \sigma_{ji}} = (t_k - y_k)\frac{y_{ik}^* - y_k}{z}\frac{w_{ik}}{z} R_i \frac{(x_i - c_{ji})^2}{\sigma_{ji}^3} \tag{7.24}$$

$$\Delta w_{ik} = -\frac{\partial E}{\partial w_{ik}} = -\frac{\partial E}{y_k}\frac{\partial y_k}{\partial \mu_i}\frac{\partial u_i}{\partial w_{ik}} = (t_k - y_k)\frac{y_{ik}^* - y_k}{z}\frac{R_i}{2} \tag{7.25}$$

$$\Delta y_{ik}^* = -\frac{\partial E}{\partial y_{ik}^*} = -\frac{\partial E_k}{\partial y_k}\frac{\partial y_k}{\partial u}\frac{\partial u}{\partial y_{ik}^*} = (t_k - y_k)\frac{1}{z}\mu_i \tag{7.26}$$

7.1.4 非线性系统的故障诊断

1. 自适应状态观测器设计

考虑非线性时变系统

$$\begin{aligned} x(k) &= f(x(k), u(k), \beta(k)) \\ y(k) &= g(x(k)) \end{aligned} \tag{7.27}$$

式中，$u \in E^l$；$y \in R^m$；$x \in R^n$；$f(\cdot)$为非线性函数；$g(\cdot)$为已知的非线性观测函数；$\beta(\cdot)$为系统随时间变化的参数，它是一个随时间慢变的非线性函数。

为了从非线性时变系统的输入 $u(k)$和 $y(k)$估计出系统的状态，可用图 7.6 结构的基于模糊系统的径向基网络动态系统构成状态观测器，系统的输出作为估计器的一个输入。动态方程为

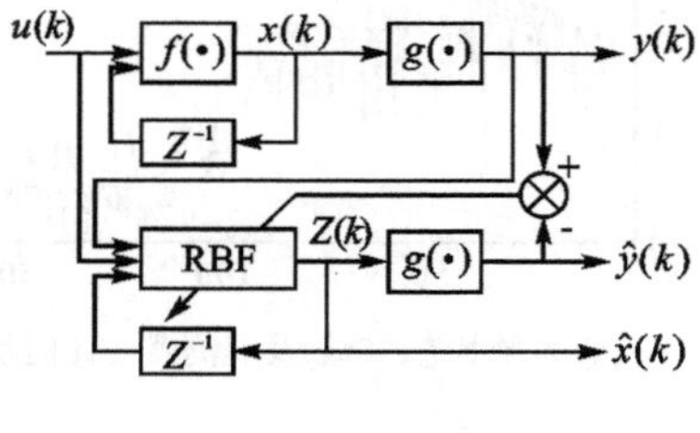

图 7.6　自适应状态观测器结构图

$$
\begin{aligned}
Z(k) &= r(Z(k), u(k), y(k)) \\
\hat{y}(k) &= g(Z(k))
\end{aligned}
\tag{7.28}
$$

式中，$Z(k) \in R^n$，为基于模糊规则的径向基网络动态系统的状态。

例 7.1 仿真系统

$$
\begin{aligned}
x(k+1) &= (1+\beta(k))\sin x(k) - 0.1x(k) + u(k) \\
y(k) &= 1.5x(k) + x(k-1) \\
\beta(k) &= \sin(0.035k)
\end{aligned}
\tag{7.29}
$$

系统的输入采用白噪声，学习速率取为 0.2。按上节的算法分别用基于 AFSsⅠ、AFSsⅡ和 AFSsⅢ的 RBF 网络进行在线学习、估计，仿真观测器的规则节点分别稳定在 $m=20$、$m=17$ 和 $m=5$，图 7.7、图 7.8 和图 7.9 为仿真结果。由仿真结果可以看出，系统初始收敛速度快（具体仿真程序这里不再给出）。

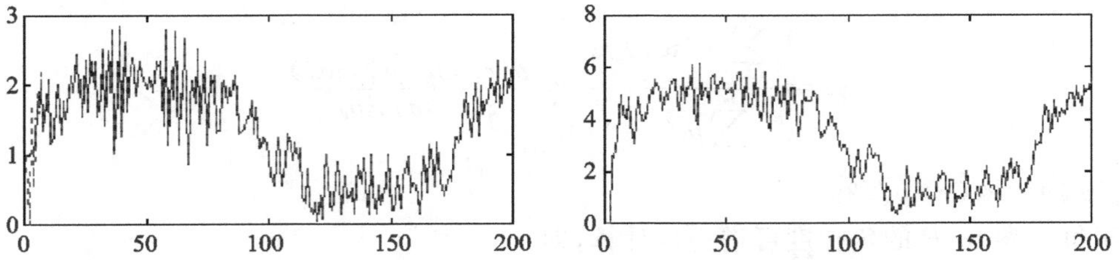

(a) 系统状态(实线)及观测器估计的状态(虚线)　　(b) 系统输出(实线)及观测器估计的输出(虚线)

图 7.7 基于 AFSsⅠ的 RBF 网络仿真结果

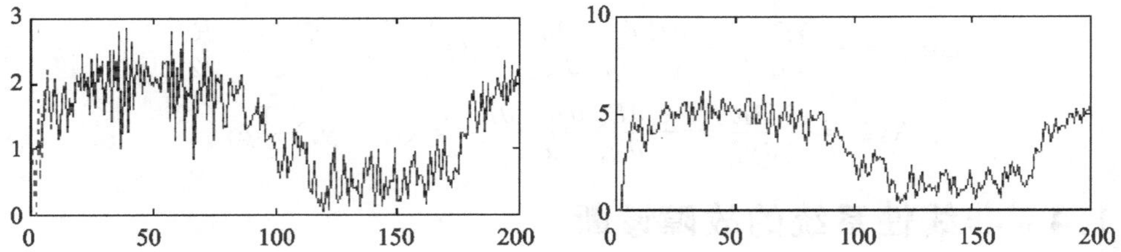

(a) 系统状态(实线)及观测器估计的状态(虚线)　　(b) 系统输出(实线)及观测器估计的输出(虚线)

图 7.8 基于 AFSsⅡ的 RBF 网络仿真结果

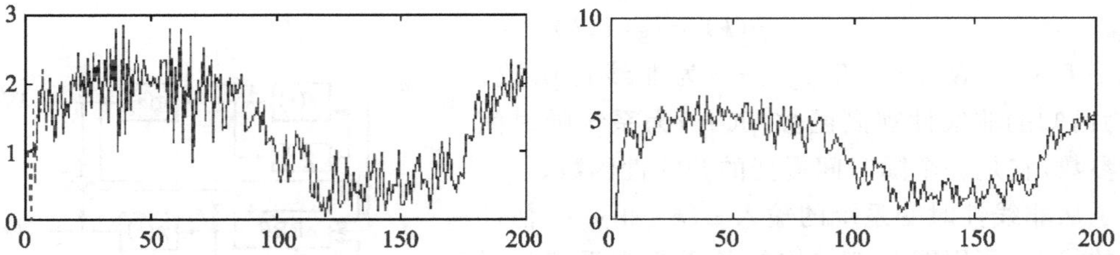

(a) 系统状态(实线)及观测器估计的状态(虚线)　　(b) 系统输出(实线)及观测器估计的输出(虚线)

图 7.9 基于 AFSsⅢ的 RBF 网络仿真结果

2. 非线性系统的故障诊断

对于式(7.27)系统，可以利用神经网络获得状态观测器式(7.28)。利用这个状态观测器的输出值，进行下一步的系统的输出预报，便可以实现系统的故障检测。定义如下系统预报输出残差，即

$$\varepsilon(k+1)=y(k+1)-\hat{y}(k+1) \tag{7.30}$$

式中，$\varepsilon(k)$为系统的预报输出残差。根据状态观测器设计的特点，$\varepsilon(k)$应很快衰减为 0，从而达到对故障进行预报的目的。但是，当系统存在故障时，相当于系统的物理结构发生了变化，即系统模型发生了变化，由于神经网络的自学习需要一个过程，所以，在这一时刻对状态的跟踪能力下降，导致系统的输出预报残差突变，利用这种突变就可以检测故障。设

$$\gamma(k)=\varepsilon(k)^{T}\boldsymbol{W}\varepsilon(k) \tag{7.31}$$

式中，$\boldsymbol{W}$ 为对角加权阵，可根据实际问题的具体特征选取。于是，故障检测规则为

$$\gamma(k)=\begin{cases}\leqslant T & \text{无故障}\\ >T & \text{故障}\end{cases} \tag{7.32}$$

式中，T 为故障检测的阈值。

考虑例 7.1，设系统在 $k=50$ 时出现故障，这里仅用基于 AFSsⅢ的 RBF 网络，采用上述方法检测，当输入 $u(k)=1$ 时的仿真结果如图 7.10 所示，当输入 $u(k)$为随机数时的仿真结果如图 7.11 所示。

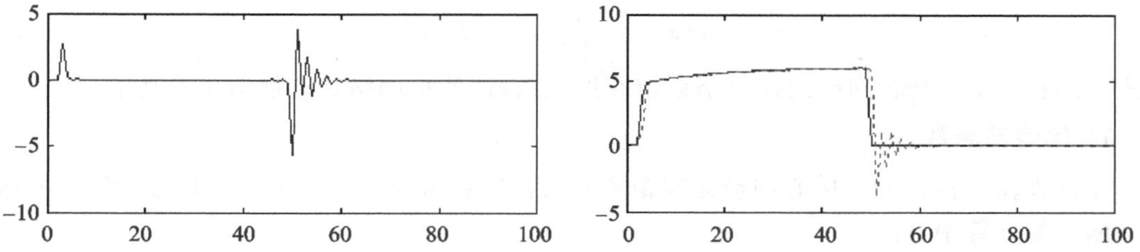

(a) 系统故障时的输出预报残差曲线　　(b) 系统故障时的实际输出(实线)和预报输出曲线(虚线)

图 7.10　系统在 $k=50$ 时发生故障时的仿真结果

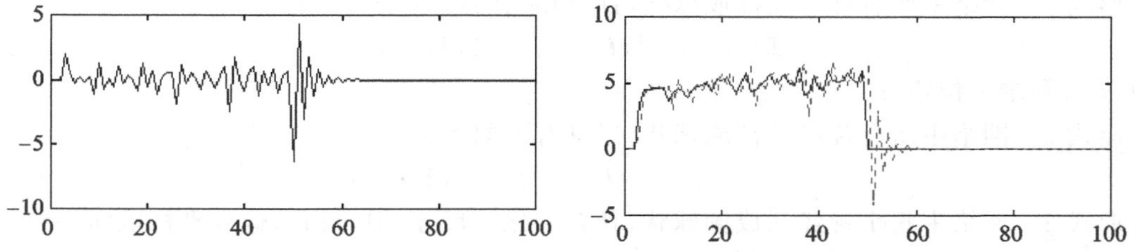

(a) 系统故障时的输出预报残差曲线　　(b) 系统故障时的实际输出(实线)和预报输出曲线(虚线)

图 7.11　系统在 $k=50$ 时发生故障时的仿真结果

上述提出的自适应观测器设计方法，由于网络基函数形式简单，即使多变量输入也不增加太多的复杂性，所以很容易扩展到多输入多输出系统中，并且 FRBFs 也能同时处理定性和定量知识，有利于实际应用。

7.2 基于HBF神经网络的故障诊断

基于RBF神经网络，本节将提出一种具有较强泛化能力的HBF神经网络，该网络通过Mahalanobis－like距离计算神经元间距离，并引入新的矩阵表示神经元间的相似度，使其能以较高的精度实现复杂非线性函数的逼近；之后，构造基于HBF神经网络的自适应状态观测器，并将其应用于一类非线性系统及航天器执行机构的故障检测中，实现系统的故障诊断与检测。

7.2.1 HBF神经网络

HBF(hyper basis function, HBF)网络结构与RBF网络结构类似，但HBF网络是一种泛化的RBF网络，其网络的输出函数为

$$y_i = f(\boldsymbol{x}_i) = \sum_{j=1}^{J} w_j h_j(\boldsymbol{x}_i, \boldsymbol{c}_j, \boldsymbol{\sigma}_j) + b_i \tag{7.33}$$

式中，$\boldsymbol{x}_i \in R^{n_x}$为网络的第$i$个输入($n_x$表示最大输入维数)，$w_j$为第$j$个基函数的连接权值，$h_j$(＊)代表第$j$个神经元的基函数，$\boldsymbol{c}_j$为第$j$个基函数的中心，$\sigma_j \in R^1$代表$\boldsymbol{x}_i$与$\boldsymbol{c}_j$之间的相似度，$b_i$为常数。

令$h_0 = 1, b_i = w_{i0}$，则式(7.33)可简化为

$$y_i = f(\boldsymbol{x}_i) = \sum_{j=0}^{J} w_{ij} h_j(\boldsymbol{x}_i, \boldsymbol{c}_j, \sigma_j) \tag{7.34}$$

由式(7.34)可见，HBF网络的径向函数带有加权系数，使得网络具有插值决策功能。

1. 网络基函数

在计算输入神经元与中心神经元间距离时，HBF采用Mahalanobis－like距离，主要体现在基函数的计算中，即

$$h_j(\boldsymbol{x}_i, \boldsymbol{c}_j, \Sigma_j) = e^{-0.5(x_i - c_j)^{\mathrm{T}} \Sigma_j (x_i - c_j)} \tag{7.35}$$

式中，$\boldsymbol{\Sigma}_j$为正定方阵，在数据进行局部缩放和定向时，其用来表示$\boldsymbol{x}_i$与$\boldsymbol{c}_j$间的相似度，一般有4种形式。

形式1　网络中所有神经元都成球状，且有相同的尺寸$\sigma \in R^1$，即

$$\boldsymbol{\Sigma}_j = (1/\sigma^2)\boldsymbol{I} \qquad j = 1, 2, \cdots, J \tag{7.36}$$

其中，$\boldsymbol{I}$为同维单位矩阵。

形式2　网络中所有神经元都成球状，但具有不同的尺寸$\sigma_j \in R^1$，即

$$\boldsymbol{\Sigma}_j = (1/\sigma_j{}^2)\boldsymbol{I} \qquad j = 1, 2, \cdots, J \tag{7.37}$$

形式3　网络中每个神经元成椭球状，具有变化的尺寸，但与初始输入坐标取向一致，即

$$\boldsymbol{\Sigma}_j = \mathrm{diag}(1/\sigma_1^2, 1/\sigma_2^2, \cdots, 1/\sigma_{n_x}^2) \qquad j = 1, 2, \cdots, J \tag{7.38}$$

其中，n_x为输入向量的最大维数。

形式4　权矩阵$\boldsymbol{\Sigma}_j$为满阵，每个神经元成椭球状，且具有变化的尺寸，即

$$\boldsymbol{\Sigma}_j = \begin{pmatrix} 1/\sigma_{11}^2 & \cdots & 1/\sigma_{1n_x}^2 \\ \vdots & \ddots & \vdots \\ 1/\sigma_{n_x 1}^2 & \cdots & 1/\sigma_{n_x n_x}^2 \end{pmatrix} \tag{7.39}$$

形式 1 所需确定的参数最少，但会导致欠拟合；形式 2 在 RBF 网络中使用较多，但其不能对数据进行局部缩放；形式 4 具有较好的灵活性和较多的优化参数，但模型过高的自由度会导致严重的过拟合；形式 3 保留了形式 4 的优点，并且克服了形式 4 的缺点，所以本章采用形式 3 作为基函数。

2. 算　法

HBF 网络学习算法有很多，如无监督竞争学习法、LVQ 学习法、K-均值聚类法以及决策树法等，本章采用决策树方法来确定网络中心。决策树(或分级树)分类的实质是首先对特征空间进行分割，特征属性及其值构成各类别决策边界，这些边界把空间划分成互斥的决策区域，然后再通过合取和析取功能把各类别的决策区域进行整合。对于二元决策树，可以选用 Quinlan's C4.5 算法进行计算。

(1) 计算网络中心和宽度

用“决策树叶”表示每个决策区域 $\Re_j$，即

$$\Re_j = [\min(x_{1j}), \max(x_{1j})] \times \cdots \times [\min(x_{n_x j}), \max(x_{n_x j})] \tag{7.40}$$

计算网络中心 $\boldsymbol{c}_j = (c_{1j}, \cdots, c_{n_x j})$

$$c_{ij} = (\min(x_{ij}) + \max(x_{ij}))/2 \qquad i = 1, \cdots, n_x \tag{7.41}$$

计算网络的内核宽度

$$\sigma_{ij} = (\max(x_{ij}) - \min(x_{ij}))/2 \qquad i = 1, \cdots, n_x \tag{7.42}$$

通过中心 $\boldsymbol{c}_j$ 和矩阵 $\boldsymbol{\Sigma}_j$ 所描述的内核位置和形状，可以用 EM 算法计算求得。

(2) 计算权值

假设网络隐藏层共有 K 个神经元，$\boldsymbol{x}^\mu, \boldsymbol{y}^\mu, \mu=1, \cdots, M$ 分别是训练样本集的特征向量与目标向量。网络的误差函数为

$$E(\boldsymbol{W}) = \| \boldsymbol{HW} - \boldsymbol{Y} \|^2 \tag{7.43}$$

式中，$\boldsymbol{W}$ 为输出层的权值矩阵；$\boldsymbol{H} = (H_{\mu j}) = (h_j(\boldsymbol{x}^\mu, \boldsymbol{c}_j, \sigma_j))$，$H_{\mu j}$ 为第 μ 个输入向量 $\boldsymbol{x}^\mu$ 对应的第 j 个基函数的输出；$\boldsymbol{Y} = (Y_{\mu j})$，$Y_{\mu j}$ 第 μ 个目标向量 $\boldsymbol{y}^\mu$ 的第 j 个分量。

求解输出权值向量，即

$$\boldsymbol{W} = \boldsymbol{H}^+ \boldsymbol{Y} \tag{7.44}$$

式中，$\boldsymbol{H}^+$ 为矩阵 $\boldsymbol{H}$ 的伪逆(或广义逆)，可通过奇异值分解(SVD)得到。

7.2.2　HBF 网络的自适应观测器

1. 自适应观测器设计

考虑非线性系统

$$\begin{cases} \dot{\boldsymbol{x}}(t) = \boldsymbol{Ax} + g(\boldsymbol{x}, \boldsymbol{u}) \\ \boldsymbol{y}(t) = \boldsymbol{Cx}(t) \end{cases} \tag{7.45}$$

式中，$g(\boldsymbol{x}, \boldsymbol{u})$ 为非线性函数向量，$\boldsymbol{C} \in R^{m \times n}$ 为定常矩阵，$\boldsymbol{A} \in R^{n \times n}$ 且使得 $(\boldsymbol{A}, \boldsymbol{C})$ 可观测。

针对式(7.45)非线性系统，构造图 7.12 所示 HBF 神经网络观测器。

图 7.12 所示的状态观测器可描述为

$$\begin{cases} \dot{\hat{\boldsymbol{x}}}(t) = \boldsymbol{A}\hat{\boldsymbol{x}} + \hat{g}(\hat{\boldsymbol{x}}, \boldsymbol{u}) + \boldsymbol{L}(y - \hat{\boldsymbol{y}}) \\ \hat{\boldsymbol{y}}(t) = \boldsymbol{C}\hat{x}(t) \end{cases} \tag{7.46}$$

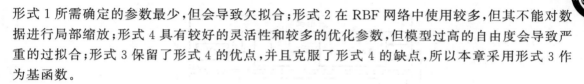

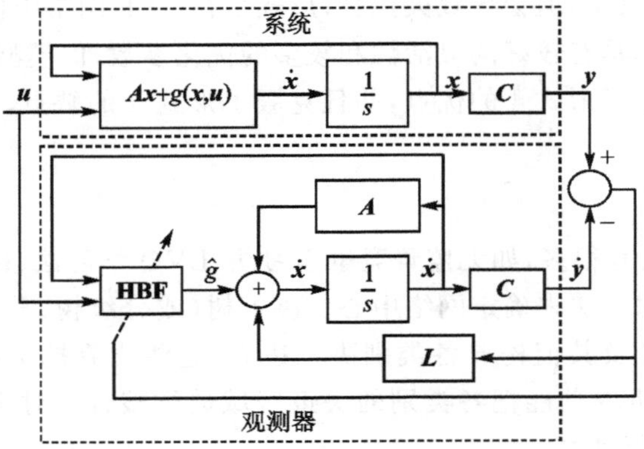

图 7.12 非线性系统神经网络观测器模型

式中，$\boldsymbol{L}$ 为观测器增益，它使得$(\boldsymbol{A}-\boldsymbol{LC})$为渐进稳定的 Hurwitz 矩阵。

定义状态误差 $\boldsymbol{e}(t)$和残差 $\boldsymbol{e}_y(t)$为

$$\begin{aligned}\boldsymbol{e}(t) &= \boldsymbol{x}(t)-\hat{\boldsymbol{x}}(t)\\ \boldsymbol{e}_y(t) &= \boldsymbol{y}-\hat{\boldsymbol{y}}=\boldsymbol{Ce}(t)\end{aligned} \tag{7.47}$$

由式(7.46)和式(7.47)可得

$$\dot{\boldsymbol{e}}(t)=\dot{\boldsymbol{x}}(t)-\dot{\hat{\boldsymbol{x}}}(t)=(\boldsymbol{A}-\boldsymbol{LC})\boldsymbol{e}(t)+g(\boldsymbol{x},\boldsymbol{u})-\hat{g}(\hat{\boldsymbol{x}},\boldsymbol{u}) \tag{7.48}$$

2. 稳定性分析

根据神经网络逼近性能，在给定逼近误差 $\varepsilon(\boldsymbol{x})>0$ 情况下，非线性函数 $g(\boldsymbol{x},\boldsymbol{u})$可表示为

$$g(\boldsymbol{x},\boldsymbol{u})=\boldsymbol{W}^{\mathrm{T}}f(\boldsymbol{x},\boldsymbol{u})+\varepsilon(\boldsymbol{x}) \tag{7.49}$$

$\|\boldsymbol{W}\|_F\leqslant W_M$，即保证 $\boldsymbol{W}$ 有界。由网络估计得

$$\hat{g}(\boldsymbol{x},\boldsymbol{u})=\hat{\boldsymbol{W}}^{\mathrm{T}}f(\hat{\boldsymbol{x}},\boldsymbol{u}) \tag{7.50}$$

将式(7.49)和式(7.50)代入式(7.48)可得

$$\dot{\boldsymbol{e}}(t)=\boldsymbol{A}_{\mathrm{c}}\boldsymbol{e}(t)+\boldsymbol{e}_{\mathrm{W}}^{\mathrm{T}}f(\hat{\boldsymbol{x}},\boldsymbol{u})+\boldsymbol{W}^{\mathrm{T}}[f(\boldsymbol{x},\boldsymbol{u})-f(\hat{\boldsymbol{x}},\boldsymbol{u})]+\varepsilon(\boldsymbol{x}) \tag{7.51}$$

式中，$\boldsymbol{e}_W=\boldsymbol{W}-\hat{\boldsymbol{W}}$，$\boldsymbol{A}_{\mathrm{c}}=\boldsymbol{A}-\boldsymbol{LC}$。

根据误差反馈算法可得

$$\dot{\hat{\boldsymbol{W}}}=-\eta\frac{\partial \boldsymbol{J}}{\partial \boldsymbol{W}}-\rho\|\boldsymbol{e}_y\|\hat{\boldsymbol{W}} \tag{7.52}$$

式中，$\boldsymbol{J}=\frac{1}{2}\boldsymbol{e}_y^{\mathrm{T}}\boldsymbol{e}_y$，$\eta$ 为学习率，ρ 为衰减系数。修正后的网络权值为

$$\dot{\hat{\boldsymbol{W}}}=-\eta f(\hat{\boldsymbol{x}},\boldsymbol{u})\boldsymbol{e}_y^{\mathrm{T}}\boldsymbol{CA}_{\mathrm{c}}^{-1}-\rho\|\boldsymbol{e}_y\|\hat{\boldsymbol{W}} \tag{7.53}$$

对式(7.53)进行微分得

$$\dot{\boldsymbol{e}}_W=\eta f(\hat{\boldsymbol{x}},\boldsymbol{u})\boldsymbol{e}_y^{\mathrm{T}}\boldsymbol{CA}_{\mathrm{c}}^{-1}+\rho\|\boldsymbol{e}_y\|\hat{\boldsymbol{W}} \tag{7.54}$$

引入正定 Lyapunov 函数，即

$$\boldsymbol{L}=\frac{1}{2}\boldsymbol{e}^{\mathrm{T}}\boldsymbol{Pe}+\frac{1}{2}\mathrm{tr}(\boldsymbol{e}_W^{\mathrm{T}}\boldsymbol{e}_W) \tag{7.55}$$

其中，$\boldsymbol{P}$ 为正定矩阵，且对任意正定矩阵 $\boldsymbol{Q}$ 满足 $\boldsymbol{A}_{\mathrm{c}}^{\mathrm{T}}\boldsymbol{P}+\boldsymbol{PA}_{\mathrm{c}}=-\boldsymbol{Q}$。

对式(7.55)进行微分得

$$\dot{L}=e^{\mathrm{T}}P\dot{e}+\mathrm{tr}(e_W^{\mathrm{T}}\dot{e}_W) \tag{7.56}$$

将式(7.51)和式(7.54)代入式(7.56)可得

$$\begin{aligned}\dot{L}=&e^{\mathrm{T}}P[e_W^{\mathrm{T}}f(\hat{x},u)+W^{\mathrm{T}}(f(x,u)-f(\hat{x},u))+\varepsilon(x)]\\&+e^{\mathrm{T}}PA_c e+\mathrm{tr}(e_W^{\mathrm{T}}\eta f(\hat{x},u)e_y^{\mathrm{T}}CA_c^{-1}+e_W^{\mathrm{T}}\rho\|e_y\|\hat{W})\end{aligned} \tag{7.57}$$

令 $\varphi=W^{\mathrm{T}}(f(x,u)-f(\hat{x},u))+\varepsilon(x)$，且 φ 有界，$\|\varphi\|\leqslant\Phi,\delta=\eta C^{\mathrm{T}}CA_c^{-1}$，则式(7.57)可简化为

$$\dot{L}=-\frac{1}{2}e^{\mathrm{T}}Qe+e^{\mathrm{T}}P[e_W^{\mathrm{T}}f(\hat{x},u)+\varphi]+\mathrm{tr}(e_W^{\mathrm{T}}f(\hat{x},u)e^{\mathrm{T}}\delta+e_W^{\mathrm{T}}\rho\|Ce\|(W-e_W)) \tag{7.58}$$

根据下列不等式

$$\begin{aligned}&\mathrm{tr}(e_W^{\mathrm{T}}(W-e_W))\leqslant W_M\|e_W\|-\|e_W\|^2\\&\mathrm{tr}(e_W^{\mathrm{T}}f(\hat{x},u)e^{\mathrm{T}}\delta)\leqslant f_M\|e_W\|\ \|e\|\ \|\delta\|\end{aligned} \tag{7.59}$$

可得

$$\begin{aligned}\dot{L}\leqslant&-\frac{1}{2}\lambda_{\min}(Q)\ \|e\|^2+\|e\|\ \|P\|\ (\|e_W\|\ f(\hat{x},u)+\Phi)\\&+f_M\|e_W\|\ \|e\|\ \|\delta\|+\rho\|Ce\|(W_M\|e_W\|-\|e_W\|^2)\end{aligned} \tag{7.60}$$

其中，$\lambda_{\min}(Q)$为矩阵 Q 的最小特征值。

进一步整理得

$$\begin{aligned}\dot{L}\leqslant&-\frac{1}{2}\lambda_{\min}(Q)\ \|e\|^2+\|e\|\\&[\|P\|\Phi-\rho\|C\|\|e_W\|^2+\|e_W\|(\|P\|f_M+f_M\|\delta\|+\rho W_M\|C\|)]\end{aligned} \tag{7.61}$$

令
$$K_1=\frac{\|\delta\|}{2},\quad K_2=\frac{\|P\|f_M+f_M\|\delta\|+\rho W_M\|C\|}{2(\rho\|C\|-K_1^2)}$$

代入式(7.61)并整理得

$$\begin{aligned}\dot{L}\leqslant&-\frac{1}{2}\lambda_{\min}(Q)\ \|e\|^2+[\|P\|\Phi+(\rho\|C\|-K_1^2)K_2^2\\&-(\rho\|C\|-K_1^2)(K_2-\|e_W\|)^2-K_1^2\ \|e_W\|^2]\|e\|\end{aligned} \tag{7.62}$$

因此，当 $\|e\|>\dfrac{2}{\lambda_{\min}(Q)}[\|P\|\Phi+(\rho\|C\|-K_1^2)K_2^2]$ 且 $\rho\geqslant\dfrac{K_1^2}{\|C\|}$ 时，可得 $\dot{L}\leqslant 0$，即估计误差、权值误差和输出误差均有界。

3. 非线性系统状态估计

考虑非线性系统，其状态方程如式(7.45)所示，对应参数值为

$$A=\begin{pmatrix}0&1\\0&0\end{pmatrix},\quad g(x,t)=\begin{pmatrix}0.1\cos t\\2\cos t-9.8\sin x_1\end{pmatrix},\quad C=(1\quad 0)$$

按前述算法在线训练与预报跟踪，图 7.13 为仿真结果，同时将该方法与 RBF 神经网络进行了对比。图 7.14 为 HBF 网络观测器与传统的径向基网络观测器状态估计输出误差曲线。

通过仿真结果可知，HBF 神经网络观测器对非线性系统的状态变量具有较好的跟踪能力，但由于初始值选取是按照经验选取的，在开始阶段的跟踪存在较大误差，在曲线拐点处的跟踪误差是由于状态量的变化率而造成的。

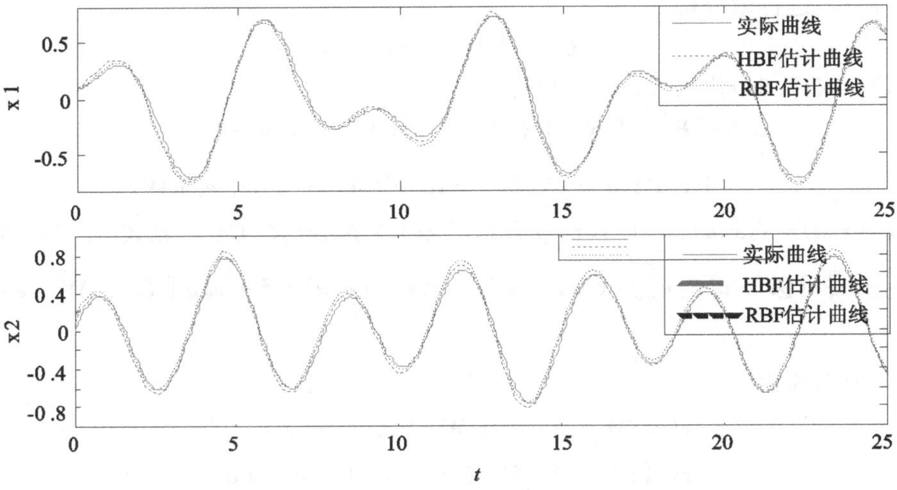

图 7.13 HBF 与 RBF 状态估计曲线

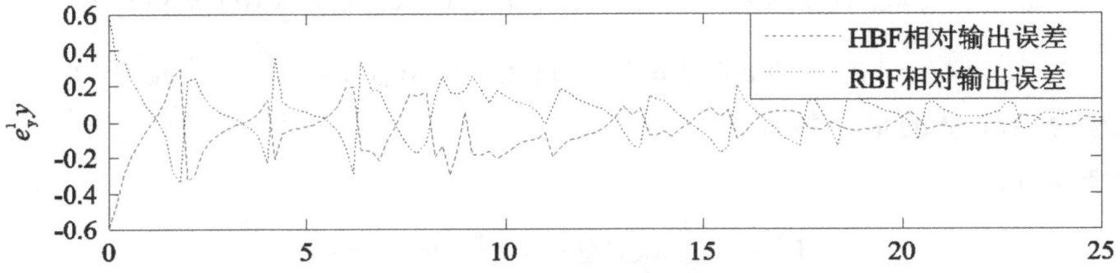

图 7.14 相对输出误差

通过比较可以看出，在初始阶段两种网络跟踪估计误差均相对较大，但 HBF 网络跟踪估计性能提高较快。HBF 网络的平均估计误差为 0.0831，而 RBF 网络的平均估计误差为 0.1024，这归结为其超级基函数作用的结果。同时，由于采用了该基函数，使得网络泛化能力增强，但也增加了网络的计算复杂度，所以训练时间有所延长。

7.2.3 航天器执行机构故障重构

基于上述方法，可建立航天器执行机构故障重构观测器模型

$$\begin{cases}\dot{\boldsymbol{x}}(t)=\boldsymbol{A}\hat{\boldsymbol{x}}(t)+\hat{g}(\hat{\boldsymbol{x}}(t))+\boldsymbol{B}\boldsymbol{u}(t)+\boldsymbol{L}(\boldsymbol{y}(t)-\hat{\boldsymbol{y}}(t))\\ \hat{\boldsymbol{y}}(t)=\boldsymbol{C}\hat{\boldsymbol{x}}(t)\end{cases}\tag{7.63}$$

式中，状态变量 $\boldsymbol{x}(t)=\boldsymbol{\omega}=[\omega_x,\quad \omega_y,\quad \omega_z]^{\mathrm{T}}$，$\boldsymbol{u}(t)$为控制力矩，$\boldsymbol{y}(t)$为输出角速度，$g(\boldsymbol{x}(t))$为非线性函数，可表示为

$$g(\boldsymbol{x}(t))=\left[\frac{J_y-J_z}{J_x}x_2(t)x_3(t)\quad \frac{J_z-J_x}{J_y}x_1(t)x_3(t)\quad \frac{J_x-J_y}{J_z}x_1(t)x_2(t)\right]^{\mathrm{T}}\tag{7.64}$$

相应参数为

$$\boldsymbol{A}=\begin{bmatrix}-3&0&0\\0&-3&0\\0&0&-3\end{bmatrix},\boldsymbol{B}=\begin{bmatrix}1/J_x&0&0\\0&1/J_y&0\\0&0&1/J_z\end{bmatrix},\boldsymbol{C}=\begin{bmatrix}1&0&0\\0&1&0\\0&0&1\end{bmatrix},\boldsymbol{L}=\begin{bmatrix}1&0&0\\0&1&0\\0&0&1\end{bmatrix}$$

现以飞轮卡死及效率降低故障为例。设飞轮 X 轴在 $t=15\text{s}$ 时发生卡死故障，Y 轴在 $t=20\text{s}$ 时发生效率降低故障（$\mu=0.8$），Z 轴未发生故障，则重构故障仿真结果如图 7.15 所示，正常及故障重构时的残差曲线如图 7.16 所示。

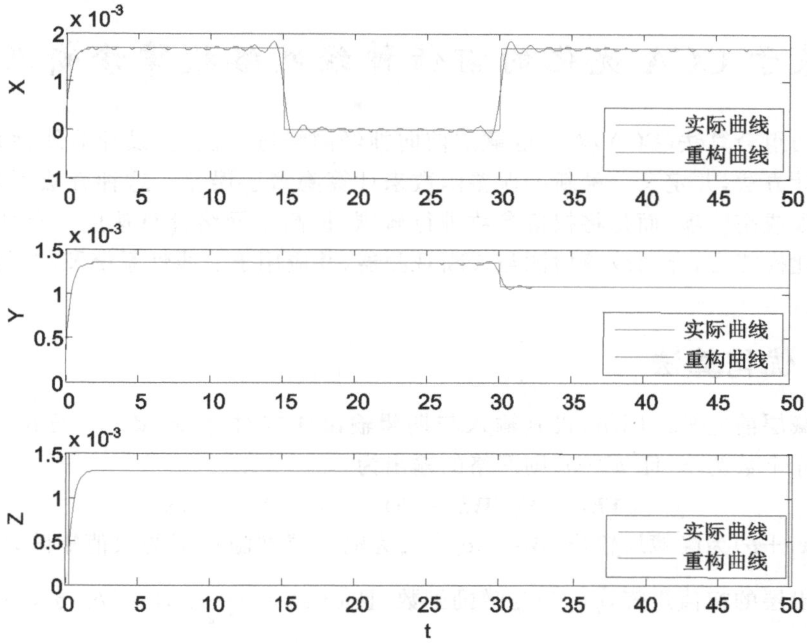

图 7.15　故障重构曲线

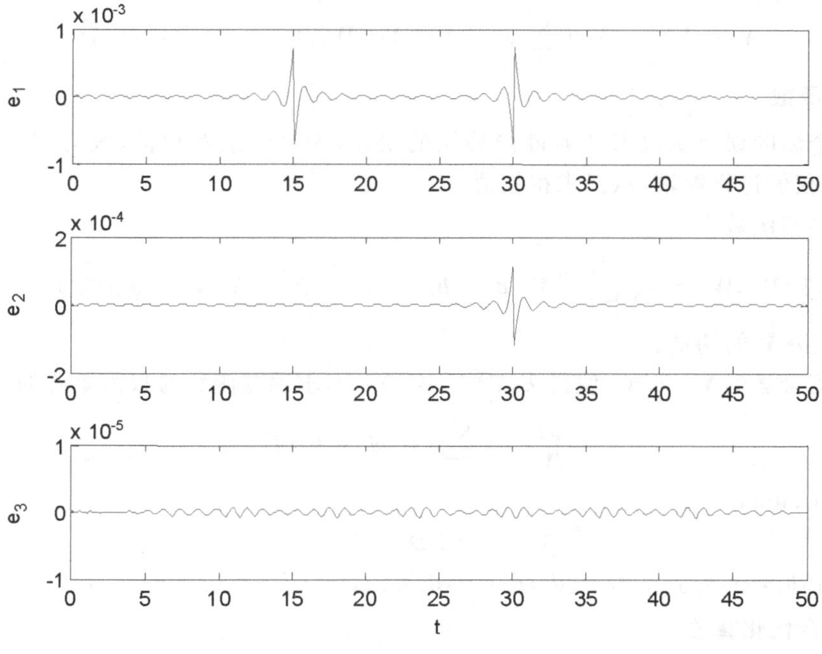

图 7.16　故障重构残差曲线

由仿真结果可知，本章设计的HBF神经网络观测器能够很好的对故障进行重构，也能很好的对执行机构的正常状态进行重构。但在跟踪突变故障时，估计曲线会产生一定程度的偏差振荡，可能会影响故障检测效果，而且网络的精确重构速度有待进一步提高。

7.3 基于CCA优化的前馈神经网络故障诊断及应用

本节介绍凸组合算法(CCA)对单隐藏层前向神经网络进行优化，设计非线性系统的神经网络观测器设计方法，并定义一种新的误差函数来计算隐藏层误差。这种方法不是在误差函数中添加动量项或高阶项，而是将权值参数进行解耦，提高了网络计算速度。在此基础上，结合网络非线性建模能力，介绍故障检测与诊断观测器，并应用于非线性系统及航天器执行机构的故障诊断中。

7.3.1 优化算法

对于单隐藏层前向神经网络，设其输入与期望输出样本对为$(\boldsymbol{x}_i,\boldsymbol{d}_i)$，$\boldsymbol{x}_i\in R^n$，$\boldsymbol{d}_i\in R^m$；假设隐藏层神经元个数为$p$，且$p>m$，则网络的输出为

$$\boldsymbol{y}_i=\boldsymbol{V}\boldsymbol{h}_i=\boldsymbol{V}\varphi(\boldsymbol{W}\boldsymbol{x}_i+\boldsymbol{b})\qquad i=1,2,\cdots,n \tag{7.65}$$

其中，$\boldsymbol{h}_i=\varphi(\boldsymbol{W}\boldsymbol{x}_i+\boldsymbol{b})$为隐藏层输出，$\boldsymbol{W}=[w_{ij}]_{p\times n}$为输入层到隐藏层的权值矩阵，$\boldsymbol{V}=[v_{jk}]_{m\times p}$为隐藏层到输出层的权值矩阵，$\varphi(*)$为激励函数，且$\varphi(z)=\dfrac{1}{1+e^{-z}}$，$\boldsymbol{b}=[b_1,b_2,\cdots,b_n]$为偏置或阈值向量。

令$x_{n+1}=1$，$w_{i(n+1)}=b_i$，则 式(7.65)可简化为

$$\boldsymbol{y}_i=\boldsymbol{V}\boldsymbol{h}_i=\boldsymbol{V}\varphi(\sum_{j=1}^{n+1}w_{ij}x_j)=\boldsymbol{V}\varphi(\boldsymbol{W}\boldsymbol{x}_i)\qquad i=1,2,\cdots,n \tag{7.66}$$

1. 误差函数

定义一个新的误差函数E来判断隐藏层的误差，为易于求解权值，没有引入动量项或高阶项，而是将权值进行解耦，从而求得权值。

定义的误差函数为

$$E(\boldsymbol{V}^+,\boldsymbol{W})=\frac{1}{2}\sum_{i=1}^{n}\|\boldsymbol{V}^+\boldsymbol{d}_i-\boldsymbol{h}_i\|^2=\frac{1}{2}\sum_{i=1}^{n}\|\boldsymbol{V}^+\boldsymbol{d}_i-\varphi(\boldsymbol{W}\boldsymbol{x}_i)\|^2 \tag{7.67}$$

式中，$\boldsymbol{V}^+$为矩阵$\boldsymbol{V}$的伪逆。

为了找到合适的$\boldsymbol{V}^{+*}$、$\boldsymbol{W}^*$使得$E(\boldsymbol{V}^{+*},\boldsymbol{W}^*)=0$，求误差函数对权值矩阵的偏导数

$$\frac{\partial E}{\partial \boldsymbol{V}^+}=\sum_{i=1}^{n}(\boldsymbol{V}^+\boldsymbol{d}_i-\boldsymbol{h}_i)\boldsymbol{d}_i^{\mathrm{T}} \tag{7.68}$$

令$\partial E/\partial \boldsymbol{V}^+=0$，可得

$$\boldsymbol{V}^{+*}=\boldsymbol{H}\boldsymbol{D}^{\mathrm{T}}(DD^{\mathrm{T}})^{-1} \tag{7.69}$$

式中，$\boldsymbol{H}=[\boldsymbol{h}_1,\boldsymbol{h}_2,\cdots,\boldsymbol{h}_n]_{p\times n}$，$\boldsymbol{D}=[\boldsymbol{d}_1,\boldsymbol{d}_2,\cdots,\boldsymbol{d}_n]_{m\times n}$。

2. 凸组合优化算法

对于给定的输入与期望输出$(\boldsymbol{x}_i,\boldsymbol{d}_i)$及任意初始权值矩阵$(\boldsymbol{V}_0^+,\boldsymbol{W}_0)$，$\boldsymbol{X}$为输入向量矩阵，则

$$\boldsymbol{H}_0 = \phi(\boldsymbol{W}_0\boldsymbol{X}) \tag{7.70}$$

定义 $\boldsymbol{Z}_k=\boldsymbol{V}_k^{+}\boldsymbol{D}$，则

$$\boldsymbol{Z}_0 = \boldsymbol{V}_0^{+}\boldsymbol{D} \tag{7.71}$$

如果 $\boldsymbol{Z}_0=\boldsymbol{H}_0$，则误差为 0；否则，按式(7.72)和式(7.73)调整权值矩阵使得误差函数最小。

$$\boldsymbol{V}_{k+1}^{+} = [\alpha\boldsymbol{H}_k + (1-\alpha)\boldsymbol{Z}_k]\boldsymbol{D}^{+} \tag{7.72}$$

$$\boldsymbol{W}_{k+1}\boldsymbol{X} = \varphi^{-1}([\beta\boldsymbol{H}_k + (1-\beta)\boldsymbol{Z}_k]) \tag{7.73}$$

式中，$0<\alpha,\beta<1$。

通过上述迭代，就可获得合适的权值矩阵。在学习过程中，该方法不用求解计算函数的梯度，而且只要误差函数$\{E(\boldsymbol{V}_k^{+},\boldsymbol{W}_k)\}$为有界单调递减序列，该算法就会收敛。

7.3.2　网络观测器设计与分析

考虑非线性系统

$$\begin{cases}\dot{\boldsymbol{x}}(t) = \boldsymbol{A}\boldsymbol{x} + g(\boldsymbol{x},\boldsymbol{u}) \\ \boldsymbol{y}(t) = \boldsymbol{C}\boldsymbol{x}(t)\end{cases} \tag{7.74}$$

式中，$g(\boldsymbol{x},\boldsymbol{u})$为非线性函数向量，$\boldsymbol{C}\in R^{m\times n}$为定常矩阵，$\boldsymbol{A}\in R^{n\times n}$且使得$(\boldsymbol{A},\boldsymbol{C})$可观测。

针对式(7.74)所示非线性系统，相应的状态观测器可描述为

$$\begin{cases}\dot{\hat{\boldsymbol{x}}}(t) = \boldsymbol{A}\hat{\boldsymbol{x}} + \hat{g}(\hat{\boldsymbol{x}},\boldsymbol{u}) + \boldsymbol{K}(\boldsymbol{y}-\hat{\boldsymbol{y}}) \\ \hat{\boldsymbol{y}}(t) = \boldsymbol{C}\hat{\boldsymbol{x}}(t)\end{cases} \tag{7.75}$$

式中，$\boldsymbol{K}$为观测器增益，使得$(\boldsymbol{A}-\boldsymbol{K}\boldsymbol{C})$为渐进稳定的 Hurwitz 矩阵。

定义状态误差 $\boldsymbol{e}(t)$和残差 $e_y(t)$为

$$\begin{aligned}\boldsymbol{e}(t) &= \boldsymbol{x}(t) - \boldsymbol{x}(t) \\ e_y(t) &= \boldsymbol{y} - \hat{\boldsymbol{y}} = \boldsymbol{C}\boldsymbol{e}(t)\end{aligned} \tag{7.76}$$

由式(7.76)～式(7.78)可得

$$\boldsymbol{e}(t) = \dot{\boldsymbol{x}}(t) - \dot{\hat{\boldsymbol{x}}}(t) = (\boldsymbol{A}-\boldsymbol{K}\boldsymbol{C})\boldsymbol{e}(t) + g(\boldsymbol{x},\boldsymbol{u}) - \hat{g}(\hat{x},\boldsymbol{u}) \tag{7.77}$$

依据前向神经网络具有任意精度逼近的性能，在给定逼近误差 $\varepsilon(\boldsymbol{x})>0$ 情况下，非线性函数 $g(\boldsymbol{x},\boldsymbol{u})$可表示为

$$g(\boldsymbol{x},\boldsymbol{u}) = \boldsymbol{V}^{\mathrm{T}}\varphi(\boldsymbol{W}\boldsymbol{z}) + \varepsilon(\boldsymbol{x}) \tag{7.78}$$

式中，$\boldsymbol{z}=[\boldsymbol{x},\boldsymbol{u}]$，$\|\boldsymbol{W}\|_F\leqslant W_M$，$\|V\|_F\leqslant V_M$，即保证$\boldsymbol{W}$、$\boldsymbol{V}$ 有界。由网络估计得

$$\hat{g}(\hat{x},u) = \hat{\boldsymbol{V}}^{\mathrm{T}}\varphi(\hat{\boldsymbol{W}}\hat{z}) \tag{7.79}$$

将式(7.80)和式(7.81)代入式(7.79)可得

$$\boldsymbol{e}(t) = \boldsymbol{A}_c\boldsymbol{e}(t) + \boldsymbol{e}_V^{\mathrm{T}}\varphi(\hat{\boldsymbol{W}}\hat{z}) + \boldsymbol{V}^{\mathrm{T}}[\varphi(\boldsymbol{W}\boldsymbol{z}) - \varphi(\hat{\boldsymbol{W}}\hat{z})] + \varepsilon(\boldsymbol{x}) \tag{7.80}$$

其中，$\boldsymbol{e}_V=\boldsymbol{V}-\bar{\boldsymbol{V}}$，$\boldsymbol{A}_c=\boldsymbol{A}-\boldsymbol{K}\boldsymbol{C}$。

稳定性分析与 7.2 节分析类似，此处不再论述。

调整神经网络的权值和阈值，可使网络充分逼近真实系统，使误差满足要求。

7.3.3　非线性系统故障检测

考虑非线性系统，其状态方程如式(7.74)，对应参数值为

$$\boldsymbol{A}=\begin{pmatrix}0 & 1\\ 0 & 0\end{pmatrix},\quad g(x,u)=\begin{pmatrix}0\\ -9.8\sin x_1+2u\end{pmatrix},\quad \boldsymbol{C}=(1\quad 0) \tag{7.81}$$

其中，$u=\cos(t)+\sin(t)$。

设状态观测器初始参数为 $\alpha=\beta=0.001$，$x_0=[0,0.4]^{\mathrm{T}}$，$\hat{\boldsymbol{x}}_0=[0.2,0]^{\mathrm{T}}$，$\boldsymbol{K}=[200,400]$，初始权值矩阵设为零矩阵，则通过该优化神经网络，其状态观测器的仿真结果如图 7.17 所示，其平均误差为 0.0075。

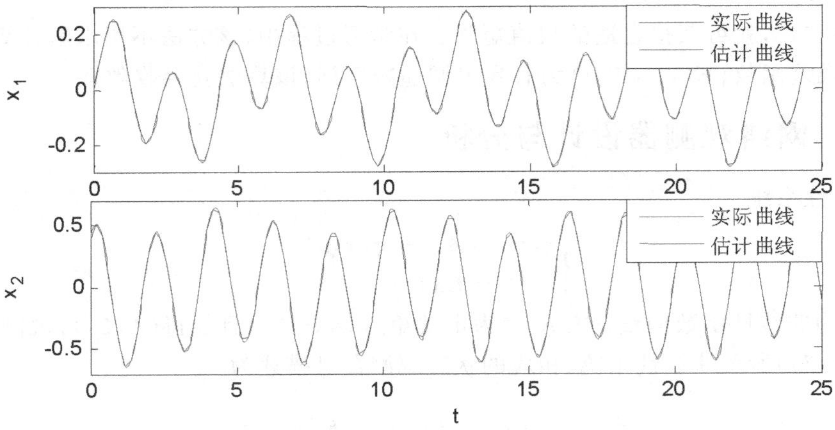

图 7.17　状态估计曲线

对于式(7.74)所示非线性系统，可利用该网络获得状态观测器及其输出值来进行系统输出预报，从而实现其故障检测，系统输出残差如式(7.76)所示。

由状态观测器特点可得，$\boldsymbol{e}_y(t)$应快速衰减到 0。但当系统发生故障时，系统物理结构，即系统模型相应发生变化。由于神经网络的自学习需要一个过程，因此此时状态跟踪能力下降，导致输出残差突变，利用这种突变便可检测故障。

按前述算法在线训练与预报跟踪，并应用于故障检测。设系统在 $t=15$ s 时系统发生故障，故障输出跟踪能力如图 7.18 所示。此时残差发生较大的偏差振荡，仿真结果如图 7.19 所示。

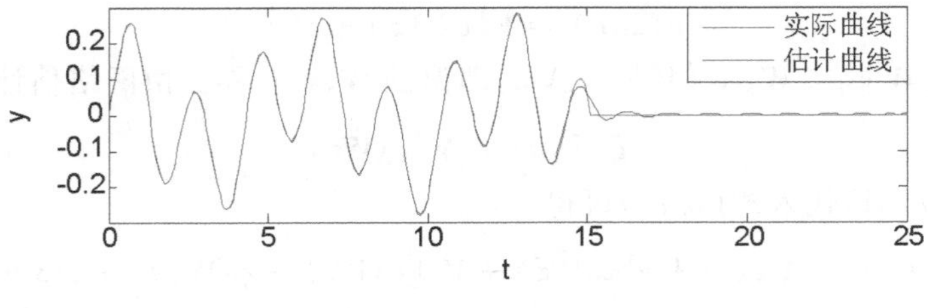

图 7.18　故障输出曲线

通过仿真结果可知，CCA 优化的神经网络观测器具有较好的稳定性，对非线性系统状态变量具有较好的逼近能力，且收敛速度较快。其在曲线拐点处的跟踪误差较大，是由于状态量的变化率造成的。该优化方法提高了神经网络的计算速度和精度。设计的观测器对于故障具有较好的跟踪能力，能够较好的完成故障估计。但该方法对初始参数的选取具有一定的依赖

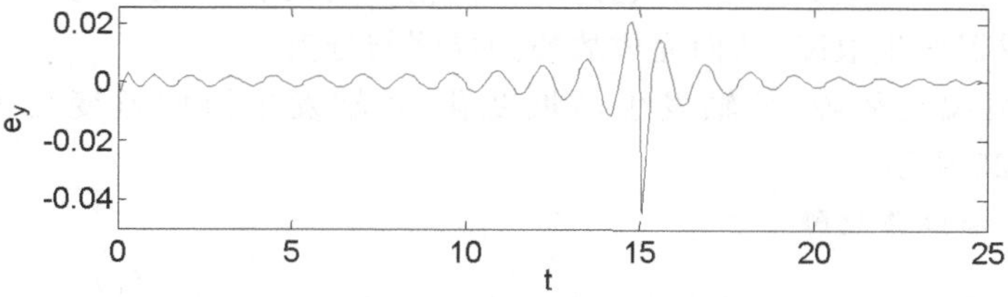

图 7.19　故障残差曲线

性，且对于高频变化且幅值较小的非线性函数，存在收敛到局部最小的问题。同时，该算法目前只适用于单隐层前馈神经网络，对多隐层网络的优化还有待进一步研究。

7.3.4　航天器姿态敏感器的故障诊断

为了检测和分离故障，需要设计 3 个观测器，每个观测器对应一个轴（X 轴、Y 轴或 Z 轴）的检测。方法是设计一观测器使其残差对相应轴的故障不敏感，而对另外两轴的故障敏感。如设计观测器 1、2、3 分别对 X 轴、Y 轴和 Z 轴故障不敏感。

敏感器非线性模型可写为

$$\begin{cases}\dot{\boldsymbol{x}}(t)=\varphi(\boldsymbol{x}(t))+\boldsymbol{B}\boldsymbol{u}(t)+\boldsymbol{B}_f\boldsymbol{d}\\ \boldsymbol{y}(t)=\boldsymbol{C}\boldsymbol{x}(t)\end{cases}\tag{7.82}$$

式中，$\varphi(\boldsymbol{x}(t))=\boldsymbol{A}\boldsymbol{x}(t)+f(\boldsymbol{x}(t))$ 为非线性项，$\boldsymbol{B}_f=\boldsymbol{B}=[\boldsymbol{B}_{f1},\quad \boldsymbol{B}_{f2},\quad \boldsymbol{B}_{f3}]$ 为故障分布矩阵，$\boldsymbol{d}=[d_1\quad d_2\quad d_3]^{\mathrm{T}}$ 为故障函数，分别代表 X 轴、Y 轴和 Z 轴故障。

以 X 轴故障为例，其对应的故障模型为

$$\begin{cases}\dot{\boldsymbol{x}}(t)=\varphi(\boldsymbol{x}(t))+\boldsymbol{B}\boldsymbol{u}(t)+\boldsymbol{B}_{f1}d_1\\ \boldsymbol{y}(t)=\boldsymbol{C}\boldsymbol{x}(t)\end{cases}\tag{7.83}$$

为使其对 X 轴故障不敏感，需要构造 $\psi(x)$，满足

$$\frac{\partial\psi(\boldsymbol{x})}{\partial\boldsymbol{x}}\boldsymbol{B}_{f1}=0\tag{7.84}$$

由于 $\mathrm{r}(\boldsymbol{B}_{f1})=1$，所以 $\psi(\boldsymbol{x})$ 应包括两个独立变量，令

$$\psi(\boldsymbol{x})=[a\quad x_2\quad x_3]^{\mathrm{T}}\tag{7.85}$$

则相应的故障诊断观测器为

$$\begin{cases}\dot{\hat{\boldsymbol{x}}}(t)=\dfrac{\partial\psi(\boldsymbol{x})}{\partial\boldsymbol{x}}(\varphi(\boldsymbol{x}(t)+\boldsymbol{B}\boldsymbol{u}(t))+\boldsymbol{L}(\boldsymbol{y}(t)-\hat{\boldsymbol{y}}(t))\\ \boldsymbol{y}(t)=\boldsymbol{C}\hat{\boldsymbol{x}}(t)\end{cases}\tag{7.86}$$

同理，可设计 Y 轴与 Z 轴相应的诊断观测器。

设三个轴对应的残差为 $e_i(i=1,2,3)$，故障检测阈值为 $T_i(i=1,2,3)$，则故障诊断的判断规则为

$$\begin{cases}\|e_i\|\leqslant T_i\\ \|e_j\|>T_i\qquad j\neq i\end{cases}\tag{7.87}$$

当观测器所对应的残差突然增大，超过检测阈值并可维持一段时间时，则判断 $i(i,j=1,2,3)$ 对应轴的敏感器发生故障，从而完成故障的检测与分离。

以 X 轴发生恒偏差故障、Y 轴发生斜坡变化、Z 轴发生恒增益变化为例，其仿真结果如图 7.20～图 7.22 所示。

(1) X 轴发生恒偏差故障

考虑 X 轴敏感器在 $t=30\ s$ 时发生恒偏差故障，即 $y_r(t)=\begin{cases} y_d(t) & t<30\text{s} \\ y_d(t)+0.005 & t\geqslant 30\text{s} \end{cases}$，则对应的故障函数 $d_1=\begin{cases} 0 & t<30\ \text{s} \\ 0.005 & t\geqslant 30\ \text{s} \end{cases}$，三个观测器对应的残差曲线如图 5.4 所示，此时对应的检测阈值为 1.5×10^{-4}。

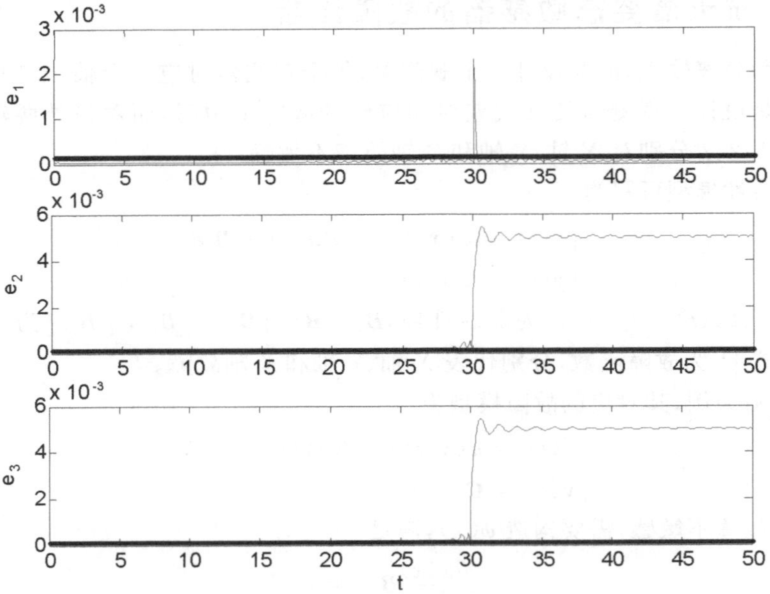

图 7.20　X 轴敏感器故障时观测器的残差输出

由图 7.20 可知，当 X 轴敏感器发生故障时，由于第 2、3 个观测器对 X 轴故障不敏感，所以故障发生后，其不能跟踪故障，导致残差增大超过检测阈值，并最终保持不变。而与 X 轴对应的观测器在故障发生后会快速跟踪变化，所以其残差相对较小，而且很快下降到阈值以下，从而完成故障诊断。其中，与 X 轴对应的观测器在故障发生时会产生一个较大的瞬时峰值，这是由故障突变所导致的。同时，由于突变，在跟踪故障时曲线会产生一定程度的偏差振荡，可能会影响故障检测效果。

(2) Y 轴发生斜坡变化

考虑 Y 轴敏感器在 $t=30\text{s}$ 时发生斜坡变化，即

$$y_r(t)=\begin{cases}y_d(t) & t<15\ \text{s}\\ y_d(t)+0.00005(t-15) & 15\ \text{s}\leqslant t\leqslant 35\ \text{s}\\ y_d(t)+0.001 & t\geqslant 35\ \text{s}\end{cases}$$

则对应的故障函数为

$$d_2=\begin{cases}0 & t<15\ \text{s}\\ 0.00005(t-15) & 15\leqslant t\leqslant 35\ \text{s}\\ 0.001 & t\geqslant 35\ \text{s}\end{cases}$$

三个观测器对应的残差曲线如图 7.21 所示，此时对应的检测阈值为 1.0×10^{-5}。

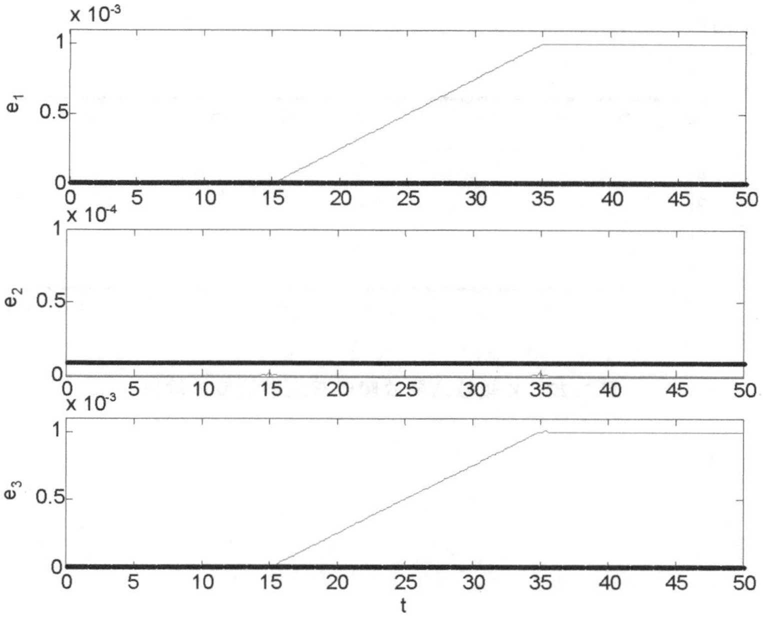

图 7.21　*Y* 轴敏感器故障时观测器的残差输出

由图 7.21 可得，所设计的观测器能够很好地检测与分离 Y 轴所发生的斜坡变化故障，而且由于故障的缓变性，故障时的残差并未像 X 轴突变故障时产生较大的残差峰值，因此对缓变故障具有较好的诊断能力。但应注意的是，在阈值选定后，这种方法对斜坡斜率较小的变化具有一定的延迟，此时检测灵敏度稍低。

(3) *Z* 轴发生恒增益变化

考虑 Z 轴敏感器在 $t=30s$ 时发生恒增益变化，即

$$y_r(t)=\begin{cases}y_d(t) & t<30\text{s}\\ 0.6y_d(t) & t\geqslant 30\ \text{s}\end{cases}$$

三个观测器对应的残差曲线如图 7.22 所示，此时对应的检测阈值为 3.0×10^{-5}。

由图 7.22 可知，所设计的观测器能够很好地检测与分离 Z 轴所发生的恒增益故障，与 X 轴敏感器故障类似，其也为突变故障，所以残差曲线出现了瞬时峰值，但很快降到阈值以下。

通过仿真结果可知，设计的观测器能够较为快速地对航天器敏感器故障进行检测与分离。这种方法对突变故障具有较高的灵敏度，且诊断速度较快，一般在 1s 左右便可实现故障的检

测与分离。同时其对缓变故障具有较好的诊断准确度,但对于斜率较小的缓变故障,应选取合适的检测阈值,使得故障的检测与分离速度满足要求。

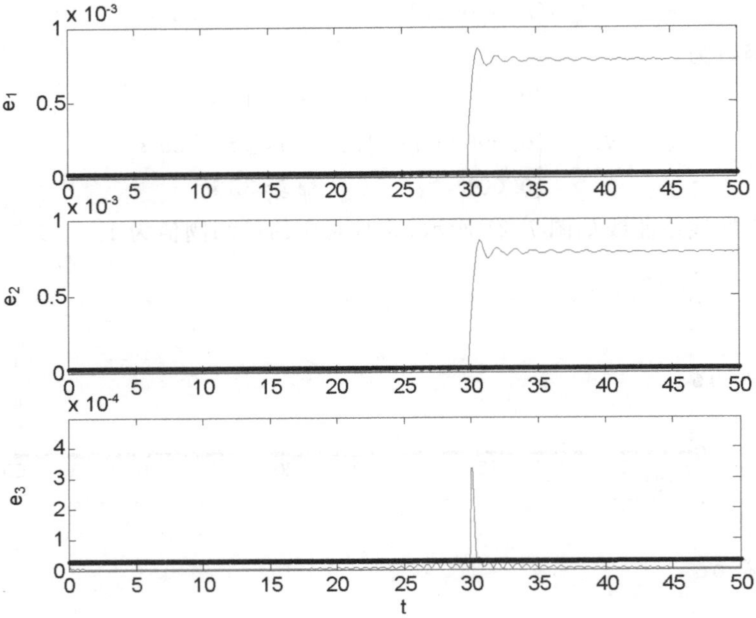

图 7.22 Z轴敏感器故障时观测器的残差输出

第 8 章　基于小波神经网络的故障诊断与应用

小波神经网络精度高，训练速度快，在航天器故障诊断方面有着良好的应用。本章将小波神经网络应用于航天器的电源和控制方面。

8.1　小波神经网络应用于航天器故障诊断

随着科学技术的迅速发展及自动化水平的提高，现代系统及设备的功能越来越多，结构和信息越来越复杂，工作强度越来越大，可能出现故障的概率也相对变得越来越大。但人们对系统的安全性、可靠性和有效性的要求却越来越高，因此系统的故障诊断技术已经成为研究的焦点之一。1984 年法国理论物理学家 Grossmann 和数学家 Morlet 首次提出小波这一概念，这是一种全新的时频两维信号分析技术，而神经网络具有自学习、自适应、强鲁棒性等特点。把小波和神经网络结合构成小波神经网络（wavelet neural networks）是近年来研究的热点问题。

小波神经网络是一种连续的非线性映射。小波与神经网络的结合主要有两种途径：一种是辅助式结合，用得最多的就是利用小波分析对信号进行预处理，然后用神经网络进行学习与判别；另一种是通过内嵌的方式将小波变换融入神经网络，具有较好的自适应分辨性，良好的逼近能力和容错能力，有效避免局部最小值等优点。本节采用嵌套式结合方式，隐含层节点的激励函数采用 Morlet 小波函数代替，仿真结果表明小波神经网络用于航天器故障诊断是有效的。

8.1.1　BP 神经网络简介

BP（back propagation）神经网络是 1986 年由 Rumelhart 和 McClelland 为首的科学家提出的，是一种按照误差逆向传播算法训练的多层前馈神经网络，是目前应用最广泛的神经网络模型之一。图 8.1 中是具有代表性的三层前馈 BP 神经网络模型，它由输入层、隐含层、输出层组成，同层神经元互不连接，相邻层神经元之间通过权连接。

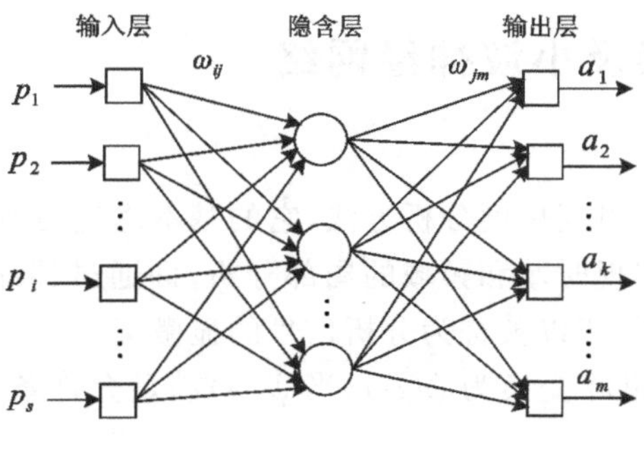

图 8.1　三层前馈 BP 神经网络模型

BP 神经网络在训练时要首先计算每个节点的输出，然后根据实际输出结果计算误差，再根据 BP 训练规则依次修正输出层和隐含层之间、各隐含层之间以及隐含层与输入层之间的权值,从而减少误差,使网络的输出达到期望值。在进行BP网络训练时,必须规定隐含层的数目、每层的节点数、激励函数、输入/输出样本对,这些参数将会影响BP网络的收敛速度和有效性。BP网络的算法流程图如图8.2所示。

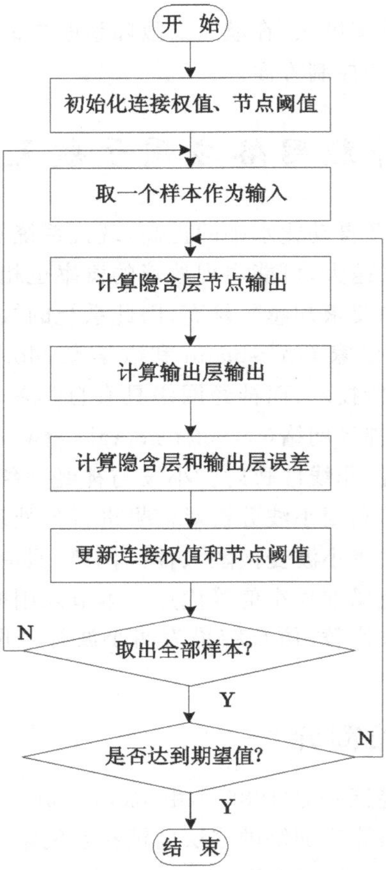

图8.2 BP网络算法流程图

8.1.2 小波变换及小波神经网络

1. 小波变换

小波变换是一种信号的时间尺度分析方法,它的基本思想类似于傅里叶变换,但又优于傅里叶变换。小波变换能够实现时域和频域的局部分析,即通过伸缩和平移等运算功能对函数或信号进行多尺度细化分析,所以被誉为分析信号的显微镜。

设 $\psi(t)\in L^2(R)$,其傅里叶变换为 $\hat{\psi}(\bar{\omega})$,当 $\hat{\psi}(\bar{\omega})$ 满足允许条件(完全重构条件或恒等分辨条件)

$$C_\psi=\int_R \frac{|\hat{\psi}(\omega)|^2}{|\omega|}\mathrm{d}\omega<\infty \tag{8.1}$$

则称 $\psi(t)$ 为一个基本小波或母小波。将母函数 $\psi(t)$ 经过伸缩和平移后得

$$\psi_{a,b}(t) = \frac{1}{\sqrt{|a|}}\psi(\frac{t-b}{a}) \qquad a \neq 0 \tag{8.2}$$

称为一个小波序列。其中，a 为伸缩因子，b 为平移因子。对于任意的函数 $f(t) \in L^2(R)$ 的连续小波变换为

$$\begin{aligned} W_f(a,b) &= (f, \psi_{a,b}) \\ &= \frac{1}{\sqrt{|a|}}\int_R f(t)\,\overline{\psi(\frac{t-b}{a})}\,\mathrm{d}t \end{aligned} \tag{8.3}$$

其重构公式(逆变换)为

$$f(t) = \frac{1}{C_\psi}\int_{-\infty}^{+\infty}\int_{-\infty}^{+\infty}\frac{1}{a^2}W_f(a,b)\psi(\frac{t-b}{a})\,\mathrm{d}a\mathrm{d}b \tag{8.4}$$

基于小波 $\psi(t)$ 生成的 $\psi_{a,b}(t)$ 在小波变换中对被分析的信号起着观测窗的作用，所以 $\psi(t)$ 还应该满足一般函数的约束条件，即

$$\int_{-\infty}^{\infty}|\psi(t)|\,\mathrm{d}t < \infty \tag{8.5}$$

所以，$\hat{\psi}(\omega)$ 是一个连续函数。这就意味着，为了满足完全重构条件式，$\hat{\psi}(\omega)$ 在原点必须等于 0，即

$$\hat{\psi}(0) = \int_{-\infty}^{+\infty}\psi(t)\,\mathrm{d}t = 0$$

2. 小波神经网络

小波神经网络是在 BP 神经网络的基础上，将神经网络隐含层节点的 S 型函数由小波函数来代替，相应的输入层到隐含层的权值及隐含层的阈值分别由小波函数的尺度伸缩因子和时间平移因子所代替，考虑和分析了 BP 神经网络的激励函数的特点，以及 BP 神经网络的结构，结合了小波变换的知识而构造的。典型的三层前馈小波神经网络如图 8.3 所示。

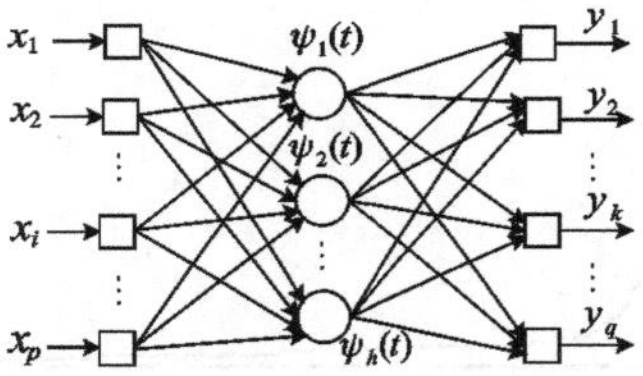

图 8.3　三层前馈小波神经网络结构

8.1.3　小波神经网络在航天器电源故障中的应用

现采集到航天器电源系统的故障数据，分别采用 BP 神经网络和小波神经网络对设备故障进行诊断分析。5 个神经元对应 5 个测试点，输出层有 5 个神经元，训练样本如表 8.1 所示，以测试编码作为网络输入，以故障编码作为网络输出。

表 8.1　故障编码表

故障序号	测试编码	故障编码
1	11111	00000
2	01000	10000
3	10000	01000
4	11000	00100
5	11100	00010
6	11110	00001

这里利用三层前馈网络对样本数据进行诊断，即分为输入层、隐含层和输出层。表 8.1 中样本输入采用五维向量模式，因而神经网络输入节点为 5 个，隐含层有 10 个神经元。

在隐含层节点数的选择上，目前还没有一套确定的标准进行选择。隐含层节点数目过多，会使训练时间增加，从而导致诊断速率降低；隐含层节点数目过少，又有可能导致训练不充分，降低诊断正确率。实践中，经常使用一些经验公式计算隐含层节点数目，即

$$n_1 = \sqrt{n+m} + a$$

$$n_1 = \log_2 n$$

$$n_1 = 2n + 1$$

其中，n_1，n，m 分别为隐含层、输入层、输出层节点数，a 为常数。

结合上面的经验公式，本章确定隐含层数目为 14。先用 BP 网络对样本进行训练，取学习速率 $\eta=0.90$，动量因子 $\lambda=0.35$，精度 $\varepsilon=0.001$。然后使用小波神经网络对同样的样本进行训练，采用同样的结构、学习速率、动量因子和精度。BP 神经网络和小波神经网络对样本的训练误差与步数之间的关系如图 8.4 和图 8.5 所示。

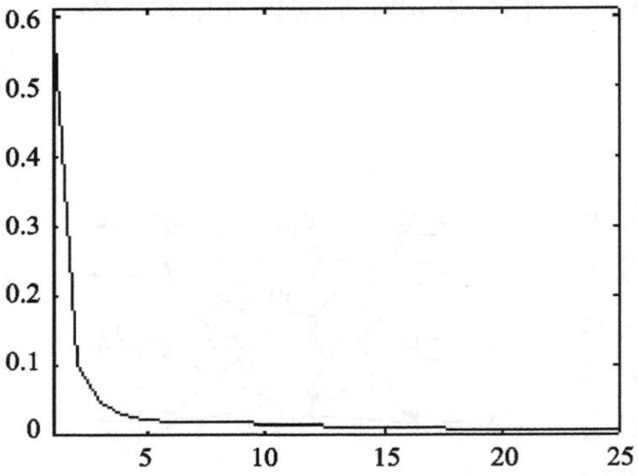

图 8.4　BP 神经网络训练结果

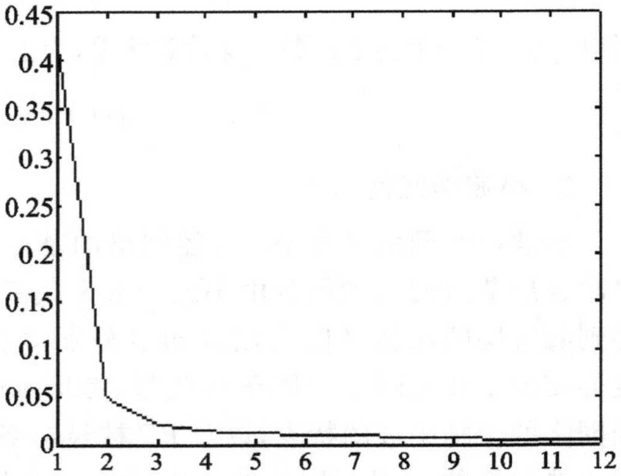

图 8.5　小波神经网络训练结果

图 8.4 的训练结果表明，用 BP 神经网络对该样本进行训练至少需要 25 次才能达到精度要求；图 8.5 的训练结果表明，用小波神经网络对该样本进行训练需要 12 次就能达到精度要求。从仿真结果可以看出，对于同样的结构，小波神经网络的收敛速度要优于 BP 神经网络的收敛速度，因而更适用于故障诊断。

8.2　单隐含层模糊递归小波神经网络的观测器设计

在复杂的系统工程中，系统存在诸多不确定因素和难以描述的非线性特性，为解决这些问题，便出现了神经网络。凭借神经网络在控制系统中的优势和发展潜力，以神经网络为基础的状态观测器得到了进一步的发展。相比于控制系统状态观测器，神经网络状态观测器具有很强的容错性，利用神经网络对非线性系统进行观测和识别是一种非常重要的方法。

神经网络状态观测器已经在过程监控、故障检测及故障诊断等领域得到了广泛的应用，如高立娥利用已知的余度对动力学的影响形成残差，构建了水下航行器故障诊断观测器，Manish Sharma 的基于小波神经网络观测器的自适应跟踪控制两自由度压电驱动非线性金属切削过程使用强化学习，Wen-Shyong Yu 的一类观测器基于自适应神经网络跟踪控制的机器人系统，贾鹤鸣等使用神经网络状态观测器设计了吊重防摇控制系统等等。但在设计或构造神经网络状态观测器时，必须遵守一些限定性条件，如要求非线性系统的状态完全可观等，因此对于复杂的非线性动态系统的观测器设计面临许多复杂的计算问题。神经网络在学习过程中存在收敛速率慢等问题，因而用神经网络设计非线性系统观测器的研究还有待进一步完善。

单隐含层模糊递归小波神经网络（SLFRWNN）具有较强的泛化能力，能够以较高的精度实现函数逼近和系统识别。本章利用 SLFRWNN 提出了一种基于 SLFRWNN 的自适应状态观测器设计方法，理论分析和仿真结果表明了该种观测器设计的有效性和合理性，并对其他非线性动态系统也有一定的参考意义。

8.2.1　单隐含层模糊递归小波神经网络

考虑如下 N_r 个模糊规则：

R_1：IF x_1 is A_{11} AND x_2 is A_{21} AND… $x_{N_{in}}$ is $A_{N_{in}}{}^1$ THEN u_1 is $\upsilon_1 = w_1 \cdot \psi_1$

R_2：IF x_1 is A_{12} AND x_2 is A_{22} AND … $x_{N_{in}}$ is $A_{N_{in}}{}^2$ THEN u_2 is $\upsilon_2 = w_2 \cdot \psi_2$

R_3：IF x_1 is A_{13} AND x_2 is A_{23} AND … $x_{N_{in}}$ is $A_{N_{in}}{}^3$ THEN u_1 is $\upsilon_1 = w_1 \cdot \psi_1$

………

R_{N_r}：IF x_1 is A_{1N^r} AND x_2 is A_{2N^r} AND … $x_{N_{in}}$ is $A_{N_{in}}{}^{N^r}$ THEN u_{N^r} is $\upsilon_{N^r} = w_{N^r} \cdot \psi_{N^r}$

(8.7)

其中，x_i 表示系统第 i 输入变量，即 $i=1:N_{in}$，A_{ij} 表示模糊子集，u_i，υ_i 为输出，w_i 为连接权，ψ_i 为子波函数。

这里采用具有 5 层神经元的单隐含层模糊递归小波神经网络（SLFRWNN），其模型如图 8.6 所示。

在图 8.6 中，网络第 1 层的输入直接到第 2 层，第 2 层的输入隶属度函数 $u_{A_{IJ}}(x_i)$ 和每个节点的输出通过式(8.8)计算，第 3 层的每个节点表示模糊规则 R，每个节点的输出用式(8.9)表示，第 4 层是网络的单隐含层，使用小波函数作为激活函数，即式(8.10)～式(8.12)，第 5 层为网络的输出层。

$$\mu_{A_{ij}}(x_i) = \exp(-(x_i - c_{ij})^2/\sigma_{ij}^2) \qquad \forall\ i = 1:N_{in};\quad j = 1:N_r \tag{8.8}$$

式中，c_{ij} 为中心参数，σ_{ij} 为宽度参数。

$$\mu_j(x) = \prod_i \mu_{A_{ij}}(x_i) \qquad i = 1:N_{in} \qquad j = 1:N_r \text{ and } \quad 0 < \mu_j \leqslant 1 \tag{8.9}$$

三种小波函数如下：

① 高斯小波

$$\varphi(x) = x \cdot \exp(-\frac{x^2}{2}) \tag{8.10}$$

② 墨西哥草帽小波

$$\varphi(x) = (1 - x^2) \cdot \exp(-\frac{x^2}{2}) \tag{8.11}$$

③ Morlet 小波

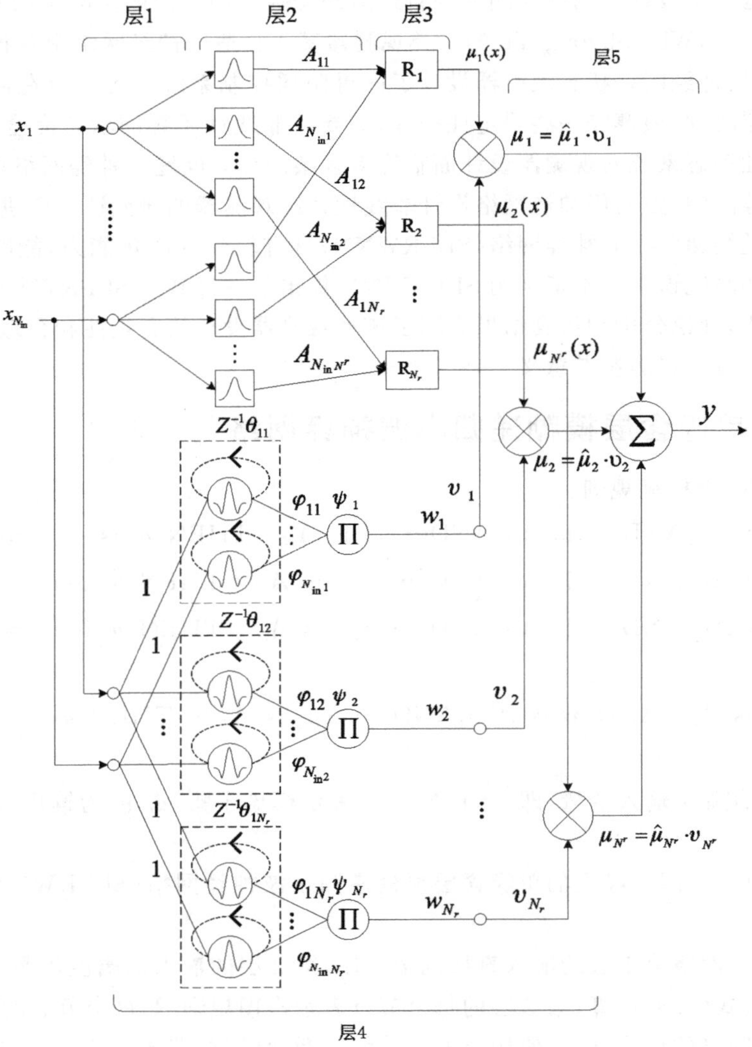

图 8.6 单隐含层模糊递归小波神经网络模型

$$\varphi(x) = \cos(5x) \cdot \exp(-\frac{x^2}{2}) \tag{8.12}$$

根据所选的激活函数,第4层的每个小波 φ_{ij} 为

$$\varphi_{ij} \triangleq \varphi_{ij}(z_{ij}(k)) = (u_{ij}(k) - t_{ij}(k))/d_{ij}(k) \qquad \forall i = 1 : N_{\mathrm{in}}, j = 1 : N_{\mathrm{r}} \tag{8.13}$$

在离散时间 k 时

$$u_{ij}(k) = x_i(k) + \varphi_{ij}(k-1) \cdot \theta_{ij}(k) \qquad i = 1 : N_{\mathrm{in}}, j = 1 : N_{\mathrm{r}} \tag{8.14}$$

式中,t_{ij} 和 d_{ij} 分别表示小波变换和扩张参数,θ_{ij} 为存储系数。

第4层的子波函数计算如下

$$\psi_j(z_{ij}) = \prod_{i=1}^{N_{\mathrm{in}}} \varphi_{ij}((u_{ij} - t_{ij})/d_{ij}) \qquad \forall i = 1 : N_{\mathrm{in}}, j = 1 : N_{\mathrm{r}} \tag{8.15}$$

第4层的输出计算如下

$$v_j(k) = w_j \cdot \psi_j \qquad j = 1 : N_r \tag{8.16}$$

第 4 层的输出与第 3 层的输出节点相乘，则该层的每个节点之积如下

$$u_j(x) = \hat{\mu}_j(x) \cdot v_j \qquad j = 1 : N_r \tag{8.17}$$

其中

$$\hat{\mu}_j(x) = \mu_j(x) / \sum_{j=1}^{N_r} \mu_j(x) \tag{8.18}$$

需要注意的是：模糊规则的后件使用式(8.16)计算。第 5 层的总体输出计算如下

$$y(k) = \sum_{j=1}^{N_r} \hat{\mu}_j(x) \cdot v_j = \sum_{j=1}^{N_r} u_j \tag{8.19}$$

8.2.2　使用 GA 对 SLFRWNN 进行初始化

假设有 N_s 个样本($x(1), x(2), \cdots, x(k), \cdots, x(N_s)$)，时间为 0～$t$。SLFRWNN 初始化就是基于期望值和网络输出值之间误差的最小化。$y^d(k)$为期望输出，$y^q(k)$为实际输出，因此，在样本为 k 时，第 q 个核函数计算如下

$$J^q = \sum_{k=1}^{N_s} (y^d(k) - y^q(k))^2 \tag{8.20}$$

其中

$$\begin{aligned} y^q(k) &= \sum_{j=1}^{N_r} \hat{\mu}_j^q(x(k)) \cdot v_j^q \\ &= \frac{\sum_{j=1}^{N_r} v_j^q \cdot \left[\prod_i \exp(-(x_i(k) - c_{ij}^q)^2 / (\sigma_{ij}^q)^2) \right]}{\sum_{j=1}^{N_r} \left[\prod_i \exp(-(x_i(k) - c_{ij}^q)^2 / (\sigma_{ij}^q)^2) \right]} \qquad \forall i = 1 : N_{in}, j = 1 : N_r \end{aligned} \tag{8.21}$$

$$v_j^q = w_j \cdot \psi_j = w_j \cdot \left[\prod_{i=1}^{N_{in}} ((u_{ij} - t_{ij}^q)/d_{ij}^q) \cdot \exp(-0.5((u_{ij} - t_{ij}^q)/d_{ij}^q)^2) \right] \tag{8.22}$$

用向量表示为

$$\boldsymbol{U}^q = [\boldsymbol{c}_{ij}^q \ \boldsymbol{\sigma}_{ij}^q \ \boldsymbol{t}_{ij}^q \ \boldsymbol{d}_{ij}^q \ \boldsymbol{\theta}_{ij}^q \ \boldsymbol{w}_{ij}^q] \qquad \forall i = 1 : N_{in}, j = 1 : N_r \tag{8.23}$$

其中

$$\begin{aligned} \boldsymbol{c}_{ij}^q &= [c_{11}^q \cdots c_{N_{in}1}^q \cdots c_{1N_r}^q \cdots c_{N_{in}N_r}^q] \\ \boldsymbol{\sigma}_{ij}^q &= [\sigma_{11}^q \cdots \sigma_{N_{in}1}^q \cdots \sigma_{1N_r}^q \cdots \sigma_{N_{in}N_r}^q] \\ \boldsymbol{t}_{ij}^q &= [t_{11}^q \cdots t_{N_{in}1}^q \cdots t_{1N_r}^q \cdots t_{N_{in}N_r}^q] \\ \boldsymbol{d}_{ij}^q &= [d_{11}^q \cdots d_{N_{in}1}^q \cdots d_{1N_r}^q \cdots d_{N_{in}N_r}^q] \\ \boldsymbol{w}_j^q &= [w_1^q \cdots w_{N_r}^q] \end{aligned}$$

8.2.3　SLFRWNN 的训练算法

令 $y^d(k)$和 $y(k)$分别为网络在离散时间 k 时的期望输出和实际输出，则 k 时刻的网络误差为

$$e(k) = y^d(k) - y(k) \tag{8.24}$$

取代价函数为

$$E(k) = \frac{1}{2}[(y^d(k) - y(k))^2] = \frac{1}{2}e(k)^2 \tag{8.25}$$

设网络从时间步1工作到时间步 N,则每个周期的总误差函数为

$$E = \sum_{i=1}^{N_r} \frac{1}{2}[(y^d(k) - y(k))^2] = \sum_{i=1}^{N_r} \frac{1}{2}(e(t))^2 \tag{8.26}$$

后件的参数 w_j,t_{ij},d_{ij} 和 θ_{ij} 调整为

$$w_j(k+1) = w_j(k) - \gamma^w(k) \cdot \frac{\partial E(k)}{\partial w_j(k)} \tag{8.27}$$

$$t_{ij}(k+1) = t_{ij}(k) - \gamma^t(k) \cdot \frac{\partial E(k)}{\partial t_{ij}(k)} \tag{8.28}$$

$$d_{ij}(k+1) = d_{ij}(k) - \gamma^d(k) \cdot \frac{\partial E(k)}{\partial d_{ij}(k)} \qquad \forall i = 1 : N_{in}, j = 1 : N_r \tag{8.29}$$

$$\theta_{ij}(k+1) = \theta_{ij}(k) - \gamma^\theta(k) \cdot \frac{\partial E(k)}{\partial \theta_{ij}(k)} \tag{8.30}$$

式中,$\gamma = [\gamma^w, \gamma^w, \gamma^w, \gamma^w]$ 为学习速率,即 $0<\gamma<1$。利用一阶偏导数的链式法则求 $E(K)$ 对式(8.27)～式(8.30)的偏导数如下

$$\frac{\partial E(k)}{\partial w_j(k)} = \frac{\partial E(k)}{\partial y(k)} \cdot \frac{\partial y(k)}{\partial \upsilon_j(k)} \cdot \frac{\partial \upsilon_j(k)}{\partial w_j(k)} = (y(k) - y^d(k)) \cdot \psi_j(z) \cdot \frac{\mu_j(x)}{\sum_{j=1}^{N_r}\mu_j(x)} \tag{8.31}$$

$$\begin{aligned}\frac{\partial E(k)}{\partial t_{ij}(k)} &= \frac{\partial E(k)}{\partial y(k)} \cdot \frac{\partial y(k)}{\partial \upsilon_j(k)} \cdot \frac{\partial \upsilon_j(k)}{\partial \psi_j(k)} \cdot \frac{\partial \psi_j(k)}{\partial z_{ij}(k)} \cdot \frac{\partial z_{ij}(k)}{\partial t_{ij}(k)} \\ &= (y(k) - y^d(k))w_j \cdot \psi_j\left(\frac{-1}{d_{ij}}\right) \cdot \left(\frac{1}{z_{ij}} - z_{ij}\right) \cdot \frac{\mu_j(x)}{\sum_{j=1}^{N_r}\mu_j(x)}\end{aligned} \tag{8.32}$$

$$\frac{\partial E(k)}{\partial d_{ij}(k)} = \frac{\partial E(k)}{\partial y(k)} \cdot \frac{\partial y(k)}{\partial \upsilon_j(k)} \cdot \frac{\partial \upsilon_j(k)}{\partial \psi_j(k)} \cdot \frac{\partial \psi_j(k)}{\partial z_{ij}(k)} \cdot \frac{\partial z_{ij}(k)}{\partial d_{ij}(k)} = z_{ij} \cdot \frac{\partial E(k)}{\partial t_{ij}(k)} \tag{8.33}$$

$$\begin{aligned}\frac{\partial E(k)}{\partial \theta_{ij}(k)} &= \frac{\partial E(k)}{\partial y(k)} \cdot \frac{\partial y(k)}{\partial \upsilon_j(k)} \cdot \frac{\partial \upsilon_j(k)}{\partial \psi_j(k)} \cdot \frac{\partial \psi_j(k)}{\partial z_{ij}(k)} \cdot \frac{\partial z_{ij}(k)}{\partial u_{ij}(k)} \cdot \frac{\partial u_{ij}(k)}{\partial \theta_{ij}(k)} \\ &= -\varphi_{ij}(k-1) \cdot \frac{\partial E(k)}{\partial t_{ij}(k)}\end{aligned} \tag{8.34}$$

值得注意的是,式(8.22)和式(8.27)～式(8.30)均使用高斯函数作为小波母函数。

8.3 SLFRWNN的自适应观测器

8.3.1 观测器的建立

神经网络状态观测器的设计原理就是利用神经网络模型构造出系统的真实状态,也就是利用原系统中可以直接测量的变量重新构造一个新的系统,这种方法称为神经网络状态重构法。

现给定如下的非线性系统

$$\begin{cases} \dot{x}(t) = \boldsymbol{A}x(t) + f(x(t), u(t)) \\ y(t) = \boldsymbol{C}x(t) \end{cases} \tag{8.35}$$

式中，在状态方程中 $x(t) \in R^n$ 为状态变量，$u(t) \in R^q$ 为输入变量，$f(x(t), u(t))$ 为非线性函数向量，$\boldsymbol{A} \in R^{n \times n}$ 为定常矩阵；在输出方程中 $y(t) \in R^m$ 为输出变量，$\boldsymbol{C} \in R^{m \times m}$ 为定常矩阵，$(\boldsymbol{A}, \boldsymbol{C})$ 是可以观测的。

本章观测器的设计思路为：

① 将系统输入变量 $u(t)$，状态变量 $x(t)$ 作为 SLFRWNN 的输入，然后对网络进行训练，使其逼近系统中的非线性函数 $f(x(t), u(t))$。

② 将训练好的网络设计成观测器，并通过神经网络观测器的输出 $\hat{y}(t)$ 和实际系统的输出 $y(t)$ 之间的差值来调整 SLFRWNN 的权值，最终得到 $\hat{x}(t)$。

现针对式(8.35)的非线性系统，构造图 8.7 所示的 SLFRWNN 观测器模型。

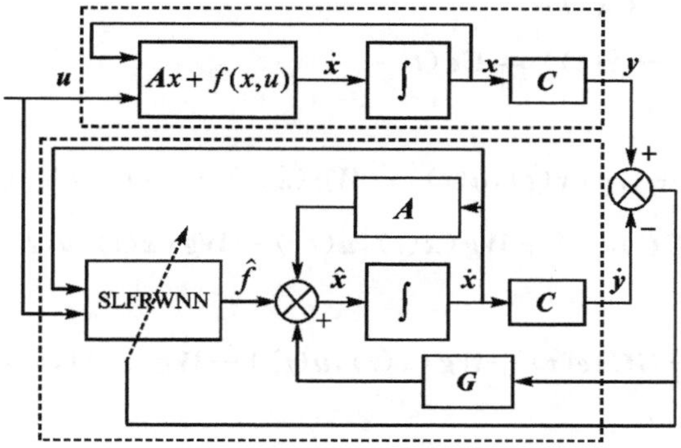

图 8.7　利用 SLFRWNN 构成的状态观测器结构图

式(8.35)的非线性系统的状态观测器可描述为

$$\begin{cases} \dot{\hat{\boldsymbol{x}}}(t) = \boldsymbol{A}\hat{\boldsymbol{x}}(t) + \hat{\boldsymbol{f}}(\hat{\boldsymbol{x}}(t), \boldsymbol{u}(t)) + \boldsymbol{G}(\boldsymbol{y}(t) - \hat{\boldsymbol{y}}(t)) \\ \hat{\boldsymbol{y}}(t) = \boldsymbol{C}\hat{\boldsymbol{x}}(t) \end{cases} \tag{8.36}$$

式中，$\boldsymbol{G}$ 为观测器的增益矩阵，满足 $\boldsymbol{M}=\boldsymbol{A}-\boldsymbol{GC}$ 为渐进稳定的 Hurwitz 矩阵。

令 SLFRWNN 输入输出关系为 $\boldsymbol{y}(t)=\boldsymbol{W}^T\boldsymbol{g}(\boldsymbol{x}(t))$，给定逼近误差 $\boldsymbol{\varepsilon}(\boldsymbol{x}(t))$，根据神经网络具有逼近的性能，则存在 $\boldsymbol{\varepsilon}_i(\boldsymbol{x}(t)) \in \boldsymbol{\varepsilon}(\boldsymbol{x}(t)) > 0$ 使得 SLFRWNN 能够逼近非线性函数 $\boldsymbol{f}(\boldsymbol{x}(t), \boldsymbol{u}(t))$。表示如下

$$\boldsymbol{\zeta}(\boldsymbol{x}(t)) = \boldsymbol{W}\boldsymbol{g}(\boldsymbol{x}(t)) + \varepsilon_i(\boldsymbol{x}(t)) \tag{8.37}$$

式中，$f(\cdot)$ 是高斯小波函数作为激活函数，$\boldsymbol{W}$ 为隐含层的权值矩阵，满足 $\| \varepsilon_i(\boldsymbol{x}(t)) \| \leqslant \varepsilon_N$，$\varepsilon_N$ 是它的边界函数，并由隐含层神经元决定。在这里假设权值矩阵 $\boldsymbol{W}$ 有界，则有 $\|\boldsymbol{W}\|_F \leqslant \boldsymbol{W}_M$。

根据神经网络的逼近性能，利用 $\boldsymbol{f}(\boldsymbol{x}(t), \boldsymbol{u}(t))$ 来替代 $\boldsymbol{\zeta}(\boldsymbol{x}(t))$，则式(8.37)变形为

$$\boldsymbol{f}(\boldsymbol{x}(t), \boldsymbol{u}(t)) = \boldsymbol{W}\boldsymbol{g}(\boldsymbol{x}(t), \boldsymbol{u}(t)) + \varepsilon_i(\boldsymbol{x}(t)) \tag{8.38}$$

因此，网络函数估计如下

$$\hat{\boldsymbol{f}}(\hat{\boldsymbol{x}}(t), \boldsymbol{u}(t)) = \hat{\boldsymbol{W}}\boldsymbol{g}(\hat{\boldsymbol{x}}(t), \boldsymbol{u}(t)) \tag{8.39}$$

把式(8.39)带入式(8.36)得

$$\begin{cases}\dot{\hat{\boldsymbol{x}}}(t)=\boldsymbol{A}\hat{\boldsymbol{x}}(t)+\hat{\boldsymbol{W}}\boldsymbol{g}(\hat{\boldsymbol{x}}(t),\boldsymbol{u}(t))+\boldsymbol{G}(\boldsymbol{y}(t)-\hat{\boldsymbol{y}}(t))\\ \hat{\boldsymbol{y}}(t)=\boldsymbol{C}\hat{\boldsymbol{x}}(t)\end{cases}\tag{8.40}$$

定义状态误差 $\boldsymbol{e}(t)$ 和输出误差 $\boldsymbol{e}_y(t)$ 为

$$\begin{aligned}\boldsymbol{e}(t)&=\boldsymbol{x}(t)-\hat{\boldsymbol{x}}(t)\\ \boldsymbol{e}_y(t)&=\boldsymbol{y}(t)-\hat{\boldsymbol{y}}(t)\end{aligned}\tag{8.41}$$

则可推导误差动态方程，首先用式(8.35)减去式(8.40)，然后根据式(8.41)可得

$$\begin{aligned}\dot{\boldsymbol{x}}(t)-\dot{\hat{\boldsymbol{x}}}(t)&=\boldsymbol{A}\boldsymbol{x}(t)+\boldsymbol{f}(\boldsymbol{x}(t),\boldsymbol{u}(t))-(\boldsymbol{A}\hat{\boldsymbol{x}}(t)+\hat{\boldsymbol{W}}\boldsymbol{g}(\hat{\boldsymbol{x}}(t),\boldsymbol{u}(t))+\boldsymbol{G}(\boldsymbol{y}(t)-\hat{\boldsymbol{y}}(t)))\\ &=\boldsymbol{A}(\boldsymbol{x}(t)-\hat{\boldsymbol{x}}(t))+\boldsymbol{f}(\boldsymbol{x}(t),\boldsymbol{u}(t))-\hat{\boldsymbol{W}}\boldsymbol{g}(\hat{\boldsymbol{x}}(t),\boldsymbol{u}(t))-\boldsymbol{G}(\boldsymbol{y}(t)-\hat{\boldsymbol{y}}(t))\\ \dot{\boldsymbol{e}}(t)&=\boldsymbol{A}\boldsymbol{e}(t)+\boldsymbol{f}(\boldsymbol{x}(t),\boldsymbol{u}(t))-\hat{\boldsymbol{W}}\boldsymbol{g}(\hat{\boldsymbol{x}}(t),\boldsymbol{u}(t))-\boldsymbol{G}\boldsymbol{e}_y(t)\\ \boldsymbol{y}(t)-\hat{\boldsymbol{y}}(t)&=\boldsymbol{C}\boldsymbol{x}(t)-\boldsymbol{C}\hat{\boldsymbol{x}}(t)\\ \boldsymbol{e}_y(t)&=\boldsymbol{C}(\boldsymbol{x}(t)-\hat{\boldsymbol{x}}(t))=\boldsymbol{C}\boldsymbol{e}(t)\end{aligned}$$

代入式(8.38)得

$$\begin{aligned}\dot{\boldsymbol{e}}(t)&=\boldsymbol{A}\boldsymbol{e}(t)+\boldsymbol{W}\boldsymbol{g}(\boldsymbol{x}(t),\boldsymbol{u}(t))-\hat{\boldsymbol{W}}\boldsymbol{g}(\hat{\boldsymbol{x}}(t),\boldsymbol{u}(t))-\boldsymbol{G}\boldsymbol{e}_y(t)+\varepsilon_i(\boldsymbol{x}(t))\\ &=(\boldsymbol{A}-\boldsymbol{G}\boldsymbol{C})\boldsymbol{e}(t)+\boldsymbol{W}\boldsymbol{g}(\boldsymbol{x}(t),\boldsymbol{u}(t))-\hat{\boldsymbol{W}}\boldsymbol{g}(\hat{\boldsymbol{x}}(t),\boldsymbol{u}(t))+\varepsilon_i(\boldsymbol{x}(t))\end{aligned}$$

则误差动态方程为

$$\begin{cases}\dot{\boldsymbol{e}}(t)=(\boldsymbol{A}-\boldsymbol{G}\boldsymbol{C})\boldsymbol{e}(t)+\boldsymbol{W}\boldsymbol{g}(\boldsymbol{x}(t),\boldsymbol{u}(t))-\hat{\boldsymbol{W}}\boldsymbol{g}(\hat{\boldsymbol{x}}(t),\boldsymbol{u}(t))+\varepsilon_i(\boldsymbol{x}(t))\\ \boldsymbol{e}_y(t)=\boldsymbol{C}\boldsymbol{e}(t)\end{cases}\tag{8.42}$$

8.3.2 观测器的稳定性分析

在一定的条件下，定义一个合适的学习规则能更好的训练神经网络，这就需要保障观测器的稳定性。要使观测器保持稳定性，一般采用权值校正准则，并引入 Lyapunov 函数证明权值误差的有界性。为了更简洁地证明本章所设观测器的稳定性，需要对式(8.42)进行如下简化

$$\begin{aligned}\dot{\boldsymbol{e}}(t)&=(\boldsymbol{A}-\boldsymbol{G}\boldsymbol{C})\boldsymbol{e}(t)+\boldsymbol{W}\boldsymbol{g}(\boldsymbol{x}(t),\boldsymbol{u}(t))-\hat{\boldsymbol{W}}\boldsymbol{g}(\hat{\boldsymbol{x}}(t),\boldsymbol{u}(t))+\varepsilon_i(\boldsymbol{x}(t))\\ &=(\boldsymbol{A}-\boldsymbol{G}\boldsymbol{C})\boldsymbol{e}(t)+\boldsymbol{W}\boldsymbol{g}(\boldsymbol{x}(t),\boldsymbol{u}(t))-\hat{\boldsymbol{W}}\boldsymbol{g}(\hat{\boldsymbol{x}}(t),\boldsymbol{u}(t))+\varepsilon_i(\boldsymbol{x}(t))+\\ &\quad\boldsymbol{W}\boldsymbol{g}(\hat{\boldsymbol{x}}(t),\boldsymbol{u}(t))-\boldsymbol{W}\boldsymbol{g}(\hat{\boldsymbol{x}}(t),\boldsymbol{u}(t))\\ &=(\boldsymbol{A}-\boldsymbol{G}\boldsymbol{C})\boldsymbol{e}(t)+\boldsymbol{W}\boldsymbol{g}(\hat{\boldsymbol{x}}(t),\boldsymbol{u}(t))-\hat{\boldsymbol{W}}\boldsymbol{g}(\hat{\boldsymbol{x}}(t),\boldsymbol{u}(t))+\\ &\quad\boldsymbol{W}\boldsymbol{g}(\boldsymbol{x}(t),\boldsymbol{u}(t))-\boldsymbol{W}\boldsymbol{g}(\hat{\boldsymbol{x}}(t),\boldsymbol{u}(t)+\varepsilon_i(\boldsymbol{x}(t)))\\ &=(\boldsymbol{A}-\boldsymbol{G}\boldsymbol{C})\boldsymbol{e}(t)+(\boldsymbol{W}-\hat{\boldsymbol{W}})\boldsymbol{g}(\hat{\boldsymbol{x}}(t),\boldsymbol{u}(t))+\\ &\quad\boldsymbol{W}[\boldsymbol{g}(\boldsymbol{x}(t),\boldsymbol{u}(t))-\boldsymbol{g}(\hat{\boldsymbol{x}}(t),\boldsymbol{u}(t))]+\varepsilon_i(\boldsymbol{x}(t))\end{aligned}$$

则式(8.42)可简化为

$$\begin{cases}\dot{\boldsymbol{e}}(t)=\boldsymbol{M}\boldsymbol{e}(t)+e_w\boldsymbol{g}(\hat{\boldsymbol{x}}(t),\boldsymbol{u}(t))+\boldsymbol{\varphi}(t)\\ \boldsymbol{e}_y(t)=\boldsymbol{C}\boldsymbol{e}(t)\end{cases}\tag{8.43}$$

式中，$\boldsymbol{\varphi}(t)=\boldsymbol{W}[\boldsymbol{g}(\boldsymbol{x}(t),\boldsymbol{u}(t))-\boldsymbol{g}(\hat{\boldsymbol{x}}(t),\boldsymbol{u}(t))]+\varepsilon_i(\boldsymbol{x}(t))$ 为一个有界干扰，即满足 $\|\boldsymbol{\varphi}(t)\|\leqslant\phi$，$\boldsymbol{e}_w=\boldsymbol{W}-\hat{\boldsymbol{W}}$ 为权值估计误差。

根据式(8.44)对神经网络权值进行校正，即

$$\dot{\hat{\boldsymbol{W}}} = -\eta\left(\frac{\partial \boldsymbol{J}}{\partial \hat{\boldsymbol{W}}}\right)^{\mathrm{T}} - \rho \| \boldsymbol{e}_y(t) \| \hat{\boldsymbol{W}} \tag{8.44}$$

式中，$\boldsymbol{J}=\frac{1}{2}\boldsymbol{e}_y^{\mathrm{T}}(t)\boldsymbol{e}_y(t)$，$\eta$ 为学习率，ρ 为衰减系数。

首先将式(8.43)写成一阶非齐次线性微分方程并进行求解，即 $\dot{\boldsymbol{e}}(t)-\boldsymbol{M}\boldsymbol{e}(t)=\boldsymbol{e}_w\boldsymbol{g}(\hat{\boldsymbol{x}}(t),\boldsymbol{u}(t))+\boldsymbol{\varphi}(t)$

令 $\boldsymbol{e}(t) = \boldsymbol{m}(t)\boldsymbol{e}^{-\int M\mathrm{d}t}$，则有 $m'(t)\boldsymbol{e}^{-\int M\mathrm{d}t} = \boldsymbol{e}_w\boldsymbol{g}(\hat{\boldsymbol{x}}(t),\boldsymbol{u}(t)) + \boldsymbol{\varphi}(t)$，即 $\frac{\mathrm{d}\boldsymbol{m}}{\mathrm{d}t} = [\boldsymbol{e}_w\boldsymbol{g}(\hat{\boldsymbol{x}}(t),\boldsymbol{u}(t)) + \boldsymbol{\varphi}(t)]\boldsymbol{e}^{\int M\mathrm{d}t}$

两端积分得

$$\boldsymbol{m}(t) = \int[\boldsymbol{e}_w\boldsymbol{g}(\hat{\boldsymbol{x}}(t),\boldsymbol{u}(t)) + \boldsymbol{\varphi}(t)]\boldsymbol{e}^{\int M\mathrm{d}t}\mathrm{d}t + k$$

则

$$\begin{aligned}\boldsymbol{e}(t) &= \left[\int[\boldsymbol{e}_w\boldsymbol{g}(\hat{\boldsymbol{x}}(t),\boldsymbol{u}(t)) + \boldsymbol{\phi}(t)]\boldsymbol{e}^{\int M\mathrm{d}t}\mathrm{d}t + k\right]\boldsymbol{e}^{-\int M\mathrm{d}t} \\ &= -\boldsymbol{M}^{-1}(\boldsymbol{W}-\hat{\boldsymbol{W}})\boldsymbol{g}(\hat{\boldsymbol{x}}(t),\boldsymbol{u}(t)) + \xi\end{aligned} \tag{8.45}$$

$$\begin{aligned}\frac{\partial \boldsymbol{J}}{\partial \hat{\boldsymbol{W}}} = \frac{\partial \boldsymbol{J}}{\partial \boldsymbol{e}(t)} \cdot \frac{\partial \boldsymbol{e}(t)}{\partial \hat{\boldsymbol{W}}} &= \frac{\partial\left(\frac{1}{2}\boldsymbol{e}_y^{\mathrm{T}}(y)\boldsymbol{e}_y(t)\right)}{\partial \boldsymbol{e}(t)} \cdot \frac{\partial \boldsymbol{e}(t)}{\partial \boldsymbol{W}} \\ &= \frac{1}{2}\frac{\partial(\boldsymbol{C}^{\mathrm{T}}\boldsymbol{C}\boldsymbol{e}^2(t))}{\partial \boldsymbol{e}(t)} \cdot \frac{\partial \boldsymbol{e}(t)}{\partial \hat{\boldsymbol{W}}} \\ &= \boldsymbol{C}^{\mathrm{T}}\boldsymbol{C}\boldsymbol{e}(t)\boldsymbol{M}^{-1}\boldsymbol{g}(\hat{\boldsymbol{x}}(t),\boldsymbol{u}(t))\end{aligned} \tag{8.46}$$

将式(8.45)和式(8.46)带入式(8.44)得到修正后的神经网络权值为

$$\begin{aligned}\dot{\hat{\boldsymbol{W}}} &= -\eta\left(\frac{\partial \boldsymbol{J}}{\partial \boldsymbol{W}}\right)^{\mathrm{T}} - \rho \| \boldsymbol{e}_y(t) \| \hat{\boldsymbol{W}} \\ &= -\eta\boldsymbol{g}(\hat{\boldsymbol{x}}(t),\boldsymbol{u}(t))(\boldsymbol{M}^{-1})^{\mathrm{T}}\boldsymbol{e}_y^{\mathrm{T}}(t)\boldsymbol{C} - \rho \| \boldsymbol{e}_y(t) \| \hat{\boldsymbol{W}}\end{aligned} \tag{8.47}$$

对等式 $\boldsymbol{e}_w=\boldsymbol{W}-\boldsymbol{W}$ 两边微分得

$$\dot{\boldsymbol{e}}_w = -\dot{\hat{\boldsymbol{W}}} = \eta\boldsymbol{g}(\hat{\boldsymbol{x}}(t),\boldsymbol{u}(t))(\boldsymbol{M}^{-1})^{\mathrm{T}}\boldsymbol{e}_y^{\mathrm{T}}(t)\boldsymbol{C} + \rho \| \boldsymbol{e}_y(t) \| \hat{\boldsymbol{W}} \tag{8.48}$$

引入正定的 Lyapunov 函数

$$\sigma_L = \frac{1}{2}\boldsymbol{e}^{\mathrm{T}}(t)\boldsymbol{P}\boldsymbol{e}(t) + \frac{1}{2}\mathrm{tr}(\boldsymbol{e}_{\mathrm{W}}^{\mathrm{T}}\boldsymbol{e}_{\mathrm{W}}) \tag{8.49}$$

其中，$\boldsymbol{P}=\boldsymbol{P}^{\mathrm{T}}>0$ 为正定矩阵，且对任意正定矩阵 $\boldsymbol{Q}$ 满足

$$\boldsymbol{M}^{\mathrm{T}}\boldsymbol{P} + \boldsymbol{M}\boldsymbol{P}^{\mathrm{T}} = -\boldsymbol{Q} \tag{8.50}$$

对式(8.49)求导得

$$\dot{\boldsymbol{\sigma}}_L = \boldsymbol{e}^{\mathrm{T}}(t)\boldsymbol{P}\dot{\boldsymbol{e}}(t) + \mathrm{tr}(\boldsymbol{e}_{\mathrm{W}}^{\mathrm{T}}\dot{\boldsymbol{e}}_{\mathrm{W}}) \tag{8.51}$$

将式(8.43)、式(8.48)和式(8.50)代入式(8.51)得

$$\dot{\boldsymbol{\sigma}}_L = \boldsymbol{e}^{\mathrm{T}}(t)\boldsymbol{P}(\boldsymbol{M}\boldsymbol{e}(t) + \boldsymbol{e}_w\boldsymbol{g}(\hat{\boldsymbol{x}}(t),\boldsymbol{u}(t)) + \boldsymbol{\varphi}(t))$$

$$+\mathrm{tr}(\boldsymbol{e}_W^{\mathrm{T}}\eta\boldsymbol{g}(\hat{\boldsymbol{x}}(t),\boldsymbol{u}(t))(\boldsymbol{M}^{-1})^{\mathrm{T}}\boldsymbol{e}_y^{\mathrm{T}}(t)\boldsymbol{C}+\boldsymbol{e}_W^{\mathrm{T}}\rho\|\boldsymbol{e}_y(t)\|\hat{\boldsymbol{W}})$$

$$\begin{aligned}&=\frac{1}{2}(\boldsymbol{e}^{\mathrm{T}}(t)\boldsymbol{M}^{\mathrm{T}}\boldsymbol{P}\boldsymbol{e}(t)+\boldsymbol{e}^{\mathrm{T}}(t)\boldsymbol{M}\boldsymbol{P}^{\mathrm{T}}\boldsymbol{e}(t))+\boldsymbol{e}^{\mathrm{T}}(t)\boldsymbol{P}(\boldsymbol{e}_w\boldsymbol{g}(\hat{\boldsymbol{x}}(t),\boldsymbol{u}(t))+\boldsymbol{\phi}(t))\\&\quad+\mathrm{tr}(\boldsymbol{e}_W^{\mathrm{T}}\eta\boldsymbol{g}(\hat{\boldsymbol{x}}(t),\boldsymbol{u}(t))(\boldsymbol{M}^{-1})^{\mathrm{T}}\boldsymbol{e}_y^{\mathrm{T}}(t)\boldsymbol{C}+\boldsymbol{e}_W^{\mathrm{T}}\rho\|\boldsymbol{e}_y(t)\|\hat{\boldsymbol{W}})\\&=-\frac{1}{2}\boldsymbol{e}^{\mathrm{T}}(t)\boldsymbol{Q}\boldsymbol{e}(t)+\boldsymbol{e}^{\mathrm{T}}(t)\boldsymbol{P}(\boldsymbol{e}_w\boldsymbol{g}(\hat{\boldsymbol{x}}(t),\boldsymbol{u}(t))+\boldsymbol{\phi}(t))\\&\quad+\mathrm{tr}(\boldsymbol{e}_W^{\mathrm{T}}\eta\boldsymbol{g}(\hat{\boldsymbol{x}}(t),\boldsymbol{u}(t))(\boldsymbol{M}^{-1})^{\mathrm{T}}\boldsymbol{e}_y^{\mathrm{T}}(t)\boldsymbol{C}+\boldsymbol{e}_W^{\mathrm{T}}\rho\|\boldsymbol{e}_y(t)\|\hat{\boldsymbol{W}})\end{aligned}\tag{8.52}$$

令 $\boldsymbol{\delta}=\eta(\boldsymbol{M}^{-1})^{\mathrm{T}}\boldsymbol{C}^{\mathrm{T}}\boldsymbol{C}$，由 $\hat{\boldsymbol{W}}=\boldsymbol{W}-\boldsymbol{e}_w$，$\boldsymbol{e}_y(t)=\boldsymbol{C}\boldsymbol{e}(t)$，式(8.52)化简为

$$\begin{aligned}\dot{\sigma}=&-\frac{1}{2}\boldsymbol{e}^{\mathrm{T}}(t)\boldsymbol{Q}\boldsymbol{e}(t)+\boldsymbol{e}^{\mathrm{T}}(t)\boldsymbol{P}(\boldsymbol{e}_w\boldsymbol{g}(\hat{\boldsymbol{x}}(t),\boldsymbol{u}(t))+\boldsymbol{\varphi}(t))\\&+\mathrm{tr}(\boldsymbol{e}_W^{\mathrm{T}}\boldsymbol{g}(\hat{\boldsymbol{x}}(t),\boldsymbol{u}(t))\boldsymbol{e}(t)\boldsymbol{\delta}+\boldsymbol{e}_W^{\mathrm{T}}\rho\|\boldsymbol{C}\boldsymbol{e}(t)\|(\boldsymbol{W}-\boldsymbol{e}_w))\end{aligned}\tag{8.53}$$

根据下列不等式

$$\begin{aligned}&-\frac{1}{2}\boldsymbol{e}^{\mathrm{T}}(t)\boldsymbol{Q}\boldsymbol{e}(t)\leqslant-\frac{1}{2}\lambda_{\min}(\boldsymbol{Q})\|\boldsymbol{e}(t)\|^2\\&\boldsymbol{e}^{\mathrm{T}}(t)\boldsymbol{P}(\boldsymbol{e}_w\boldsymbol{g}(\hat{\boldsymbol{x}}(t),\boldsymbol{u}(t))+\boldsymbol{\phi}(t))\leqslant\|\boldsymbol{e}(t)\|\cdot\|\boldsymbol{P}\|\cdot\bar{\boldsymbol{\phi}}\\&\mathrm{tr}(\boldsymbol{e}_W^{\mathrm{T}}(\boldsymbol{W}-\boldsymbol{e}_W))\leqslant\boldsymbol{W}_M\|\boldsymbol{e}_W\|-\|\boldsymbol{e}_W\|^2\\&\mathrm{tr}(\boldsymbol{e}_W^{\mathrm{T}}\boldsymbol{e}(t)\boldsymbol{g}(\hat{\boldsymbol{x}}(t),\boldsymbol{u}(t)))\leqslant\boldsymbol{g}_{\mathrm{M}}\|\boldsymbol{e}_W\|\cdot\|\boldsymbol{e}(t)\|\end{aligned}\tag{8.54}$$

可得

$$\begin{aligned}\dot{\sigma}_L\leqslant&-\frac{1}{2}\lambda_{\min}(\boldsymbol{Q})\|\boldsymbol{e}(t)\|^2+\|\boldsymbol{e}(t)\|\cdot\|\boldsymbol{P}\|\cdot\bar{\boldsymbol{\phi}}+\boldsymbol{g}_M\|\boldsymbol{e}_W\|\cdot\|\boldsymbol{e}(t)\|\cdot\\&\|\boldsymbol{\delta}\|+\rho\|\boldsymbol{C}\boldsymbol{e}(t)\|\cdot(\boldsymbol{W}_M\|\boldsymbol{e}_W\|-\|\boldsymbol{e}_W\|^2)\end{aligned}\tag{8.55}$$

其中，$\lambda_{\min}(\boldsymbol{Q})$为矩阵 $\boldsymbol{Q}$ 的最小特征值，$\boldsymbol{W}_M=\sup(\boldsymbol{W})$，$\boldsymbol{g}_M=\sup(\boldsymbol{g})$。

进一步整理得

$$\begin{aligned}\dot{\boldsymbol{\sigma}}_L\leqslant&-\frac{1}{2}\lambda_{\min}(\boldsymbol{Q})\|\boldsymbol{e}(t)\|^2+\|\boldsymbol{e}(t)\|\cdot[\|\boldsymbol{P}\|\cdot\bar{\boldsymbol{\phi}}-\rho\|\boldsymbol{C}\|\cdot\|\boldsymbol{e}_W\|^2+\\&\|\boldsymbol{e}_W\|\cdot(\boldsymbol{g}_M\cdot\|\boldsymbol{\delta}\|+\rho\boldsymbol{W}_M\|\boldsymbol{C}\|)]\end{aligned}\tag{8.56}$$

令$K_1=\frac{1}{2}\|\delta\|$，$K_2=\frac{\boldsymbol{g}_M\cdot\|\boldsymbol{\delta}\|+\rho\boldsymbol{W}_M\|\boldsymbol{C}\|}{2(\rho\|\boldsymbol{C}\|-K_1{}^2)}$代入式(8.56)整理得

$$\begin{aligned}\dot{\boldsymbol{\sigma}}_L\leqslant&-\frac{1}{2}\lambda_{\min}(\boldsymbol{Q})\|\boldsymbol{e}(t)\|^2+\|\boldsymbol{e}(t)\|\cdot[\|\boldsymbol{P}\|\cdot\bar{\boldsymbol{\phi}}+(\rho\|\boldsymbol{C}\|-K_1^2)\cdot K_2^2-\\&(\rho\|\boldsymbol{C}\|-K_1{}^2)\cdot(K_2-\|\boldsymbol{e}_W\|^2)-K_1{}^2\|\boldsymbol{e}_W\|^2]\end{aligned}\tag{8.57}$$

为了要保持 $\dot{\boldsymbol{\sigma}}_L\leqslant0$，只需获得 $\|\boldsymbol{e}\|>\frac{2}{\lambda_{min}(\boldsymbol{Q})}[\|\boldsymbol{P}\|\Phi+(\rho\|\boldsymbol{C}\|-K_1^2)K_2^2]$且 $\rho\leqslant\frac{K_1^2}{\|\boldsymbol{C}\|}$，因此根据标准的 Lyapunov 定理，说明可观测的误差是一致有界的。

此外，为了表示权值误差的界限等，式(8.48)可以表示为

$$\begin{aligned}\dot{\boldsymbol{e}}_w&=\eta\boldsymbol{g}(\hat{\boldsymbol{x}}(t),\boldsymbol{u}(t))(\boldsymbol{M}^{-1})^{\mathrm{T}}\boldsymbol{e}_y^{\mathrm{T}}(t)\boldsymbol{C}+\rho\|\boldsymbol{e}_y(t)\|\hat{\boldsymbol{W}}\\&=\eta\boldsymbol{g}(\hat{\boldsymbol{x}}(t),\boldsymbol{u}(t))(\boldsymbol{M}^{-1})^{\mathrm{T}}\boldsymbol{e}_y^{\mathrm{T}}(t)\boldsymbol{C}+\rho\|\boldsymbol{e}_y(t)\|\boldsymbol{W}-\rho\|\boldsymbol{e}_y(t)\|\boldsymbol{e}_W\end{aligned}\tag{8.58}$$

式中，$\boldsymbol{g}(\hat{\boldsymbol{x}}(t),\boldsymbol{u}(t))$、$\boldsymbol{M}$、$\boldsymbol{e}_y^{\mathrm{T}}(t)$、$\boldsymbol{C}$ 都是有界的，$\rho\|\boldsymbol{e}_y(t)\|$ 为正的，因此式(8.58)的系统是稳定的，从而保证了权值误差的有界性。

8.3.3　系统仿真试验

考虑太空机械臂，如下非线性系统，状态方程如式(8.35)，对应参数值如下

$$\boldsymbol{A}=\begin{bmatrix}0 & 1\\0 & 0\end{bmatrix},\boldsymbol{f}(\boldsymbol{x}(t),\boldsymbol{u}(t))=\begin{bmatrix}2\sin(t)\\-9.8\sin(x_1)\end{bmatrix},\boldsymbol{C}^{\mathrm{T}}=\begin{bmatrix}0\\1\end{bmatrix}$$

由式(8.36)知，设计 SLFRWNN 自适应观测器，系统的仿真参数有 $\boldsymbol{G}^{\mathrm{T}}=\begin{bmatrix}400\\800\end{bmatrix}$，$\boldsymbol{x}^{\mathrm{T}}=\begin{bmatrix}0\\0.5\end{bmatrix}$，$\hat{\boldsymbol{x}}^{\mathrm{T}}=\begin{bmatrix}0.1\\0\end{bmatrix}$。仿真结果如图(8.8)～图(8.12)所示。图 8.8 为状态 x_1 的真实值和估计值，图 8.9 为状态 x_2 的真实值和估计值，图 8.10 为状态 x_1 的估计误差，图 8.11 为状态 x_2 的估计误差，图 8.12 为SLFRWNN 观测器状态输出误差曲线。

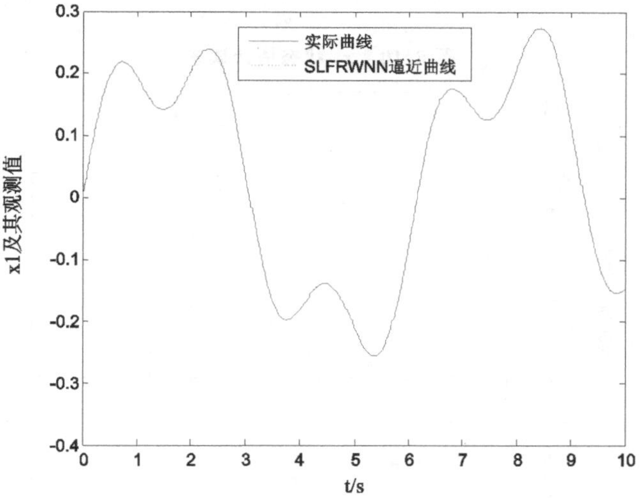

图 8.8　x_1 与 $\hat{x}_1$ 的状态估计曲线

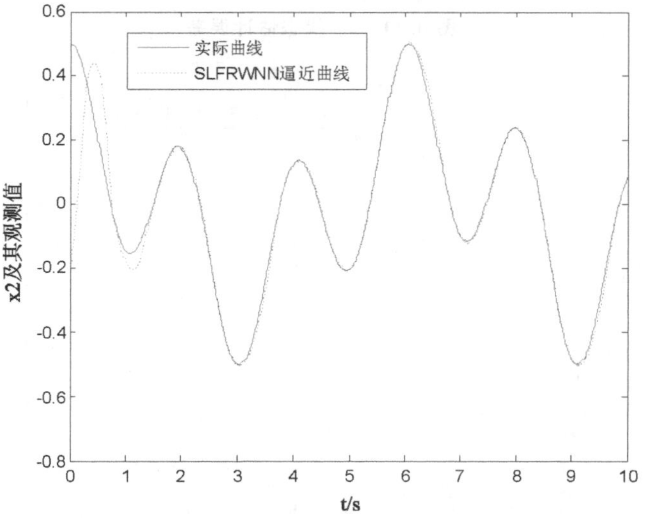

图 8.9　x_2 与 $\hat{x}_2$ 的状态估计曲线

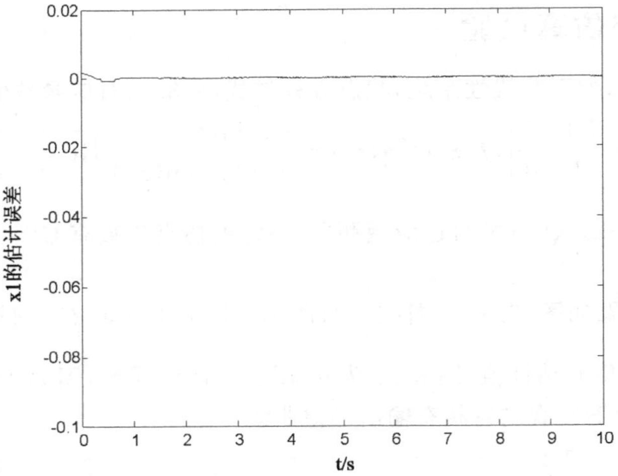

图 8.10　x_1 状态估计误差

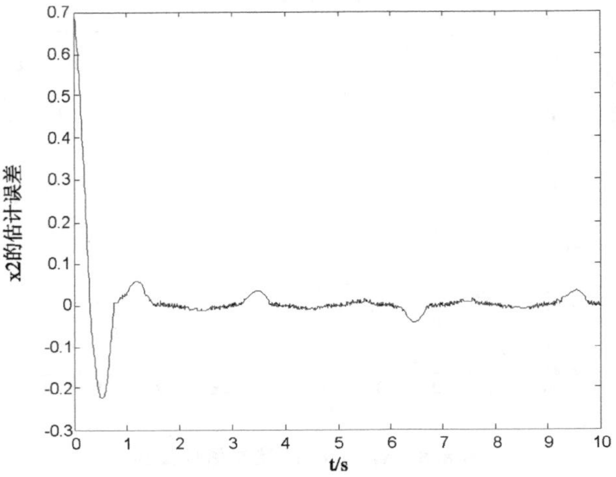

图 8.11　x_2 状态估计误差

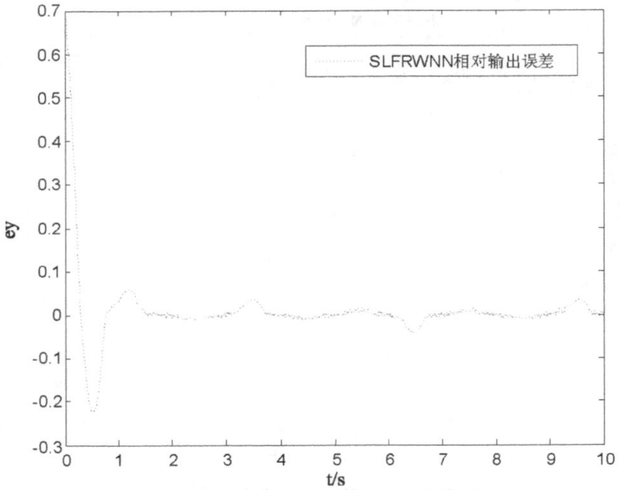

图 8.12　输出 y 的相对误差

由图 8.8 和图 8.9 的仿真曲线可以看出，SLFRWNN 状态观测器对非线性系统的状态变量具有很好的跟踪能力。图 8.9 在开始阶段的逼近效果不是很好，主要是由于状态变量进行初始化时，初始值是按照经验进行选取，从而造成开始阶段的估计误差相对较大。图 8.11 中状态误差有微小的波动，主要是由于状态变量存在轻微的震荡引起，震荡周期大约为 1ms。从图 8.12 可以看出在开始阶段 SLFRWNN 跟踪估计误差相对较大，但随着时间的推移，误差值越来越小，其 SLFRWNN 平均估计误差为 0.041，这归结为高斯函数作用的结果。图 8.8 和图 8.9 的仿真结果最终表明，该状态观测器可以克服微小的波动，从而实现状态的跟踪。

第 9 章　智能故障诊断技术在姿态测量系统中的应用

本章介绍航天器姿态测量系统(attitude determination,AD)故障检测及诊断(fault diagnosis and detection,FDD)方法。该方法运用卡尔曼滤波器和组合系统的测量信息估计航天器的姿态信息和陀螺偏置,可以校正敏感器测量误差并避免误差发散,得到的无偏置数据应用到 FDD 中。FDD 方法基于航天器的动力学和运动学模型,根据敏感器的测量信息进行航天器状态估计,继而通过扩展卡尔曼滤波器(EKF)生成新息序列,通过对新息序列进行一系列的统计实验获得 AD 系统中敏感器的故障程度。FDD 的故障隔离包括两个阶段:第一个阶段,设计两个 EKF,通过这两个 EKF 进行系统状态估计并生成残差;第二个阶段,对新息序列进行多个假设实验,根据假设实验的结果完成故障的定位。

本章为提高系统故障诊断的速度和系统的可检验程度,假设实验数目相对较少。该方法的一个重要特点是,即使在组合系统中只有一种敏感器正常的情况下,仍能完成姿态估计。

9.1 引　言

由于系统成本限制,航天器导航主要依赖于地面处理,但在实时性要求较高的太空环境下,这一方法有很大的局限性。无延时通信在系统(系统控制、参数调整、系统重构和应急机动等)故障检测和故障识别中尤为重要。因而,现代航天器在敏感器、执行器故障修复时需要更多的自主性。

本章主要针对航天器姿态测量和 AD 敏感器故障检测与诊断(FDD)问题进行研究。AD 系统是航天器姿态控制系统的关键部分,其准确性和可靠性直接影响航天任务的成败与否。AD 系统的处理过程是航天器相对于参考坐标系定位的过程,任务是为姿态控制系统生成所需的姿态和角速率信息。采用多传感器结构,可以在任务的不同阶段,获得姿态测量和控制系统数据。本章采用速率陀螺和矢量传感器分别完成角速度和姿态角的测量。

大量的研究文献表明,AD 系统在容错控制和故障诊断领域已有了深入的研究。本章基于航天器系统的运动学和动力学模型,根据敏感器观测量,采用卡尔曼滤波器进行系统状态的最优估计并生成残差。由于航天器的运动方程是非线性的,因此 AD 系统将涉及到非线性滤波问题。本章在完成姿态估计之前,事先设计一个参考轨迹,并围绕标称状态线性化卡尔曼滤波(LKF),以提高滤波效率、实时性和在线实施能力。

通过矢量传感器和速率陀螺的测量数据融合可以获得更高精度,但由于速率陀螺的输出存在无边界误差,因此数据融合过程中需要去除速率陀螺的误差。

在本章中,故障诊断采用基于模型的状态估计方法,这一方法主要处理 AD 系统噪声和系统不确定性,滤波器在数据处理过程中主要作为残差生成器。由于系统存在不可预测性、未知性以及可能存在的非线性,因而数据处理的过程中采用基于 EKF 的滤波算法。同时,在数据处理的过程中没有先验知识可供参考。

由于敏感器的故障会体现在滤波器残差上,所以在无故障情况下,残差是无偏置(零均值)白噪声。相反,有偏置的残差表示故障发生。由于噪声的存在,需要设置阈值。故障检测后,对残差进行进一步的处理，实现故障隔离。通过计算似然函数进行多重假设实验，在这里，通过减少似然函数的数量来延迟隔离问题。

本章中，9.2 节对 AD 系统进行详细描述，并给出航天器动力学与测量误差模型；9.3 节介绍组合敏感器组合的结构；9.4 节介绍滤波器的设计；9.5 节描述敏感器的故障模型，并针对该故障进行了统计测试；在 9.6 节介绍一种健康的监测系统；9.7 节给出实验结果。

9.2　航天器 AD 系统模型

AD 系统通常涉及到多种敏感器及复杂的数据处理过程，机载传感器的选择依赖于任务结构及姿态控制方式。这里采用组合姿态敏感器进行数据采集，包含三轴速率陀螺和一个辅助系统——矢量传感器(太阳传感器和磁强计)，为处理过程提供角速率和姿态角测量值。AD 系统采用敏感器信息融合方式工作，可以克服速率陀螺的输出误差积累。

9.2.1　航天器动力学模型

为分析航天器运动，首先需要定义两套坐标系：惯性坐标系 i 系，它的原点在太阳中心，z_i 轴垂直于地球的黄道面，且 x_i，y_i 轴位于黄道面内；航天器体坐标系用符号 b 表示，原点在航天器质心，坐标轴与航天器惯量主轴一致。

航天器建模为沿惯量主轴旋转的刚体，惯性矩阵 $\boldsymbol{I}=\mathrm{diag}_{3\times3}\{\boldsymbol{I}_x,\boldsymbol{I}_y,\boldsymbol{I}_z\}$。假设 x_b，y_b，z_b 为惯量主轴，采用欧拉方程，在航天器体坐标系下将系统姿态动力学方程描述为

$$\boldsymbol{I}\dot{\boldsymbol{\omega}}=\boldsymbol{T}-\boldsymbol{\omega}\times(\boldsymbol{I}\boldsymbol{\omega}) \tag{9.1}$$

式中，$\boldsymbol{\omega}$ 表示角速度，可以沿惯量主轴 x_b，y_b，z_b 分解为 ω_x，ω_y，ω_z。$\dot{\boldsymbol{\omega}}$ 表示角加速度，$\boldsymbol{T}$ 表示沿惯量主轴的外加力矩。系统姿态运动学方程为

$$\begin{bmatrix}\dot{\psi}\\ \dot{\theta}\\ \dot{\varphi}\end{bmatrix}=\frac{1}{C\theta}\begin{bmatrix}0 & \mathrm{S}\varphi & \mathrm{S}\varphi\\ 0 & \mathrm{C}\varphi\mathrm{C}\theta & -\mathrm{S}\varphi\mathrm{S}\theta\\ \mathrm{C}\theta & \mathrm{S}\varphi\mathrm{S}\theta & \mathrm{C}\varphi\mathrm{S}\theta\end{bmatrix}\begin{bmatrix}\omega_x\\ \omega_y\\ \omega_z\end{bmatrix} \tag{9.2}$$

式中，ψ，θ，φ 分别为偏航角、俯仰角和滚转角。在本章中，C 和 S 分别表示三角函数 cos 和 sin。

9.2.2　测量误差模型

1. 速率陀螺

假设速率陀螺各敏感轴与航天器惯性主轴重合。陀螺的角速率测量数据可以用来解微分方程(式(9.2))。ω_x，ω_y，ω_z 代表三个正交分布的速率陀螺输出，分别为滚转角速率、偏航角速率和俯仰角速率。同时，速率陀螺误差模型的输出包含几种偏置的叠加，例如仪器失准和初始倾角。采用 Farrenkopf 提出的模型，考虑主要的误差源。因此，速率陀螺输出包含漂移率偏置 $\boldsymbol{b}$ 和漂移率噪声 $\boldsymbol{\eta}$，可表示为以下形式

$$\boldsymbol{\omega}_{\mathrm{m}}=\boldsymbol{\omega}+\boldsymbol{b}(t)+\boldsymbol{\eta} \tag{9.3}$$

式中，$\boldsymbol{\omega}_{\mathrm{m}}$ 为速率陀螺输出，$\boldsymbol{\omega}$ 为航天器的真实角速率，漂移噪声 $\boldsymbol{\eta}$ 表示采样噪声，为零均值高斯白噪声，方差为 σ_ω^2，协方差为$\boldsymbol{Q}_\omega$。对绝大多数速率陀螺来说，$\boldsymbol{b}(t)$可按以下形式进行精确建模

$$\frac{\mathrm{d}}{\mathrm{d}t}\boldsymbol{b}(t)=-\boldsymbol{b}(t)/\tau+\boldsymbol{\eta}_b \tag{9.4}$$

式中，$\boldsymbol{\eta}_b$ 表示零均值高斯白噪声，方差为 σ_b^2，协方差为$\boldsymbol{Q}_b$，τ 表示敏感器时间常数。同时假定噪声信号 $\boldsymbol{\eta}$ 和$\boldsymbol{\eta}_b$ 在测量过程中互不相关，即

$$E[\boldsymbol{\eta}(t),\boldsymbol{\eta}_b^{\mathrm{T}}(t')]=0 \tag{9.5}$$

2. 矢量传感器

矢量传感器中得到的姿态测量误差有界，用于辅助速率陀螺消除姿态漂移误差，在姿态测量过程中定期重置速率陀螺中的姿态误差。在矢量传感器的辅助下，可以得到如下噪声干扰下的无偏置姿态测量方案

$$\boldsymbol{\theta}_{\mathrm{m}}=\boldsymbol{\theta}+\boldsymbol{n}_\theta \tag{9.6}$$

式中，$\boldsymbol{\theta}_{\mathrm{m}}$ 为姿态角测量值，$\boldsymbol{\theta}$ 为航天器真实姿态角，$\boldsymbol{n}_\theta$ 表示测量噪声，且为高斯噪声。

9.3 组合传感器

在 AD 中长时间使用速率陀螺存在一个主要问题，即输出误差的积累。本章设计组合传感器用于消除测量误差。对于 FDD 来说，去除偏置很重要。偏置的存在不仅会使航天器产生错误的姿态估计，也会在没有故障时误报警。KF 滤波器作为状态估计器，用来获得航天器角位置以及估计陀螺偏置。AD 系统中的 KF(本章中表示为 AD-KF)与 LKF、EKF 稍有不同，下面将详细讨论它们的差异以及相关的方程。

组合系统的微分方程是非线性方程，状态估计的过程中需要对方程进行线性化，结合系统方程(式(9.2))和误差模型(式(9.4))，得到系统模型为

$$\Delta\dot{\boldsymbol{x}}=\boldsymbol{F}\Delta\boldsymbol{x}+\boldsymbol{G}\boldsymbol{w} \tag{9.7}$$

其中，误差状态为

$$\Delta\boldsymbol{x}=[\Delta\psi\quad\Delta\theta\quad\Delta\varphi\quad\Delta b_p\quad\Delta b_q\quad\Delta b_r]^{\mathrm{T}} \tag{9.8}$$

式(9.7)中，$\boldsymbol{F}$ 为状态方程的系数矩阵，$\boldsymbol{x}$ 为状态向量，$\boldsymbol{G}$ 表示噪声映射矩阵，$\boldsymbol{w}$ 为零均值的随机过程噪声，表示系统的不确定性。通过估计速率陀螺偏置，在迭代的过程中对陀螺测量进行校正并剔除错误的陀螺测量值。这里的 $\boldsymbol{F}$ 为 6×6 维矩阵，可表示为 4 个 3×3 子矩阵，即

$$\boldsymbol{F}=\begin{bmatrix}\boldsymbol{M}_{3\times3}^1 & \boldsymbol{M}_{3\times3}^2\\ 0_{3\times3} & \boldsymbol{M}_{3\times3}^3\end{bmatrix} \tag{9.9}$$

其中，各子矩阵如下

$$\boldsymbol{M}_{3\times3}^1=\begin{bmatrix}0 & -\dfrac{\mathrm{S}\theta}{\mathrm{C}^2\theta}(q\mathrm{S}\phi+r\mathrm{C}\phi) & \dfrac{q\mathrm{C}\phi-r\mathrm{S}\phi}{\mathrm{C}\theta}\\ 0 & 0 & -(q\mathrm{S}\phi+r\mathrm{C}\phi)\\ 0 & \dfrac{(q\mathrm{S}\phi+r\mathrm{C}\phi)}{\mathrm{C}^2\theta} & \dfrac{\mathrm{S}\theta}{\mathrm{C}\theta}(q\mathrm{C}\phi-r\mathrm{S}\phi)\end{bmatrix} \tag{9.10}$$

$$\boldsymbol{M}_{3\times3}^2=\begin{bmatrix}0 & \dfrac{\mathrm{S}\phi}{\mathrm{C}\theta} & \dfrac{\mathrm{C}\phi}{\mathrm{C}\theta}\\ 0 & \mathrm{C}\phi & -\mathrm{S}\phi\\ 1 & \dfrac{\mathrm{S}\phi\mathrm{S}\theta}{\mathrm{C}\theta} & \dfrac{\mathrm{C}\phi\mathrm{S}\theta}{\mathrm{C}\theta}\end{bmatrix} \tag{9.11}$$

$$\boldsymbol{M}_{3\times3}^3=\mathrm{Diag}_{3\times3}\left(-\frac{1}{\tau}\right) \tag{9.12}$$

式中，τ 表示速率陀螺的时间常数，过程噪声映射矩阵 $\boldsymbol{G}$ 表示为

$$\boldsymbol{G}=\begin{bmatrix}\boldsymbol{M}_{3\times3}^{2} & 0_{3\times3}\\ 0_{3\times3} & \boldsymbol{I}_{3\times3}\end{bmatrix} \tag{9.13}$$

过程噪声向量 $\boldsymbol{w}$ 由三个陀螺输出和三个陀螺偏置的测量噪声组成，表示为

$$\boldsymbol{w}=[\eta_{p}\quad \eta_{q}\quad \eta_{r}\quad \eta_{b_p}\quad \eta_{b_q}\quad \eta_{b_r}]^{\mathrm{T}} \tag{9.14}$$

噪声的协方差矩阵为 6×6 的矩阵，可表示为

$$\boldsymbol{Q}_{w}=\begin{bmatrix}\boldsymbol{Q}_{\eta3\times3} & 0_{3\times3}\\ 0_{3\times3} & \boldsymbol{Q}_{b3\times3}\end{bmatrix} \tag{9.15}$$

其中，$\boldsymbol{Q}_{\eta3\times3}$ 和 $\boldsymbol{Q}_{b3\times3}$ 都是对角矩阵，对角元素分别为 $\{\sigma_{p}^{2},\sigma_{q}^{2},\sigma_{r}^{2}\}$ 和 $\{2\sigma_{bp}^{2}/\tau_{p},2\sigma_{bq}^{2}/\tau_{q},2\sigma_{br}^{2}/\tau_{r}\}$。通过初始化状态向量 $\boldsymbol{x}$ 和协方差矩阵 $\boldsymbol{P}$，可以得到协方差矩阵的传播过程如下

$$\boldsymbol{M}_{k}=\boldsymbol{\Phi}_{k}\boldsymbol{P}_{K-1}\boldsymbol{\Phi}_{k}^{\mathrm{T}}+\boldsymbol{Q}_{w}^{d} \tag{9.16}$$

式中，$\boldsymbol{\Phi}_{k}$ 表示矩阵 $\boldsymbol{F}$ 在 k 时刻离散化后的值，$\boldsymbol{Q}_{w}^{d}$ 为 $\boldsymbol{G}\boldsymbol{Q}_{w}\boldsymbol{G}^{\mathrm{T}}$ 的等效离散值。速率陀螺的测量数据 $\boldsymbol{\omega}_{m}=[p_{m}\quad q_{m}\quad r_{m}]^{\mathrm{T}}$ 直接用于 $\boldsymbol{\Phi}_{k}$ 的计算，故测量向量基于矢量传感器的测量数据定义为

$$\boldsymbol{z}_{k}=[\psi\quad \theta\quad \varphi]^{\mathrm{T}} \tag{9.17}$$

其误差测量方程为

$$\Delta\boldsymbol{z}_{k}=\boldsymbol{H}\Delta\boldsymbol{x}_{k}+\boldsymbol{v}_{k} \tag{9.18}$$

式中，$\Delta\boldsymbol{z}_{k}$ 为矢量传感器测量值和真实值之间的差值，$\boldsymbol{H}$ 可以表示为

$$\boldsymbol{H}=[\boldsymbol{I}_{3\times3}\quad 0_{3\times3}] \tag{9.19}$$

式(9.18)中，$\boldsymbol{v}_{k}$ 表示测量噪声，其协方差矩阵表示为

$$\boldsymbol{R}_{v}^{d}=\mathrm{Diag}_{3\times3}[\sigma_{\psi}^{2}\quad \sigma_{\theta}^{2}\quad \sigma_{\varphi}^{2}] \tag{9.20}$$

KF 的量测方程会在每次量测更新时以如下方式进行更新

$$\Delta\hat{\boldsymbol{x}}_{k}=\Phi\Delta\hat{\boldsymbol{x}}_{k-1}+\boldsymbol{K}_{k}(\Delta\boldsymbol{z}_{k}-\boldsymbol{H}\Phi\Delta\hat{\boldsymbol{x}}_{k-1}) \tag{9.21}$$

式中，$\Delta\hat{\boldsymbol{x}}_{k}$ 表示 k 时刻的三个欧拉角估计误差，在每个迭代周期内，KF 的增益矩阵 $\boldsymbol{K}$ 和状态协方差矩阵 $\boldsymbol{P}$ 按照如下形式计算

$$\boldsymbol{K}_{k}=\boldsymbol{M}_{k}\boldsymbol{H}^{\mathrm{T}}(\boldsymbol{H}\boldsymbol{M}_{k}\boldsymbol{H}^{\mathrm{T}}+\boldsymbol{R}_{v}^{d})^{-1} \tag{9.22}$$

$$\boldsymbol{P}_{k}=(\boldsymbol{I}_{6\times6}-\boldsymbol{K}_{k}\boldsymbol{H})\boldsymbol{M}_{k} \tag{9.23}$$

最终，得到的姿态角和速率陀螺偏置更新为

$$\hat{\boldsymbol{x}}_{k}=\Delta\hat{\boldsymbol{x}}_{k}+\bar{\boldsymbol{x}} \tag{9.24}$$

航天器姿态和速率陀螺偏置 $\hat{\boldsymbol{b}}$，每个时间步长计算一次，每次估计完成后，将陀螺偏置反馈到系统中以校正陀螺测量值，校正方式为

$$\boldsymbol{\omega}_{\mathrm{c}}=\boldsymbol{\omega}_{\mathrm{m}}-\hat{\boldsymbol{b}} \tag{9.25}$$

式中，$\boldsymbol{\omega}_{\mathrm{m}}$ 代表角速率测量值，$\boldsymbol{\omega}_{\mathrm{c}}$ 表示校正后的角速率。

9.4　FDD 滤波器设计

本章在 FDD 系统中设计了三个 EKF，这三个 EKF 是基于航天器动力学和运动学模型设计的。第一个滤波器接收所有的滤波器测量值，并进行状态估计；第二个滤波器仅接收速率陀螺的测量数据；第三个滤波器接收矢量传感器的测量值进行姿态解算。这三个 EKF

的测量更新矩阵有所不同。在 FDD 的滤波器中，状态向量 $\boldsymbol{x}$ 由三个角速率和三个姿态角组成，即

$$\boldsymbol{x} = [p \quad q \quad r \quad \psi \quad \theta \quad \varphi]^{\mathrm{T}} \tag{9.26}$$

状态向量通过一组测量值进行初始化，过程模型的线性状态空间可表示为

$$\dot{\boldsymbol{x}} = \boldsymbol{F}\boldsymbol{x} + \boldsymbol{G}\boldsymbol{w} \tag{9.27}$$

此处的变量与第三章的相关描述相同，不再赘述。式(9.27)中的状态传递矩阵 $\boldsymbol{F}$ 由 4 个子空间组成，可表示为

$$\boldsymbol{F} = \begin{bmatrix} \boldsymbol{N}_{3\times3}^1 & 0_{3\times3} \\ \boldsymbol{N}_{3\times3}^2 & \boldsymbol{N}_{3\times3}^3 \end{bmatrix} \tag{9.28}$$

式中，$\boldsymbol{N}_{3\times3}^2$ 和 $\boldsymbol{N}_{3\times3}^3$ 分别为式(9.9)中的 $\boldsymbol{M}_{3\times3}^2$ 和 $\boldsymbol{M}_{3\times3}^1$；$\boldsymbol{N}_{3\times3}^1$ 可表示为如下形式

$$\boldsymbol{N}_{3\times3}^1 = \begin{bmatrix} 0 & \boldsymbol{I}_x^{-1}(\boldsymbol{I}_y - \boldsymbol{I}_z)r & \boldsymbol{I}_x^{-1}(\boldsymbol{I}_y - \boldsymbol{I}_z)q \\ \boldsymbol{I}_y^{-1}(\boldsymbol{I}_z - \boldsymbol{I}_x)r & 0 & \boldsymbol{I}_x^{-1}(\boldsymbol{I}_z - \boldsymbol{I}_x)p \\ \boldsymbol{I}_z^{-1}(\boldsymbol{I}_x - \boldsymbol{I}_y)q & \boldsymbol{I}_z^{-1}(\boldsymbol{I}_x - \boldsymbol{I}_y)p & 0 \end{bmatrix} \tag{9.29}$$

噪声的协方差矩阵表示为

$$\boldsymbol{Q}_{w\ 6\times6} = \boldsymbol{\Phi}_s \cdot \mathrm{Diag}_{6\times6}[\boldsymbol{\sigma}_{M_p}^2 \quad \boldsymbol{\sigma}_{M_q}^2 \quad \boldsymbol{\sigma}_{M_r}^2 \quad 0 \quad 0 \quad 0] \tag{9.30}$$

其中，$\boldsymbol{\sigma}_{M_p}^2$，$\boldsymbol{\sigma}_{M_q}^2$，$\boldsymbol{\sigma}_{M_r}^2$ 表示三个轴向的扰动噪声方差矩阵，调谐参数 $\boldsymbol{\Phi}_s$ 表示系统模型的不确定性。在 FDD 滤波器中，协方差矩阵 $\boldsymbol{R}_v^d$ 由测量噪声的方差构成对角阵，表示测量不精确性。

FDD 子系统包含三个 EKF，其测量数据如下：

① 第一个 EKF(表示为 FDD-KF-1)应用所有的传感器测量信息，$\boldsymbol{H}$ 为 6×6 的单位矩阵，$\boldsymbol{R}_v^d$ 为

$$\boldsymbol{R}_v^d = \mathrm{Diag}_{6\times6}[\boldsymbol{\sigma}_p^2 \quad \boldsymbol{\sigma}_q^2 \quad \boldsymbol{\sigma}_r^2 \quad \boldsymbol{\sigma}_\psi^2 \quad \boldsymbol{\sigma}_\theta^2 \quad \boldsymbol{\sigma}_\varphi^2] \tag{9.31}$$

② 第二个 EKF(FDD-KF-2)仅采用速率陀螺测得的信息对航天器的角速率和姿态进行估计，$\boldsymbol{H}$ 可表示为

$$\boldsymbol{H} = [\boldsymbol{I}_{3\times3} \quad 0_{3\times3}] \tag{9.32}$$

FDD-KF-2 的测量噪声为 $\boldsymbol{R}_v^d$，可表示为

$$\boldsymbol{R}_v^d = \mathrm{Diag}_{3\times3}[\sigma_p^2 \quad \sigma_q^2 \quad \sigma_r^2] \tag{9.33}$$

③ 第三个 EKF(FDD-KF-3)仅采用矢量传感器的信息对航天器的角速率和姿态进行估计，$\boldsymbol{H}$ 可表示为

$$\boldsymbol{H} = [0_{3\times3} \quad \boldsymbol{I}_{3\times3}] \tag{9.34}$$

FDD-KF-3 的测量噪声为 $\boldsymbol{R}_v^d$ 可表示为

$$\boldsymbol{R}_v^d = \mathrm{Diag}_{3\times3}[\sigma_\psi^2 \quad \sigma_\theta^2 \quad \sigma_\varphi^2] \tag{9.35}$$

为进行测量更新，每个时间步长上都对卡尔曼增益矩阵 $\boldsymbol{K}_k$ 和状态协方差矩阵分别据式(9.22)和式(9.23)进行更新。最终，得出状态测量更新方程如下

$$\hat{\boldsymbol{x}}_k = \bar{\boldsymbol{x}}_k + \boldsymbol{K}_k(\boldsymbol{z}_k^* - \bar{\boldsymbol{z}}_k) \tag{9.36}$$

式中，$\boldsymbol{z}_k^*$ 为敏感器的测量值。在仿真过程中，一旦完成状态估计，即进入下一步的计算。

9.5　故障模型及残差计算

9.5.1　敏感器故障模型

在本章所讲述的 AD 系统中，敏感器故障为加性故障。针对线性时变系统的测量方程，首先定义两个假设：无故障假设 H_0 和故障假设 H_1，可表示为如下形式

$$H_0: \boldsymbol{z}_k = \boldsymbol{H}\boldsymbol{x}_k + \boldsymbol{v}_k$$

$$H_1: \boldsymbol{z}_k = \boldsymbol{H}\boldsymbol{x}_k + \boldsymbol{v}_k + L_j S_{k-\tau^*} v$$

其中，$k \in [k_0, k_i]$，$j=1,2,\cdots,6$。此处，$\boldsymbol{x}$ 表示状态，$\boldsymbol{z}$ 表示量测值，$\boldsymbol{v}$ 为扰动值，$\boldsymbol{L}_j$ 表示故障加入系统的形式，S_k 表示故障模型，v 表示未知故障幅值，$\tau*$ 表示故障出现时刻。

9.5.2　残差生成

本章中，由 KF 产生的残差信息是不可或缺的信息。这一信息将用于 FDD 算法的每一个阶段，通过对残差统计实验进行故障检测，完成故障隔离。

滤波器在 FDD 中进行状态估计，是故障诊断的关键部分，通过敏感器的观测值 $\boldsymbol{z}^*$ 和其滤波器的估计值 $\hat{z}$ 对比产生残差，即

$$\boldsymbol{r} = \mathrm{Res} = \boldsymbol{z}^* - \hat{\boldsymbol{z}} \tag{9.37}$$

残差可用于检测故障的存在，例如根据是否为零均值的白噪声序列来判断是否发生故障。残差的这种性质在航天器 *AD* 系统故障检测中起到了很大的作用。

一般情况下，残差包含噪声和故障信息两部分内容，其中噪声为零均值的随机数，故障值为确定的未知量。这就决定了决策方案是一个零均值的假设检验。

9.5.3　统计实验

1. χ^2 检验

卡方检验是一种统计假设检验方法，一般用于检验随机向量均值的变化。该方法在本章中应用于 *FDD* 方案中的故障检测和初级故障隔离中，以测试零均值残差，并在 H_0 和 H_1 两个假设间进行判断，判断方式如下

$$H_0: \beta(k) \leqslant \chi^2_{\alpha,n}\text{，系统正常} \tag{9.38}$$

$$H_1: \beta(k) \geqslant \chi^2_{\alpha,n}\text{，系统故障} \tag{9.39}$$

统计函数 $\beta(k)$ 服从 n 自由度的卡方分布，生成方式如下：

$$\beta(k) = \boldsymbol{R}^{\mathrm{T}}(k)\,\boldsymbol{V}_R^{-1}\boldsymbol{R}(k) \tag{9.40}$$

式中，$\boldsymbol{V}_R$ 为由滤波器生成的残差协方差矩阵，即

$$\boldsymbol{V}_R = \boldsymbol{H}\boldsymbol{M}_k\boldsymbol{H}^{\mathrm{T}} + \boldsymbol{R}_v^d \tag{9.41}$$

式中，$\boldsymbol{R}(k)$ 为窗口长为 N 的的测量向量。

式(9.41)中，$\boldsymbol{H}$ 和 $\boldsymbol{R}_v^d$ 的计算在 9.4 节中已作介绍。χ^2 检验的主要目的是产生预警信号，但无法进行故障隔离。为防止虚警和漏检，需要设置合理的阈值。本章中提出的故障检测和诊断方法可以最大程度上防止漏检。

2. 多重假设及基于广义似然比的检验方法

在故障诊断阶段，需要检测出故障源，通过设置一系列假设实验来完成故障隔离。根据不同的故障情况，对测量数据进行处理，以系统状态假设的最佳匹配作为故障形式。也就是说，故障诊断就是通过处理观测数据，确定哪一个假设最有可能。因此，该系统状态是基于最大似然值决定的。

为应用假设实验，需要采用初级故障隔离所用到的残差信号。每个假设 H_i 根据残差的变化情况对应一种特定的故障模式。某种方式下，假定某段区间内存在故障，另一种方式下，假定故障不存在。本章设计的广义似然比(generalized likelihood ratio，GLR)为一种基于残差均值分类故障的技术，分类方式如下

$$\log L_i = \log L(\boldsymbol{r}(t), \hat{\boldsymbol{m}}_{ri}(t)) \tag{9.42}$$

式中，L_i 表示第 i 个敏感器故障的似然函数(概率密度函数)，$r(t)$表示滤波器残差序列，$\hat{\boldsymbol{m}}_{ri}(t)$表示第 i 个敏感器故障残差均值的估计。故障大小、残差均值都是未知数，因此在各种假设试验下，基于参数估计的最大似然原理可以得到下式

$$\hat{\boldsymbol{m}}_r(t) = \arg \max_{\mathrm{m}_r(t)} \log L(\boldsymbol{r}(t), \boldsymbol{m}_r(t) \mid H_i) \tag{9.43}$$

同时，假设 H_i 有如下约束

$$\boldsymbol{m}_r(t \mid H_i) = \prod\nolimits_{ri} \boldsymbol{r}(t) \tag{9.44}$$

式中，Π_{ri} 可按如下定义

$$\prod\nolimits_{ri} = \frac{\boldsymbol{\lambda}_i \boldsymbol{\lambda}_i' \boldsymbol{V}^{-1}}{\boldsymbol{\lambda}_i' \boldsymbol{V}^{-1} \boldsymbol{\lambda}_i} \tag{9.45}$$

式中，$\boldsymbol{\lambda}_i$ 表示几何约束系数，从而得到有条件的似然函数

$$l(t,i) = \log L_i = -\frac{1}{2}\boldsymbol{r}'(t) \prod\nolimits'_{ri} \boldsymbol{V}^{-1} \prod\nolimits_{ri} \boldsymbol{r}(t) \tag{9.46}$$

最有可能的故障位置 i^*，可以采用以下计算得出

$$i^* = \arg \max_i l(t,i) \tag{9.47}$$

式中，$i=1,2,\cdots,M$。同时，测量序列间相互独立。

故障的识别能力可通过定义一个残差空间来评估。每一个故障假设情况下，在残差空间中产生一个特定的子空间，残差为任意值。从同一故障收集多个样本，进行平均(平滑)后定义为对应于该故障的一维子空间。如果故障模式是任意的或者滤波器试图补偿故障，都将会导致残差的改变，故障子空间也会随之变得更加复杂，这时就需要另一种处理数据的方法，而不是简单地取平均值。故障子空间之间的角度定义为一个距离测量值，因此可以由故障子空间之间的角度来区分两种故障。角度越大(从 0°～90°)，这两种故障越容易区分。

9.6 FDD 方案

该部分对航天器 AD 系统的 FDD 方案进行分析，内容包括 LKF 和 EKF 两种滤波器的设计、残差计算以及假设检验。FDD 模块将对航天器敏感器进行在线检测和隔离，在该方案中，敏感器观测值被用于 AD 系统及 FDD 方案。在这种方式下，FDD 模块可提供失效敏感器的信息，可用于故障恢复或控制参数的设定。

图 9.1 为 AD 系统和 FDD 系统的整体结构。首先，组合敏感器接收敏感器的数据，并提

供姿态估计与校正陀螺测量。FDD 方案包括三个主要阶段：故障检测、初级故障隔离和故障隔离。在本章描述的 FDD 方案中，由 KF 产生残差，并应用于该方案的各个阶段。

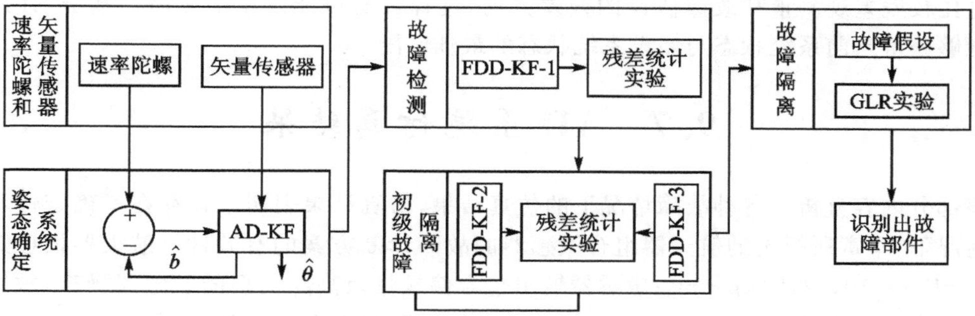

图 9.1　姿态测量系统及故障诊断系统结构图

下面将详细介绍 FDD 方案的三个阶段及具体工作过程，并对三个滤波器（FDD－KF－1，FDD－KF－2 和 FDD－KF－3）进行详细说明。

9.6.1　故障检测

在 FDD 的第一阶段，假设检测到一个或多个敏感器出现未知故障。为了进行故障诊断，需要应用统计阈值实时监测残差和检测故障。如果残差超出设定的阈值，说明发生故障。在故障检测阶段，设计一个 KF 滤波器接收所有敏感器的观测值，并生成残差。速率陀螺的输出中包含了几种偏置，其中部分随时间增长，这将导致在陀螺长期运行的过程中产生错误信号。为检测系统故障，并获得准确的角加速度，通过 AD－KF 和姿态角信息对偏置量估计，然后将其反馈到系统，从而排除陀螺偏置的干扰。

9.3 节中对姿态估计的过程进行了描述，AD 系统得到的无偏置量测值将用于 FDD 方案；故障检测阶段采用的滤波器为 9.4 节介绍的 FDD－KF－1，在这一阶段中 KF 残差应用统计阈值实验（即卡方检验）进行测试。

9.6.2　初级故障隔离

FDD 方案第二步操作的目的是完成初级故障隔离。初级故障隔离阶段的目标是确定故障位置是速率陀螺还是矢量传感器，或两者同时故障。这一操作是通过并行配置两个滤波器对残差进行统计实验完成的。其中，FDD－KF－2 只接收速率陀螺测量值生成三个角速率的残差，并进行航天器角位置和角速度的估计。FDD－KF－3 负责滚转、俯仰和偏航三个角度的残差生成，以及航天器角速度估计。与 FDD－KF－2 不同的是，FDD－KF－3 仅使用矢量传感器信息。例如，速率陀螺发生故障时，FDD－KF－2 的残差出现错误；由于 FDD－KF－3 不接收陀螺信息，因此残差不变。此时，可以确定故障源为速率陀螺。相反的，当矢量传感器发生故障时，FDD－KF－3 滤波器发出报警信号，从而确定故障源是矢量传感器。然而，这种组合滤波器只能识别出故障源是速率陀螺还是矢量传感器，或两者同时故障，故障隔离则在 FDD 方案的第三阶段中完成。

9.6.3　故障隔离

从初级隔离阶段获得的信息用于 FDD 方案下一阶段（故障隔离）。这一阶段通过假设实验检测出故障位置。这一阶段包含多个对应不同故障模型的假设，每个假设的故障信号通过多个 EKF 并行得到。该诊断方案是基于在每个假设方向上的残差空间设计的。因此，故障隔离通过比较残差观测量和故障假设的残差方向，选择最有可能发生的故障。基于 GLR 测试技术能够获得当前系统状态与假设系统状态的最佳匹配。

9.7 AD 系统仿真结果

该部分内容分析了各种故障情况下的仿真结果，仿真结果表明了在存在不确定性和未知扰动情况下，本章所提出的航天器组合敏感器的故障诊断方案的有效性。航天器惯性矩阵的值为 $I=\text{Diag}\{10,12,2\}\text{kg}\cdot\text{m}^2$；敏感器输出包含偏置量及高斯类型的敏感器噪声，敏感器模型参数如表 9.1 所示，设置航天器初始姿态角和初始姿态角速率分别为10°和 0.005rad/s。在仿真的过程中，除外部扰动力矩外不存在其他外力矩，外部扰动力矩建模为高斯白噪声，其标准差为 0.0001Nm。

表 9.1 敏感器模型参数

偏置时间常数	$\tau=300$ s
陀螺噪声标准差	$\sigma_\omega=0.05^\circ/\text{s}$
矢量传感器标准差	$\sigma_\theta=0.5^\circ$
偏置标准差	$\sigma_b=0.3^\circ/\text{s}$

9.7.1 方案实施

三个 EKF 并行完成残差的统计测试及初级故障隔离。这三个 EKF 中，量测值的采样频率为 10Hz。仿真过程中，χ^2 检验的观测窗口长度设为 30。根据敏感器精度及 χ^2 检验表，设置 χ^2 检验时姿态角及姿态角速率的阈值为 0.5。为降低漏检率，应设置尽可能小的阈值；同时，为避免过高的虚警率，设定故障检测和故障隔离阶段报警的条件分别为检测函数连续 5 次和连续 10 次超过阈值。因此，在诊断出系统故障前，这一操作将使故障从被检测到隔离延迟大约 1 s 的时间。

诊断环节在从初级隔离环节得到故障信号前一直处于待命阶段。一旦收到故障信号，诊断环节会根据合适的假设实验完成故障隔离。对系统当前状态进行残差采样，并根据 1s 内残差采样的均值定义一个一维子空间。接下来，利用将得到的子空间与假设实验的子空间进行比较，隔离出故障。

为验证 FDD 方案的性能，设计多种故障发生情景，并进行了仿真。本章考虑了单个敏感器故障和多个故障并发的情况，表 9.2 为每种故障情景下的故障偏差情况。

表 9.2 故障发生情况

系统故障	故障元件	偏差值	故障发生时间/s
情景 1	俯仰角速率陀螺(q)	$0.3^\circ/\text{s}$	40
情景 2	翻滚角敏感器(φ)	5°	40
情景 3	偏航角速率陀螺(r)	$0.3^\circ/\text{s}$	40
	俯仰角敏感器(θ)	3°	40

9.7.2 仿真结果

为验证 AD 系统的性能，图 9.2 和图 9.3 分别给出了航天器姿态角误差和陀螺偏置估计误差。

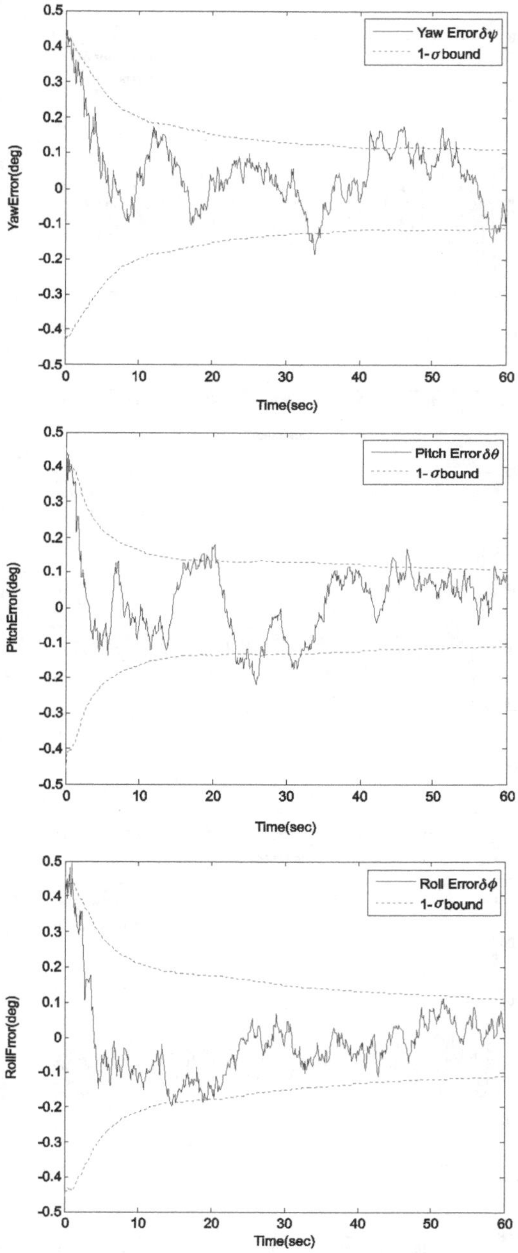

图 9.2　AD 系统中偏航、俯仰和翻滚角误差

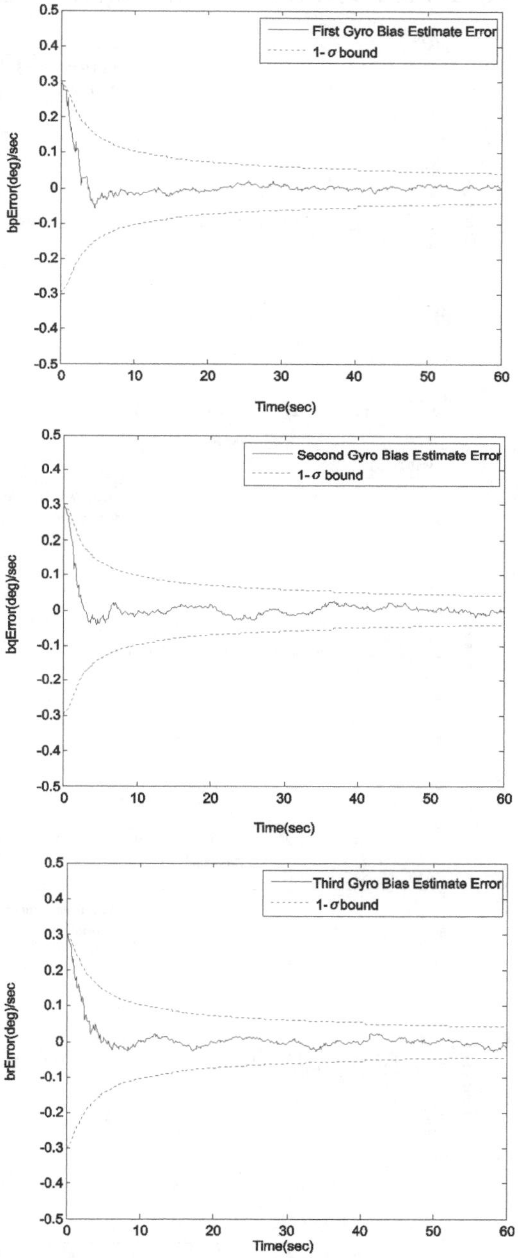

图 9.3　陀螺偏置估计误差

在对系统进行故障诊断时，将系统正常情况下的滤波器响应曲线作为参考值。为简单起见，此处仅给出 FDD-KF-1 的响应曲线。图 9.4 表明了滤波器 FDD-KF-1 在系统正常情况下的状态跟踪性能。可以看出，经 EKF 滤波后，系统残差始终在标准误差以内。值得注意的是，滚动角、俯仰角和偏航角速率的标准差已从最初的0.01°/s 下降到稳定状态值约0.001°/s。角测量的标准差也已从0.1°下降到约0.01°/s。无故障时所有的残差均为零均值高斯分布，这里不给出其图形。

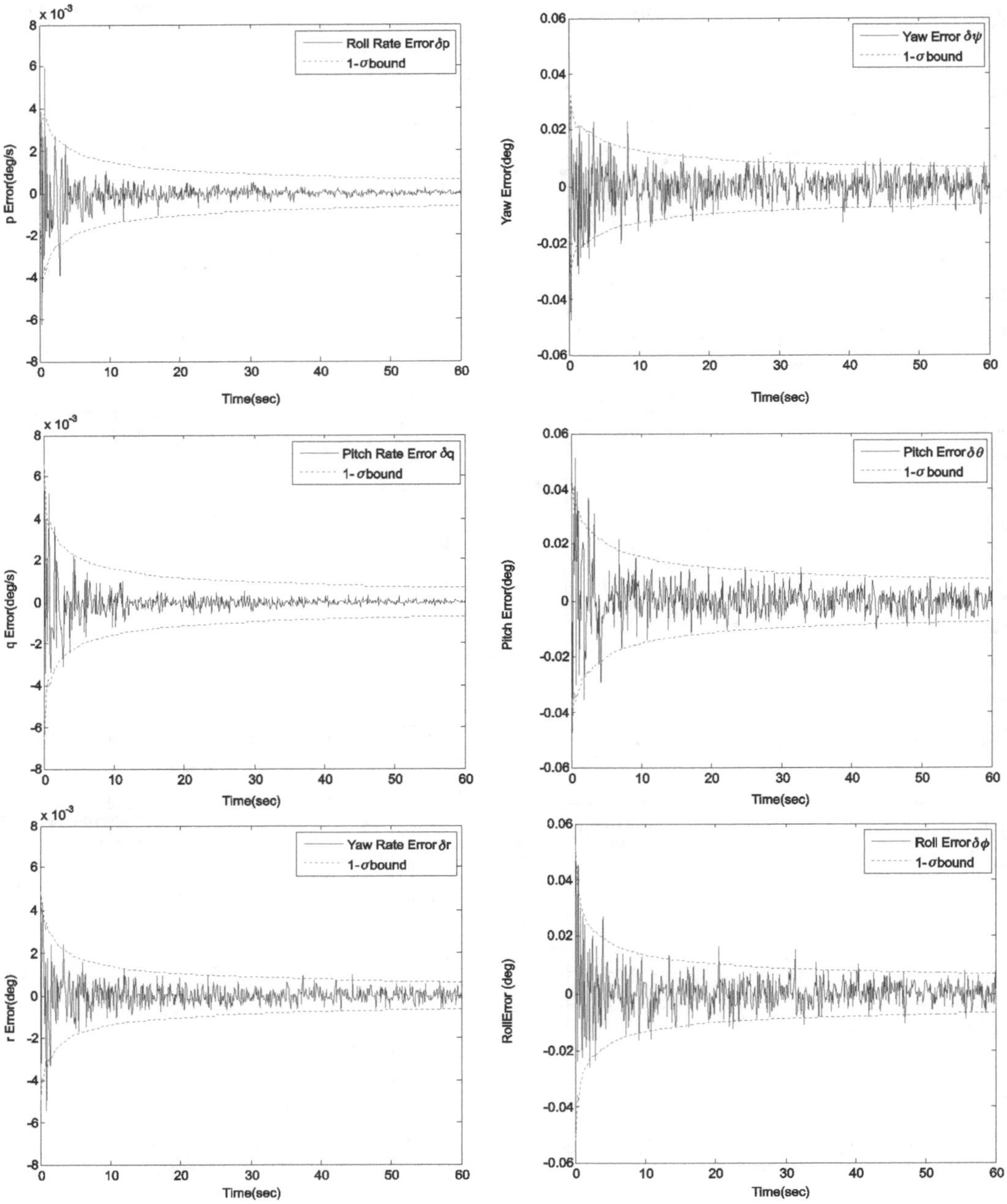

图 9.4　FDD-KF-1 在工作正常情况下的角度误差和角速度误差

1. 故障检测

方案一　图 9.5 和图 9.6 给出了在发生故障情况时 FDD－KF－1 中姿态角及姿态角速率残差。故障发生后，偏航角速率残差发生剧烈变化，而俯仰及滚转角速率残差没有明显变化。图 9.7 中 χ^2 检验的结果表明故障出现时，检测函数 β 发生剧烈变化，应用 FDD 算法，系统可以在 $t=41.0$ s 检测出该故障。

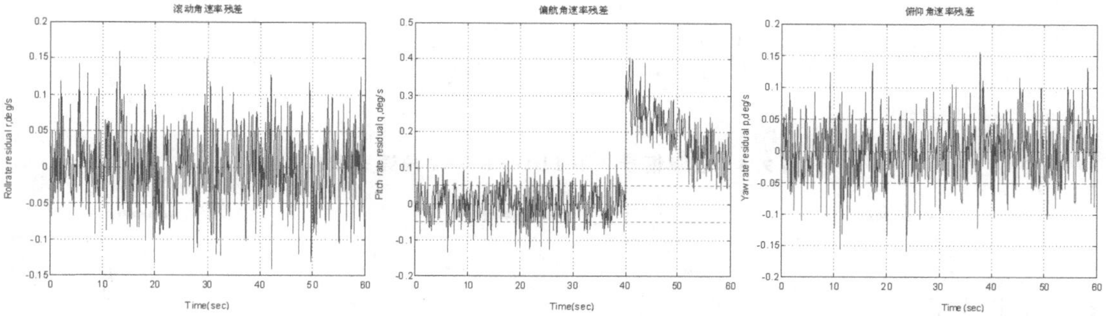

图 9.5　故障情景 1 下 FDD－KF－1 角速率残差

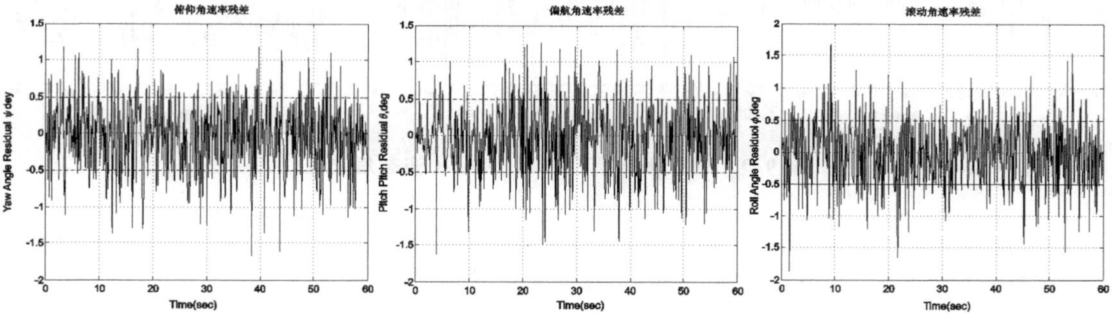

图 9.6　故障情景 1 下 FDD－KF－1 姿态角残差

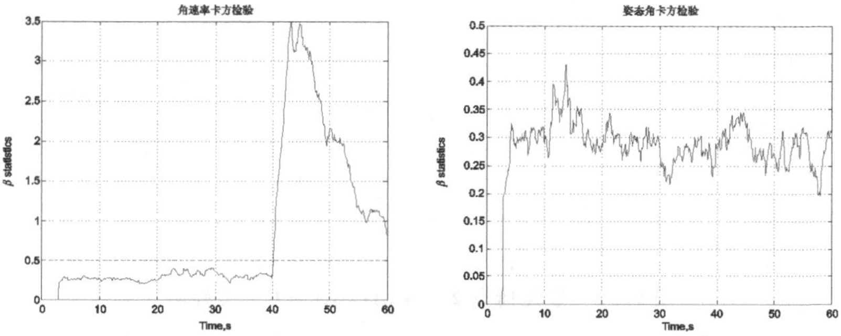

图 9.7　故障情景 1 下 FDD－KF－1 卡方检验

方案二　图 9.8 和图 9.9 为当滚转姿态测量值发生故障时的仿真结果。仿真结果表明，当滚转姿态测量数据发生变化时，滚转角残差将发生剧烈变化，俯仰角和偏航角残差无明显变化。从图 9.10 中可以看出，通过统计实验可以准确地判断出故障位置，检测时间为 $t=41.0$ s。

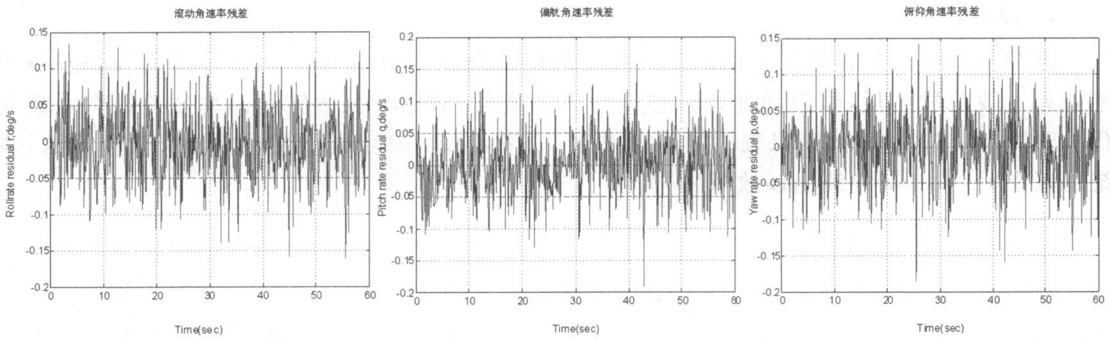

图 9.8　故障情景 2 下 FDD-KF-1 角速率残差

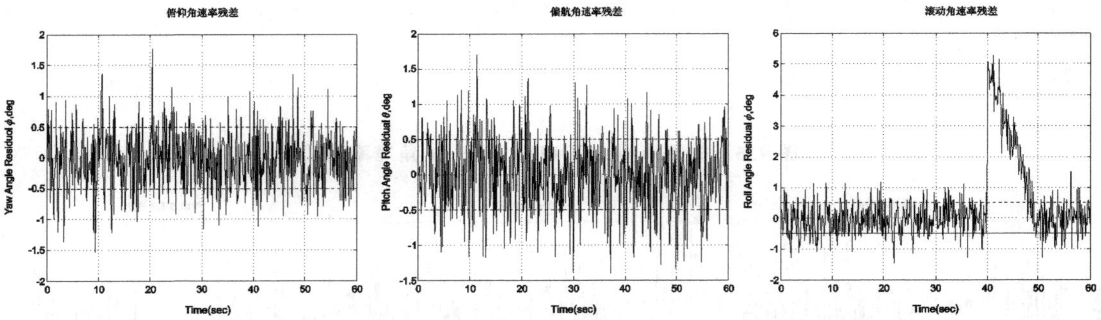

图 9.9　故障情景 2 下 FDD-KF-1 姿态角残差

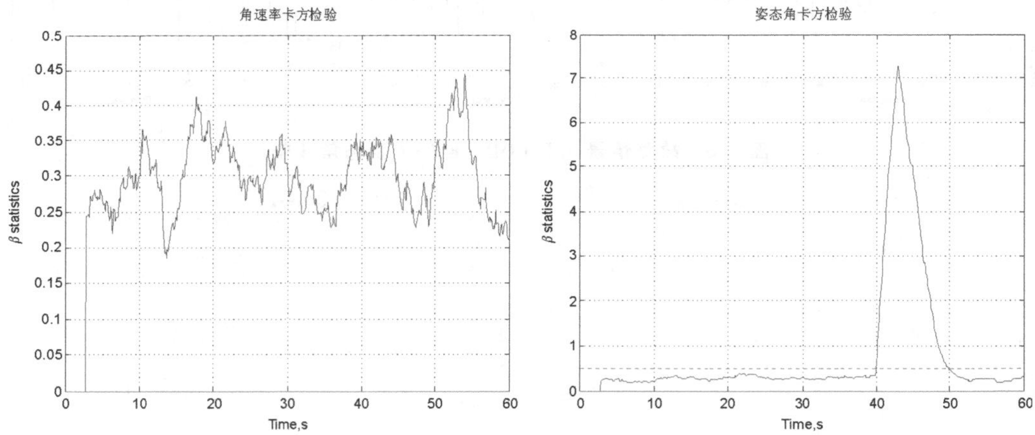

图 9.10　故障情景 2 下 FDD-KF-1 卡方检验

方案三　该方案中假设系统同时并发两种故障，即偏航角速率陀螺故障和滚动角传感器故障。图 9.11 和图 9.12 为系统残差变化曲线，图 9.13 的结果说明，故障发生后，FDD 算法将在 $t=41.0$ s 时检测出该故障。

2. 初级故障隔离

在这一阶段，FDD 算法对航天器姿态测量系统发生故障的子系统进行定位，以判断出是

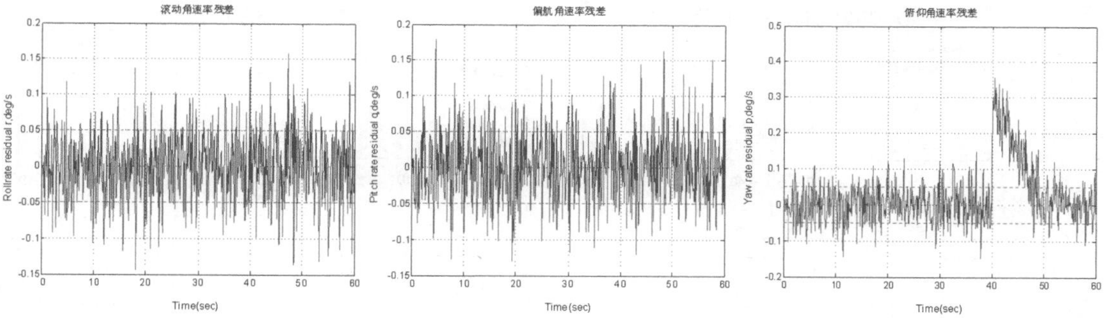

图 9.11　故障情景 3 下 FDD - KF - 1 角速率残差

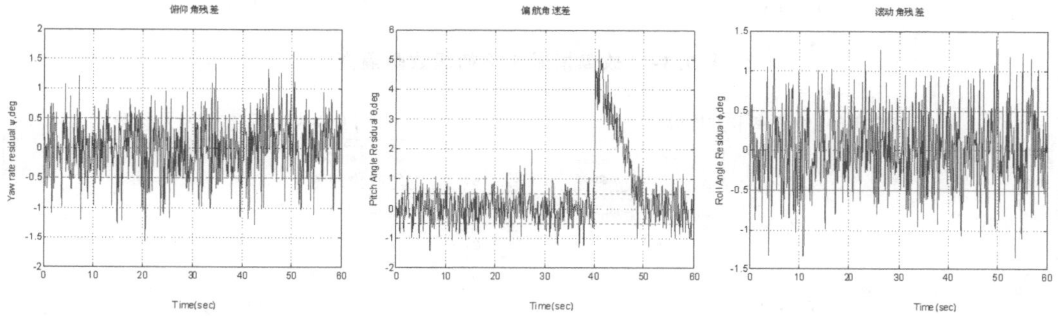

图 9.12　故障情景 3 下 FDD - KF - 1 姿态角残差

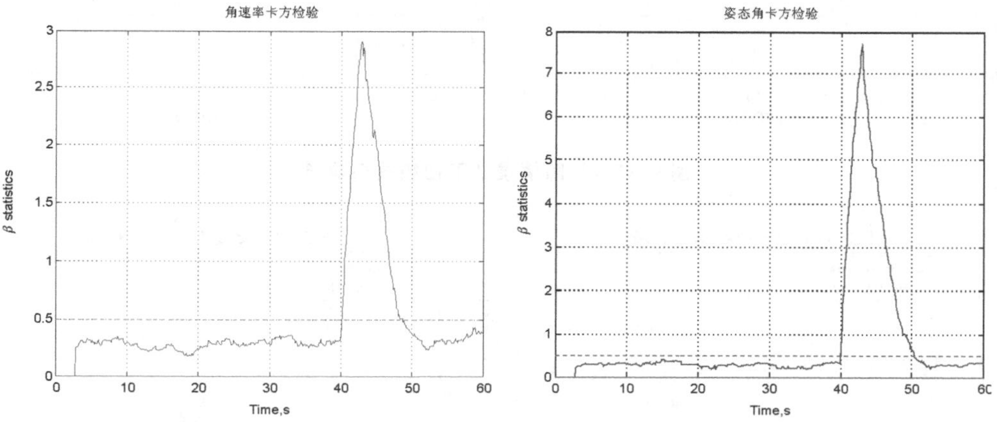

图 9.13　故障情景 3 下 FDD - KF - 1 卡方检验

速率陀螺故障、矢量传感器故障或是两个子系统并发故障。图 9.14～图 9.16 为该模块对残差进行 χ^2 检验的结果。

在方案一中，只有速率陀螺的检测函数 β 受到了影响，这说明只有速率陀螺发生了故障。同理，从方案二和方案三中的检测函数可以看出，方案二中矢量传感器发生了故障，方案三中两个子系统同时发生了故障。

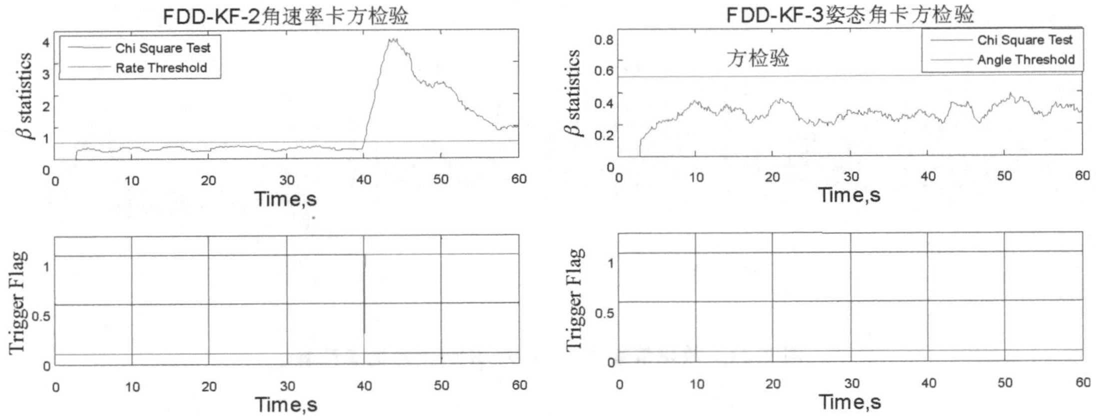

图 9.14　故障情景 1 下初级故障隔离

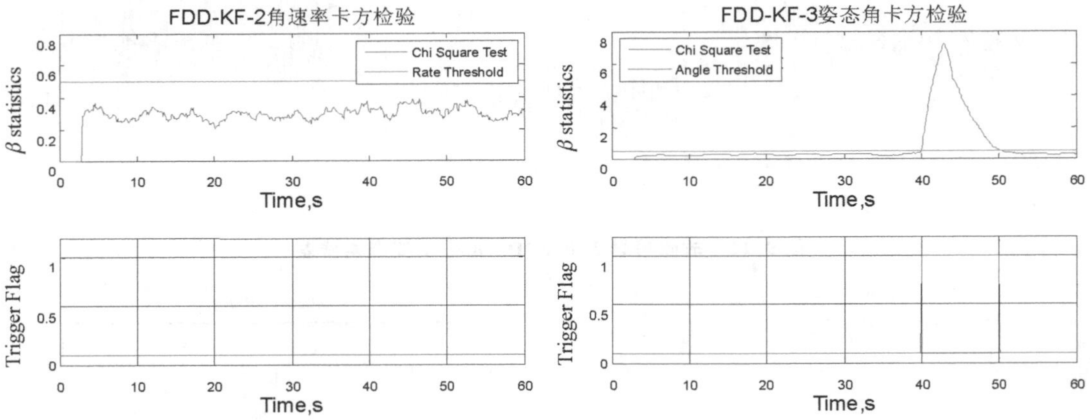

图 9.15　故障情景 2 下初级故障隔离

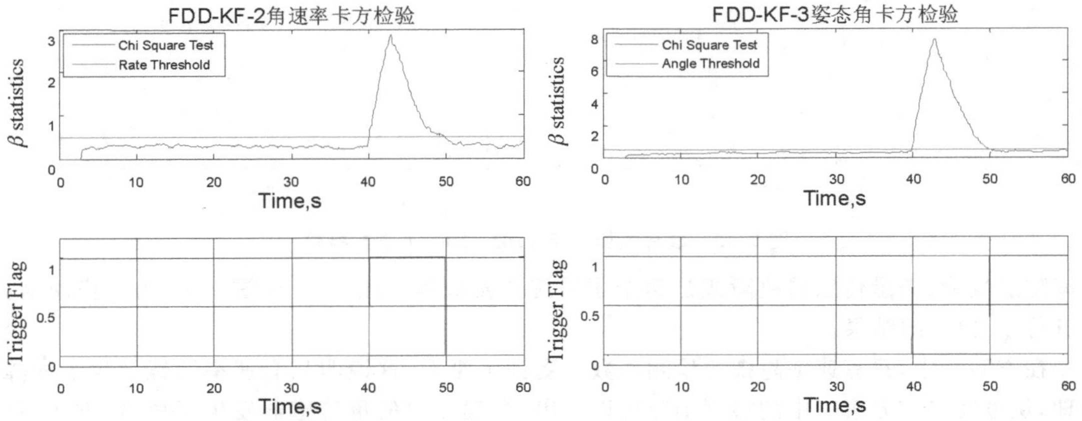

图 9.16　故障情景 3 下初级故障隔离

3. 故障隔离

图 9.17 为方案一和方案二中的所有假设似然函数。根据初级故障隔离模块的结果，在故障隔离阶段中相应的故障假设将被激活。图 9.17 分别表示角速率假设实验和角度假设实验条件被激活的似然函数，根据 FDD－KF－2 中得到的角速率残差和 FDD－KF－3 中得出的姿态角残差进行广义似然比假设实验。图 9.18 表示假设被激活的似然函数，此时，最有可能的假设会被激活。

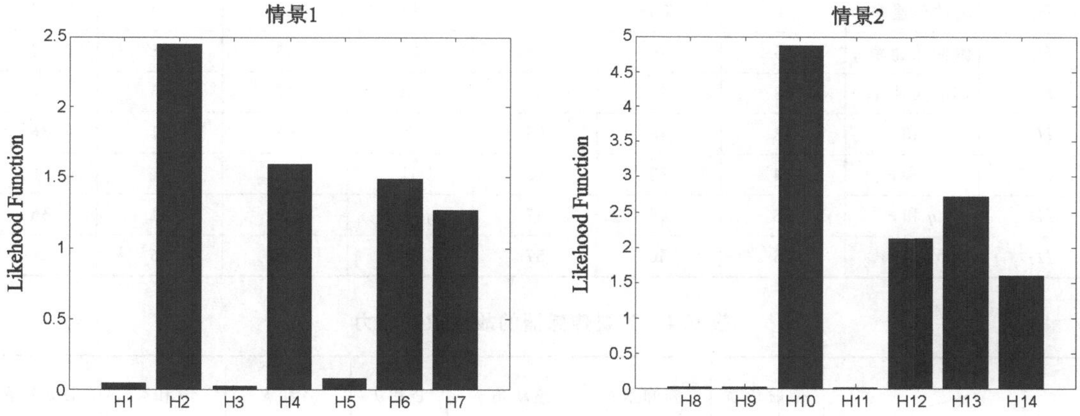

图 9.17　似然函数假设实验

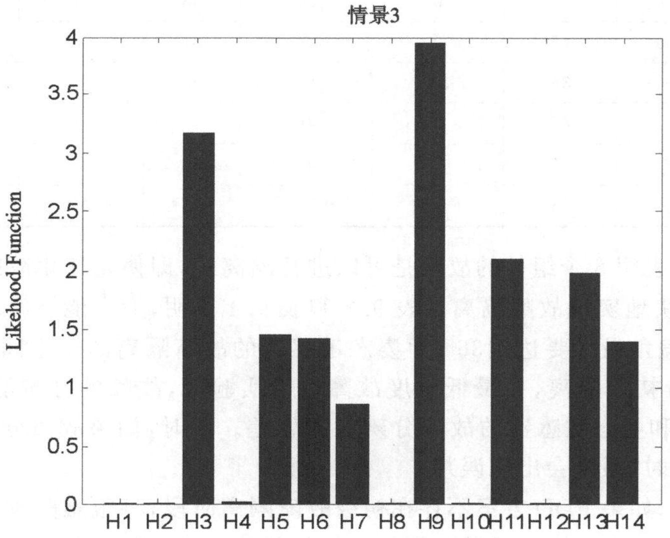

图 9.18　情景 3 下所有似然函数假设实验

在图 9.17 和 9.18 中，H_1 表示滚转角速率陀螺 p 故障，H_2 表示俯仰角速率陀螺 q 故障，H_3 表示偏航角速率陀螺 r 故障，H_4 表示 pq 同时故障，H_5 表示 pr 同时故障，H_6 表示 qr 同时故障；H_7 表示 pqr 同时故障；H_8 表示俯仰角姿态敏感器故障，H_9 表示偏航姿态敏感器故障，H_{10} 表示滚转角传感器的测量故障，H_{11} 表示俯仰偏航故障，H_{12} 表示俯仰滚转故障，H_{13} 表示偏航滚转故障，H_{14} 表示俯仰偏航滚转故障。

为评估FDD方案在不同故障情景下的性能，我们研究了故障识别能力。案例中残差空间故障子空间的偏角越大，故障的可识别度越高。表9.3和表9.4为各种条件下分辨能力的结果分析。黑体字表明了残差空间的故障子空间的最小偏差角度。

表9.3 速率陀螺的故障识别能力

H_i \ H_i		滚动角速率 p	俯仰角速率 q	偏航角速率 r	p 和 q	p 和 r	q 和 r	p、q 和 r
H_1	滚动角速率 p	0	85	88	48	88	**44**	56
H_2	俯仰角速率 q	85	0	88	48	46	88	56
H_3	偏航角速率 r	88	88	0	88	47	45	57
H_4	p 和 q	48	48	88	0	62	61	**36**
H_5	p 和 r	**44**	88	45	61	61	0	**36**
H_6	q 和 r	88	46	47	62	0	61	**36**
H_7	p、q 和 r	56	56	57	**36**	**36**	**36**	0

表9.4 矢量传感器的故障识别能力

H_i \ H_i		偏航角 ψ	俯仰角 θ	滚动角 ϕ	ψ 和 θ	ψ 和 ϕ	θ 和 ϕ	ψ、θ 和 ϕ
H_8	偏航角 ψ	0	74	85	**38**	88	47	54
H_9	俯仰角 θ	74	0	86	**38**	47	88	54
H_{10}	滚动角 φ	85	86	0	87	48	48	53
H_{11}	ψ 和 θ	**38**	**38**	87	0	56	57	**35**
H_{12}	ψ 和 φ	47	88	48	57	64	0	**35**
H_{13}	θ 和 φ	88	47	48	56	0	64	**35**
H_{14}	ψ、θ 和 φ	54	54	53	**35**	**35**	**35**	0

这些偏差角度表明6个组件的故障是可以进行隔离的，即使是速率陀螺和姿态敏感器同时故障，也可以较快地实现故障隔离。表9.3和表9.4说明，为了能够实现速率陀螺故障隔离，故障子空间的偏角最小要达到36°，而姿态敏感器的故障隔离的子空间偏角为35°。但是，如果故障没有进行初级隔离，在最低限度故障假设实验时，故障的分辨能力会下降为$12^{\circ}\sim13^{\circ}$，这时速率陀螺和姿态敏感器的故障分辨能力较差。同时，如果故障分辨率为12°，当并发滚转和俯仰轴故障时，系统会出现误判。

需要强调的是，如果FDD方案不存在初级故障隔离阶段，将很难隔离出组件故障。若同时并发6个故障，则会有6个传感器分别与其他的部件进行比较。此时，需要计算63个似然函数。这时，除了大量的计算，在完全隔离时还存在较大的延迟，这时将导致许多难以分辨的情况。

图9.19表明偏航陀螺在40s时发生故障的系统估计误差。由于初级诊断对速率和角速度残差进行了解耦，FDD-KF-3不受故障的影响，可实现状态的精确估计，仿真结果如图9.20所示。这时，姿态控制系统可以在有故障的情况下正常工作。图9.21比较了俯仰速率陀螺在不同的故障幅值时的似然曲线，图9.22给出了相应的卡方检验结果。

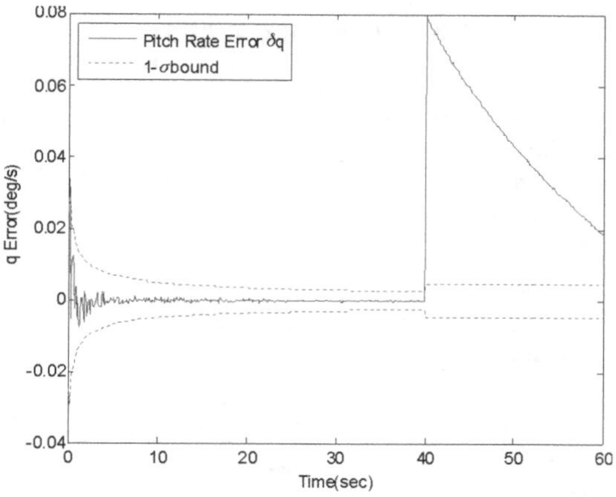

图 9.19　存在故障时俯仰角速率误差

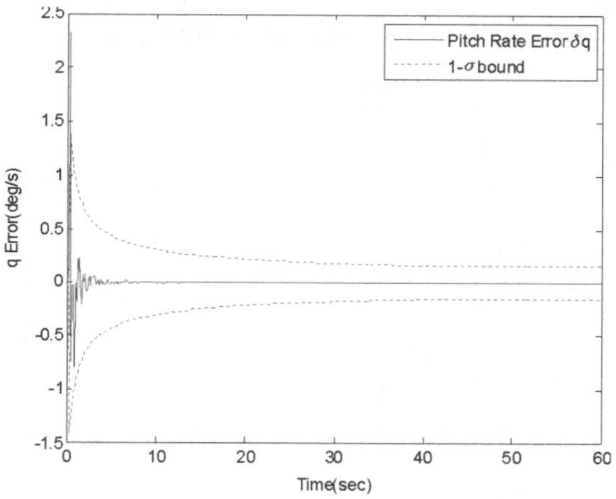

图 9.20　俯仰角速率估计误差

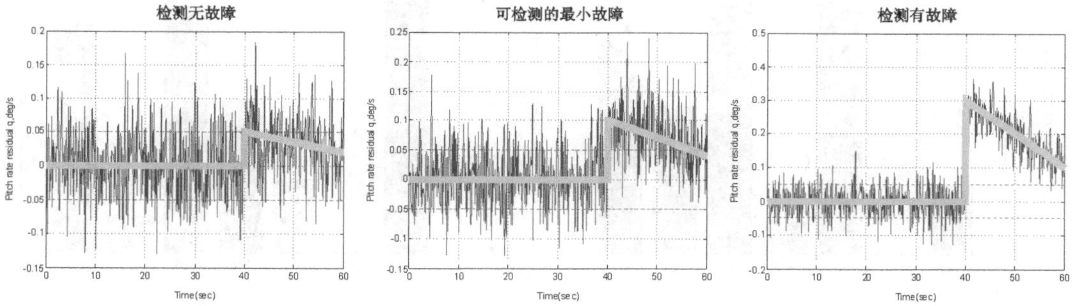

图 9.21　FDD－KF－1 在不同的故障等级情况下的偏航角速率残差

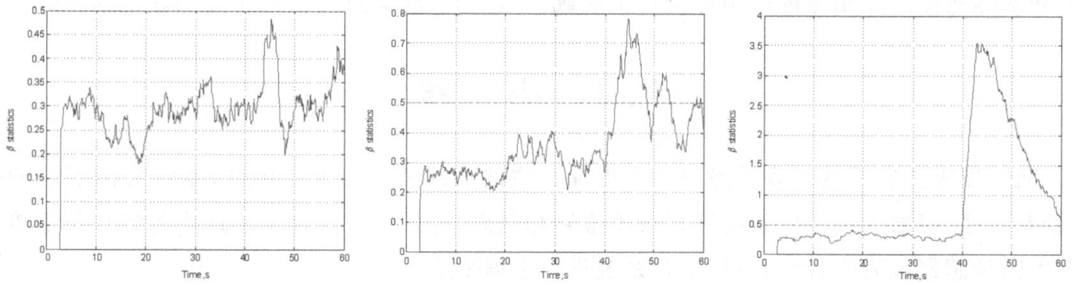

图 9.22　FDD－KF－1 在不同的故障等级情况下对偏航角速率残差的卡方检验

图 9.23 左图表示当滚动角速率陀螺和俯仰角速率陀螺同时发生故障，故障幅值分别为 0.3°/s 和0.5°/s。图 9.23 右图显示的是故障幅值分别增加到 4°/s 和 2°/s 时的结果。图 9.23 的结果说明，GLR 技术可以正确估计未知故障的幅值。通过仿真结果可以看出，似然函数中与假设实验最接近的结果是事件 H_5，说明故障组件为滚转和俯仰角速率陀螺。

本章所提出的方案中，如果存在至少一组敏感器正常运行（速率陀螺或矢量传感器），系统仍可以进行状态估计。由于动态方程中的状态是耦合的，因此 FDD－KF－1 中的所有滤波残差都会受到故障的影响。这时，状态估计的正确性会受到影响。而采用分级故障诊断的方法

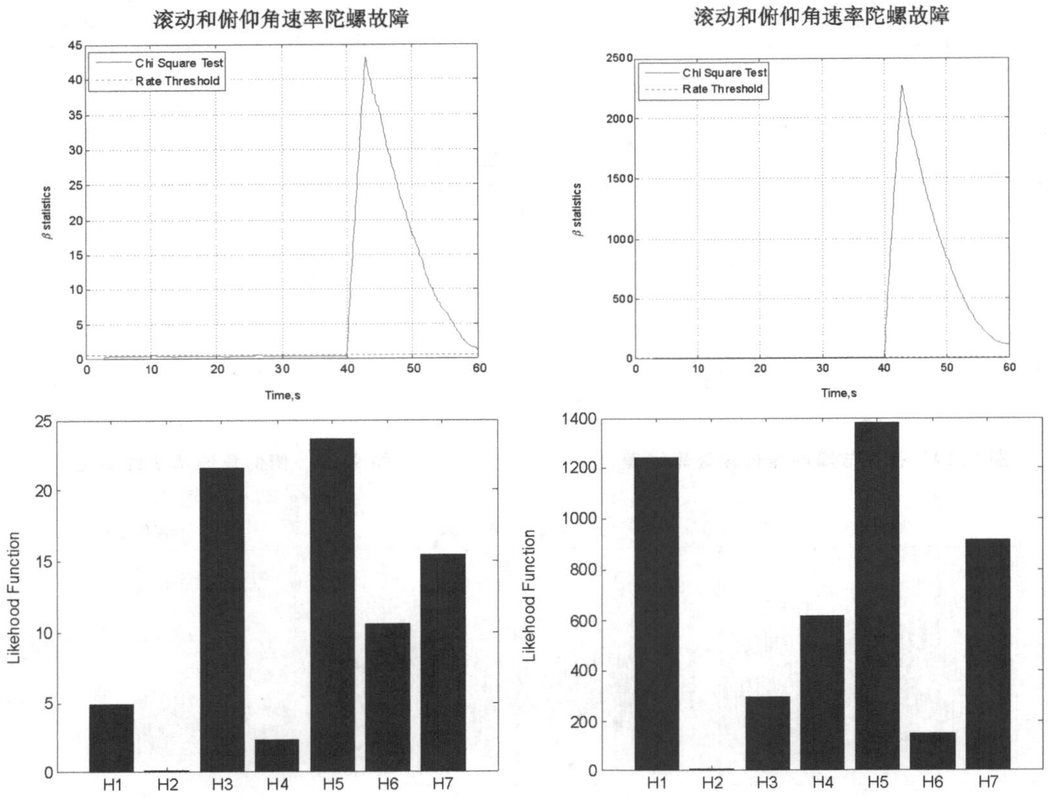

图 9.23　不同故障幅值时的卡方检验和 GLR 结果

时，初级隔离模块对角速度和角度进行了解耦，并在发生故障时可得到正确的状态估计值。

9.8　小　结

航天器需要在系统出现故障时实现更加自主的在线故障诊断。因此，本章提出了一种故障诊断方法，对航天器 AD 系统进行故障检测和隔离，并设计了一种基于速率陀螺和矢量传感器（太阳敏感器或磁强计）的 AD 组合系统进行数据采集。

组合系统通过 LKF 进行数据融合，用以估计速率陀螺的偏置及状态值，并在结果中去除陀螺偏置量，从而在 FDD 算法中将应用无偏估计量进行故障诊断，以防止错误信息的积累。

在 FDD 算法中，采用统计方法检验残差，以实现 AD 系统敏感器的故障检测。FDD 算法的故障隔离阶段分为两个阶段：第一个阶段对故障源进行系统级检测，在该阶段，设计两个 EKF，应用子系统的测量数据分别对系统进行状态估计，根据两个子系统的输出判断发生故障的子系统；故障隔离的第二个阶段对状态残差进行多个假设实验测试，此时，并行运行多个 EKF 生成故障信号用于多个假设实验。本章采用 GLR 进行故障隔离，仿真结果表明，在不同的故障情况下，本章所提出的 FDD 算法均能很好地实现系统的故障检测和隔离。

本章提出的 FDD 算法的优点是，可以将假设实验的个数减少到原有假设个数的1/4，并且可实现更快更准确的故障隔离。通过残差解耦，该方法即使在只有一组敏感器正常的情况下，仍然能够实现状态估计。实验结果表明，即使故障信号的幅值仅有噪声信号幅值的两倍，该方法仍能诊断出该系统故障；同时，这一方法能够适用于故障并发情况。

思考题与习题

第1章 绪 论

1. 简要概述故障诊断概念及其意义，并说明故障诊断技术发展的原因及历程。

2. 故障诊断的任务和方法有哪些？每一步应该注意什么问题？

3. 故障诊断技术对当今的经济发展带来了怎样的影响？未来的发展方向又是怎样的？

4. 简要叙述故障诊断方法的分类及每种方法的特点。

5. 故障诊断技术面临哪些问题？智能故障诊断技术是如何解决这些问题的？

第2章 航天器在轨故障情况分析

1. 航天器在轨故障时，其故障表现在哪几个方面？

2. 航天器结构与机构的故障统称为航天器机械故障，那么航天器的机械故障主要是由什么引起的？

3. 2014年2月，我国首个航天器在轨故障诊断与维修实验室成立，主要进行航天器在轨故障早期检测和定位技术、在轨故障仿真与维修技术、在轨可靠性增长和延寿技术等研究。简述该实验室成立的背景和意义，以及对我国的航天任务将会产生的影响。

4. 在已经统计到的1993—2014年底国外公开的在轨航天器故障调研的基础上，发现如图1中各分系统的故障占绝大部分。试分析电源分系统发生故障率高的原因。

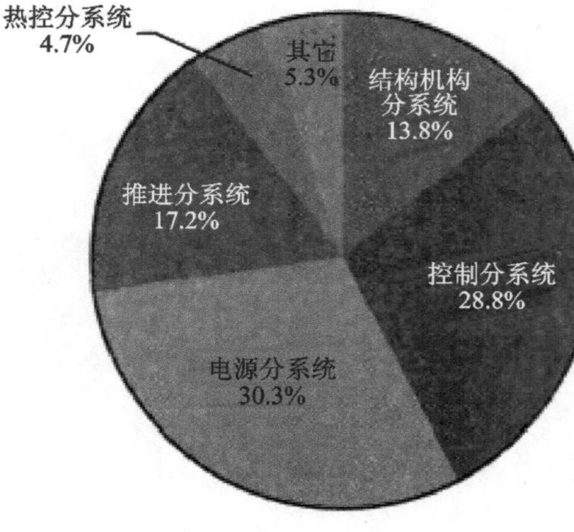

题图1 航天器各分系统故障比率

第3章 系统故障诊断的基本原理

1. 简述传感器故障的分类。

2. 执行器故障行为有哪几种？

3. 对系统进行观测器的设计时应该注意哪些方面？

4. 当系统受到噪声影响时，输出的残差曲线有什么样的特点？

第4章 故障的统计检测原理

1. 写出假设检验的基本方法。
2. 写出几种二元假设的检验准则。
3. 最大后验准则的判决准则是什么？
4. 多元假设检验与二元假设检验的区别与联系是什么？

第5章 基于神经网络的故障诊断方法及应用

1. 简述神经网络故障诊断基本思想。
2. 简述神经网络故障诊断方法的优点。
3. 简述基于IRN神经网络的故障诊断方法的分类及应用原理。
4. 概述神经网络用于故障诊断的步骤。

第6章 基于模糊神经网络的故障诊断及应用

1. 什么是模糊集合？什么是隶属函数或隶属度？
2. 简述模糊系统与神经网络的区别和联系。
3. 神经网络和模糊系统的结合用于故障诊断的优缺点是什么？
4. 什么是模糊推理？有哪几种模糊推理方法？
5. 简要分析模糊逻辑、神经网络和模糊神经网络的故障诊断方法。
6. 针对具有执行器故障的系统

$$\begin{cases} \boldsymbol{x}(t) = \boldsymbol{A}\boldsymbol{x}(t) + \boldsymbol{B}\boldsymbol{u}(t) + \boldsymbol{D}f_a(t) \\ \boldsymbol{y}(t) = \boldsymbol{C}\boldsymbol{x}(t) + \boldsymbol{E}\boldsymbol{f}_a(t) \end{cases}$$

其中

$$\boldsymbol{A} = \begin{bmatrix} 0 & 1 & 0 \\ 9.8 & 0 & 1 \\ 0 & -10 & -10 \end{bmatrix}, \quad \boldsymbol{B} = \begin{bmatrix} 0 \\ 0 \\ 10 \end{bmatrix}$$

$$\boldsymbol{C} = \begin{bmatrix} 1 & 0 & 0 \\ 0 & 0 & 1 \end{bmatrix}, \quad \boldsymbol{E} = -\boldsymbol{B}, \quad \boldsymbol{D} = \begin{bmatrix} 0 \\ 1 \end{bmatrix}$$

执行器故障 $\boldsymbol{f}_a(t) = \begin{cases} 0 & t < 6\text{s} \\ 0.5 + 0.2\sin(4\pi t) & 6 \leqslant t \leqslant 12\ \text{s} \end{cases}$。

试运用模糊神经网络对残差进行分析，给出故障决策的结果。

第7章 基于径向基网络的故障诊断及应用

1. 试从两方面概述RBF网络的工作原理。
2. 利用newrb函数构建一个RBF网络，并对如下数据完成 $y=f(x)$ 的曲线逼近。
   −0.9602、−0.5770、−0.0729、−0.3771、0.6405、0.6600、0.4609、0.1336、−0.2013、−0.4344、−0.5000、−0.3930、−0.1647、−0.0988、0.3072、0.3960、0.3449、0.1816、−0.0312、−0.2189、−0.3201
3. 与RBF网络相比，HBF网络更适合用于故障诊断的原因是什么？

4. 怎样才能避免基于HBF网络观测器的仿真曲线出现过拟合现象?

第8章 基于小波神经网络的故障诊断及应用

1. 简述小波变换理论发展的历史和研究现状。

2. 小波变换是傅里叶分析思想方法的发展与延拓,两者相辅相成。试比较小波变换和傅里叶变换。

3. 使用MATLAB软件,自行选择一个一维信号,采用DB3小波函数,进行三尺度分解与重构。要求:

(1)编出源程序;

(2)绘出原始信号以及分解、重构的结果图。

4. 概述小波神经网络与BP神经网络之间的联系,它们用于故障诊断时,收敛速度有怎样的变化?

5. 单隐含层模糊递归小波神经网络的激活函数一般使用哪几种小波函数?

6. 观测器设计时为什么要证明稳定性分析?

第9章 智能故障诊断技术在姿态测量系统中的应用

1. 本章设计的FDD方案共分为几个阶段?各阶段任务是什么?

2. 在进行卡方检验时,保持其他参数不变,观察阈值不同取值,对故障检测结果有何影响?

3. 试运用本章提出的故障诊断方案对下列故障情景(如题表1所示)进行故障诊断。

题表1 故障发生情况

系统故障	故障元件	偏差值	故障发生时间/s
情景1	偏航角敏感器(ψ)	5°	40
情景2	翻滚角速率陀螺(p)	0.3°/s	40
	俯仰角敏感器(θ)	3°	40

参考文献

[1] 孔祥玉，马红光，韩崇昭. 非线性系统建模与故障诊断应用. 北京：科学出版社，2014.
[2] 魏秀业，潘宏侠. 粒子群优化及智能故障诊断. 北京：国防工业出版社，2010.
[3] 鄂加强. 智能故障诊断及其应用. 长沙：湖南大学出版社，2006.
[4] 吴今培，肖健华. 智能故障诊断与专家系统. 北京：科学出版社，1997.
[5] 虞和济. 故障诊断的基本原理. 北京：冶金工业出版社，1989.
[6] 吴今培. 模糊诊断理论及其应用. 北京：科学出版社，1995.
[7] 闻新，张洪钺，周露. 控制系统的故障诊断和容错控制. 北京：机械工业出版社，1998.
[8] 曹承志，王楠. 智能技术. 北京：清华大学出版社，2004.
[9] 滕召胜，罗隆福，童调生. 智能检测系统与数据融合. 北京：机械工业出版社，2000.
[10] 徐章遂，房立清，王希武，等. 故障信息诊断原理及应用. 北京：国防工业出版社，2000.
[11] 胡昌华，许化龙. 控制系统故障诊断与容错控制的分析和设计. 北京：国防工业出版社，2000.
[12] 周东华，叶银忠. 现代故障诊断与容错控制. 北京：清华大学出版社，2000.
[13] 虞和济，陈长征，张省，等. 基于神经网络的智能诊断. 北京：冶金工业出版社，2000.
[14] 王仲生. 智能故障诊断与容错控制. 西安：西北工业大学出版社，2005.
[15] 黄文虎，夏松波，刘瑞岩. 设备故障诊断原理、技术及应用. 北京：科学出版社，1996.
[16] 张宗美. 航天故障手册. 北京：宇航出版社，1994.
[17] 王道平，张义忠. 故障智能诊断系统的理论与方法. 北京：冶金工业出版社 2001.